边学边看边实践

电工识图快捷入门

黄义峰 编著

中国电力出版社
CHINA ELECTRIC POWER PRESS

内容提要

本书详细地介绍了有关电工识图的基本知识、方法和技巧。全书内容丰富，将实际开关及各种电气设备的实物图片与图形和文字符号相结合，具有图文并茂的特点，有利于初学电工阅读。书中简要地介绍了电流互感器、接触器、时间继电器、中间继电器、热继电器、闸刀开关、按钮开关、电动机保护器等方面的技术资料，介绍了怎样阅读各种电气工程用图的方法，还介绍了控制电路的配线、接线及工作原理。

本书由浅入深，通俗易懂，是一本可供具有初中以上文化水平的厂矿初级电工以及电工技术业余爱好者自学的读本，也可作为电工岗位技能培训教材。

图书在版编目（CIP）数据

电工识图快捷入门/黄义峰编著. —北京：中国电力出版社，2012.4(2014.10重印)
（边学边看边实践）
ISBN 978-7-5123-2415-2

Ⅰ.①电… Ⅱ.①黄… Ⅲ.①电路图-识别-基本知识 Ⅳ.①TM13

中国版本图书馆CIP数据核字（2011）第245705号

中国电力出版社出版、发行
（北京市东城区北京站西街19号 100005 http://www.cepp.sgcc.com.cn）
航远印刷有限公司印刷
各地新华书店经售

*

2012年4月第一版 2014年10月北京第三次印刷
710毫米×980毫米 16开本 18.75印张 326千字
印数 5001-7000册 定价 38.00元

前　言

学习电工技术要从各方面同时开始，除必须学习的与工作岗位相关的理论知识、电气规程等外，更要学习实际的操作技术。要学好实际的操作技术，则必须从识图开始。先从认识开关设备外形（外貌），了解它的作用，操作方法，逐步的了解电气设备结构，动作原理，因为这是理解控制电路工作原理的基础，这就是“看”；电气设备在各种电气施工图中是怎样表达的，表示的方法，就是采用统一的文字符号，图形符号、线条符号和文字说明共同表达，能够认识这些符号，所代表的是什么开关设备，这就是“学”；把控制电路表达的目的，和电气设备结合起来，并且能够按电路图进行安装接线，查找处理故障，这就是“实践”。

希望本书能陪伴大家“边学边看边实践”，打好基础，学好技能。

本书采用图文的方式介绍各种图纸的识图基本知识，书中说到的基本接线，是指能够使电气设备动作的最简单的接线。这些设备主要是带有电磁线圈的电气开关设备，如交流接触器，各种电磁式继电器等。在这些设备的线圈两端施加线圈的工作电压，线圈激磁动作，开关闭合，断开工作电压，其线圈断电释放，能够满足电气设备动作的基本接线，就是电器设备基本接线。在读懂了这些简单的控制电路后，为阅读复杂的控制电路就打下了良好的基础。

本书采用大量的设备实物图片，另外单独分出一章介绍常用控制电路，并且根据控制电路中的电气设备，用线条进行连接，构成了“实物连接图”，这样的图对于初学者来说是直观的，容易看明白的，再结合控制电路图就能很快掌握识图技巧。

本书共7章，分别为：电气图纸的基本内容与识图基础；阅读电气图纸的顺序与方法；认识电气设备及其图形符号与文字符号；怎样看识电气照明系统图与配线；怎样看识电气动力系统图和动力配置图；怎样看电气设备配线图与接线图；电动机常用控制电路识图实例。

衷心希望本书的出版能够帮助大家提高能力，更快、更好地掌握识图技巧。

在编写过程中，我的师兄——祝传海、刘涛、李庆海给予了技术上的指导，许多工友亦给予了热情的支持和帮助，提出了许多宝贵意见，在此一并表示衷心感谢。由于水平所限，书中不足之处，还请读者批评指正。

黄义峰

目 录

第1章

电气图纸的基本内容与识图基础

通过本章的学习，能够掌握电气符号的使用方法、电气图制图规则和方法、施工图纸说明书及设计图纸的规定、施工图的种类、识图的基本方法和技巧。

第一节　电气设备与电气图纸

从学校毕业之后，要经医师鉴定，无妨碍工作的病症，才能分配到电工岗位上。然后根据职务和工作性质，熟悉《电业安全工作规程》（发电厂和变电站电气部分、电力线路部分、热力和机械部分）的有关部分，学会紧急救护法，特别要学会触电急救，经考试合格后，方能从事电工方面的安装、检修、维护、运行值班及倒闸操作等工作。

如果有机会走进电业局所管辖的不同等级的变、配电站或大、中型厂矿企业（如油田、采油泵站、炼油厂、石油化工、化工厂、炼钢厂、机械制造厂等）的变、配电站内，将会看到不同等级的开关柜，变电站内的10kV高压开关柜如图1-1所示。

在开关柜的表面上安装有电流表、信号灯、按钮开关、控制开关等。打开开关柜门会看到柜内的设备，如断路器、端子排等。

安装在线路上的柱上变压器如图1-2所示。进入低压变电站就会看到排列整齐的低压配电盘（屏）如图1-3所示。配电盘后面看到盘的上面装有许多形状不一、大小不同的继电器、接触器、母线、断路器等电气器件如图1-4所示。各器件之间都有许多导线连接着，这些连接不是随便进行的，是按照电气图纸上的电路图和技术要求由安装电工来完成的。

图 1-1　10kV 高压开关柜

图 1-2　柱上变压器

1—6kV 或 10kV 架空输电线路；2—跌落开关；3—避雷器（左图看不到）；4—6kV 或 10kV/0.4kV 变压器；5—变压器二次配电箱；6—0.4kV 架空输电线路；7—围栏；8—变压器台；9—水泥电线杆

图 1-3　低压配电盘

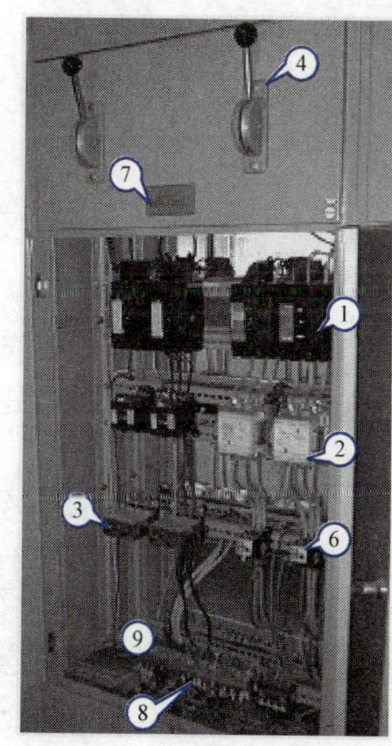

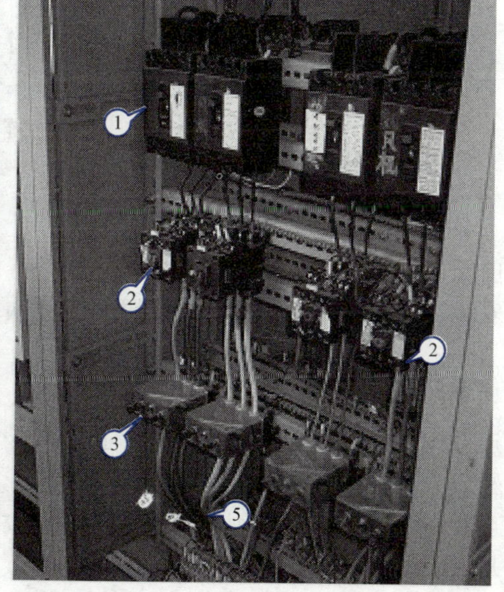

图 1-4　低压配电盘上安装的电气器件

1—空气断路器；2—交流接触器；3—电子电动机保护器；4—隔离开关操作把手；5—电动机电缆；6—热继电器；7—配电盘铭牌；8—控制电缆、操作保险；9—端子排

要在头脑中建立电路图中电气器件的代表符号与实际器件的对应关系。就要通过实物图片来认识常用的开关电器的外形及用途，能够基本满足对电动机回路控制要求的不可缺少的开关电器，称之为基本电气设备。

用统一规定的符号（表示电气器件、导线的图形和文字符号）把图 1-4 中器件之间的连接关系画出来，这样的图就是主电路图也就是常说的系统图，如图 1-5 所示。学习识图就要从认识电气设备，了解电气设备工作原理开始。了解每个图形符号和文字符号所代表的设备、触点等。

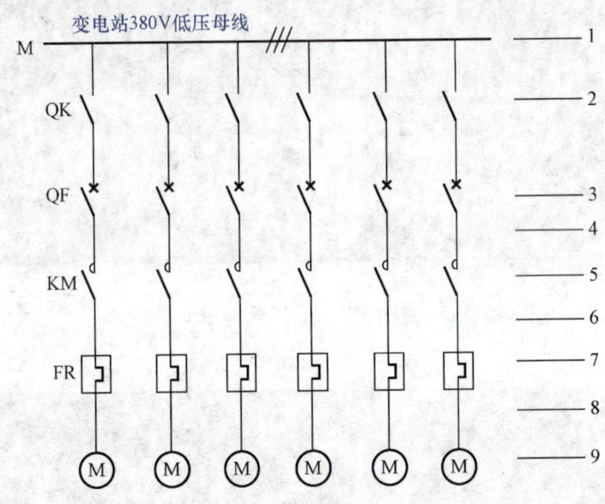

图 1-5　动力系统图

1—母线（斜线表示三条）；2—三相刀开关；3—空气断路器；4—连接用小母线；5—交流接触器；6—连接用小母线；7—热继电器；8—负荷电缆；9—电动机

电气图纸是各种电工用图的统称，种类繁多，电气图纸是电工对电气设备进行安装、配线、分析判断电路故障等各方面工作的主要依据，同时又是设计人员与电工之间进行技术交流的共同语言。

如果按照图 1-6 所示的电气设备实物外形，用线条代表连接用的导线，进行连接构成一台电动机的接线图，画起来是相当麻烦、困难的。但对于没有专业知识，只要看到这种实物接线图讲一遍，就能大致明白，面对电气图纸则没有那么简单，尤其对刚刚走向电工工作岗位的青年来说是难以看懂的，能够看懂与本岗位相关的各种电气图纸，是提高电工技能的基础，本书正是介绍识图方面的基本知识。

如果把图 1-6 所示电动机控制线路实物接线图中的刀闸开关、空气开关、接触器、端子板、热继电器、控制按钮，按照统一规定的图形符号、文字符号绘制出的接线图，用这样的图可以清楚地表示电气器件之间的连接关系及其特

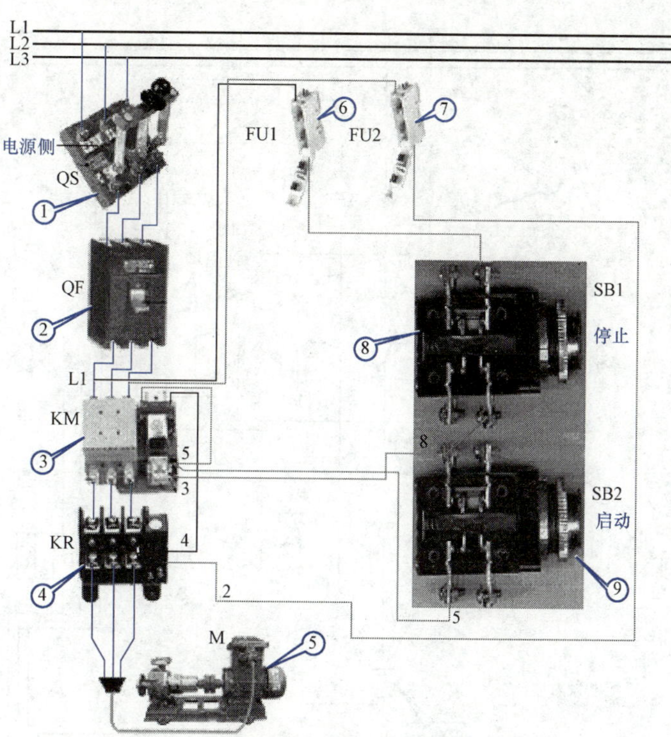

图 1-6　电动机主电路和控制回路实物连接图

1—刀闸开关；2—空气断路器；3—接触器；4—热继电器；5—电动机；6、7—控制保险；8—停止按钮；9—起动按钮

征，也容易绘制，如图 1-7 所示。

通过图 1-7 可以清楚地看出电路图主要由图形、线型、文字、数字构成。只用图形符号不能明确地表示出电气设备的名称与特征，如交流接触器，各种继电器线圈的图形（一般符号）符号是相同的。

要区别相同的图形符号表示的不同电气设备，必须配以相应的文字符号，线圈的图形符号上面加上字母 KM，表明这是交流接触器的线圈，在触点符号旁边加上字母 KM，表示触点是接触器 KM 上所带的触点。

线圈的图形符号上面加上字母 KT，表明这是时间继电器的线圈，在触点符号旁边加上字母 KT，表示触点是时间继电器所带的触点。

把图 1-7 所示的实际接线图，画成另一种形式的控制电路图，这就是电工在分析电路时常用的电路图了，这种电路图画法简单、层次清晰、容易看出电路的工作原理，如图 1-8 所示。

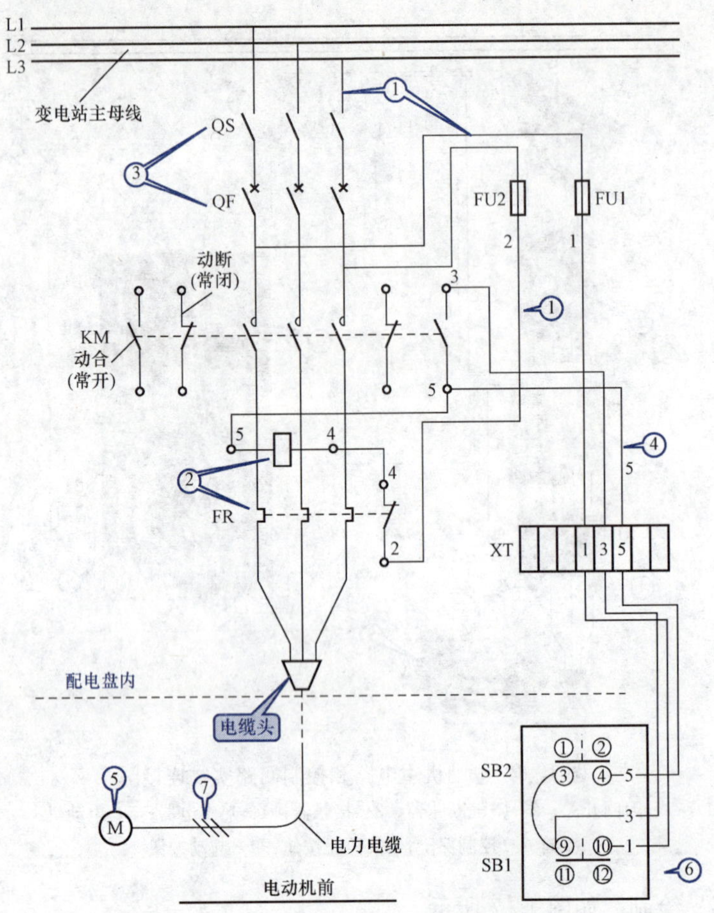

图 1-7 单方向转动的电动机实际接线图

1—箭头方向所指的线条就是线型符号；2—箭头方向所指不同形状的图是图形符号；3—箭头方向所指不同的字母是文字符号；4—箭头方向所指不同的号数是数字符号；5—箭头方向所指的文字符号就是电动机；6—箭头方向所指的是按钮开关；7—箭头方向所指的三条短斜线，表示这是三根线

通常，主电路与控制电路是分开画出的。控制电路一般称为原理展开图，主电路一般称为系统图。用这样的图来表示电气器件之间的连接关系及其特征，电工容易看懂电路工作原理。

图形符号和文字符号在电路图中表示的是什么电气设备，附件，器件，是电工必须熟悉和掌握的基本知识。把图 1-5、图 1-7、图 1-8 所示的电路图，画在普通纸上时，只能称是电路图，接线图。这些图画在描图纸上，再经过晒

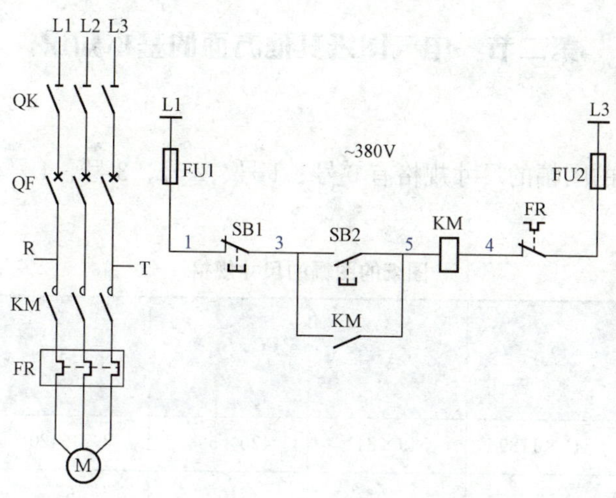

图 1-8　单方向转动的电动机控制电路图

图机后，晒出来的图，是蓝色的图，我们把这种蓝色的称为电气图纸，如图 1-9所示。

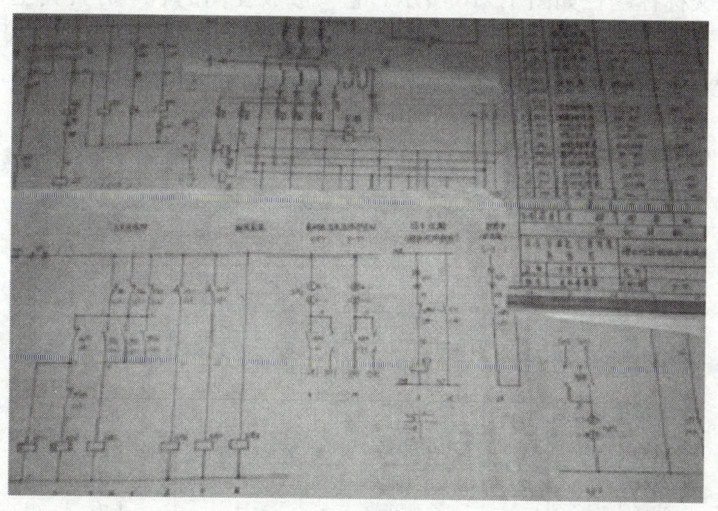

图 1-9　电气图纸

图形符号和文字符号在电路图中表示的是什么电气设备，附件，器件，是电工必须熟悉和掌握的基本知识。

第二节　电气图纸其他方面的基本知识

1. 图幅

A 类图纸的图幅的尺寸规格有 0 号、1 号、2 号、3 号、4 号，其具体尺寸见表 1-1。

表 1-1　　**图纸的图幅的尺寸规格**

幅面代号 尺寸代号	A0	A1	A2	A3	A4
B × L	841×1189	549×841	420×594	297×420	210×297
C	10	10	10	5	5
A	25	25	25	25	25

2. 图标

图标又称标题栏如图 1-10 所示。它一般放在图的右下方，其主要内容是图纸的名称（或工程名称、项目名称）、图号、比例、设计单位、设计人员、制图、专业负责人、工程负责人、审定人及完成日期等。

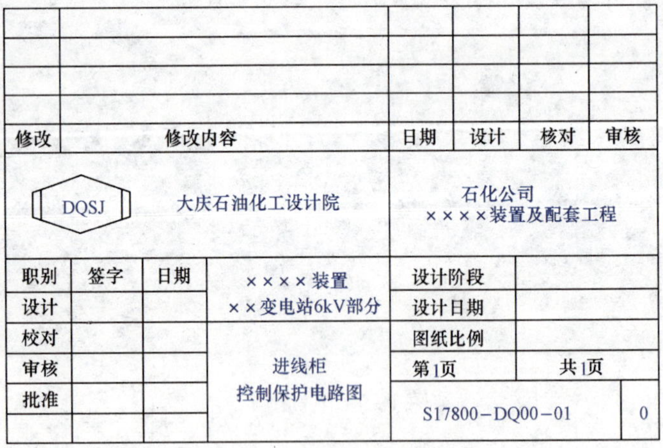

<table>
<tr><td></td><td colspan="3"></td><td></td><td></td><td></td><td></td></tr>
<tr><td></td><td colspan="3"></td><td></td><td></td><td></td><td></td></tr>
<tr><td></td><td colspan="3"></td><td></td><td></td><td></td><td></td></tr>
<tr><td></td><td colspan="3"></td><td></td><td></td><td></td><td></td></tr>
<tr><td>修改</td><td colspan="3">修改内容</td><td>日期</td><td>设计</td><td>核对</td><td>审核</td></tr>
<tr><td colspan="4">DQSJ　大庆石油化工设计院</td><td colspan="4">石化公司
××××装置及配套工程</td></tr>
<tr><td>职别</td><td>签字</td><td>日期</td><td rowspan="2">××××装置
××变电站6kV部分</td><td colspan="2">设计阶段</td><td colspan="2"></td></tr>
<tr><td>设计</td><td></td><td></td><td colspan="2">设计日期</td><td colspan="2"></td></tr>
<tr><td>校对</td><td></td><td></td><td rowspan="4">进线柜
控制保护电路图</td><td colspan="2">图纸比例</td><td colspan="2"></td></tr>
<tr><td>审核</td><td></td><td></td><td colspan="2">第1页</td><td colspan="2">共1页</td></tr>
<tr><td>批准</td><td></td><td></td><td colspan="3" rowspan="2">S17800-DQ00-01</td><td rowspan="2">0</td></tr>
<tr><td></td><td></td><td></td></tr>
</table>

图 1-10　标题栏

3. 比例和方位标志

电气工程图常用的比例是1∶200、1∶100、1∶60、1∶50 。而大样图的比例可用1∶20、1∶10 或1∶5。外线工程图常用小比例，图中的方位按国际惯例通常是上北下南，左西右东，但有时可能采用其他方位，这时必须标明指南针。最简单的方位标志如图 1 - 11 所示。

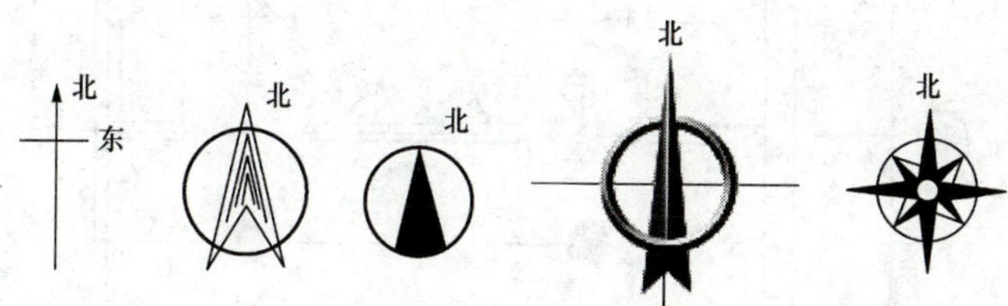

图 1 - 11　方位标志

4. 标高

标高指的是在图纸上标出电气设备的安装高度或线路的敷设高度。在建筑图中用相对高度，如以建筑物室内的地平面为标高的零点。

5. 图例

以电气工程相关的建筑平立面图、剖面图为条件图画出的电气工程图中，通常采用统一的图形符号，用来表示线路和各种电气设备，以及敷设方式与安装方式等。

某些电气工程平面图中，为明确图形符号所表示的电器名称，就将图形符号与说明标注在图纸的某一位置上，这就是图例，如图 1 - 12 所示。

天棚灯

图 1 - 12　图例

6. 尺寸标注

在工程图中尺寸标注常用毫米（mm）为单位，在总平面图中或特大设备时采用米（m）为单位。

7. 平面图定位轴线

凡是有建筑物承重墙、柱子、主梁及房架都应该设置轴线，其定位轴线分为纵轴编号和横轴编号。平面图定位轴线标注示意图如图 1 - 13 所示。

它的表示方法是：纵轴编号用阿拉伯数字从左起往右来表示；横轴编号用大写英文自下而上的标注。而轴线间距是由建筑结构尺寸来确定的。在电气平面图，通常以外墙外侧画出横竖轴线，目的是为了突出电气线路。

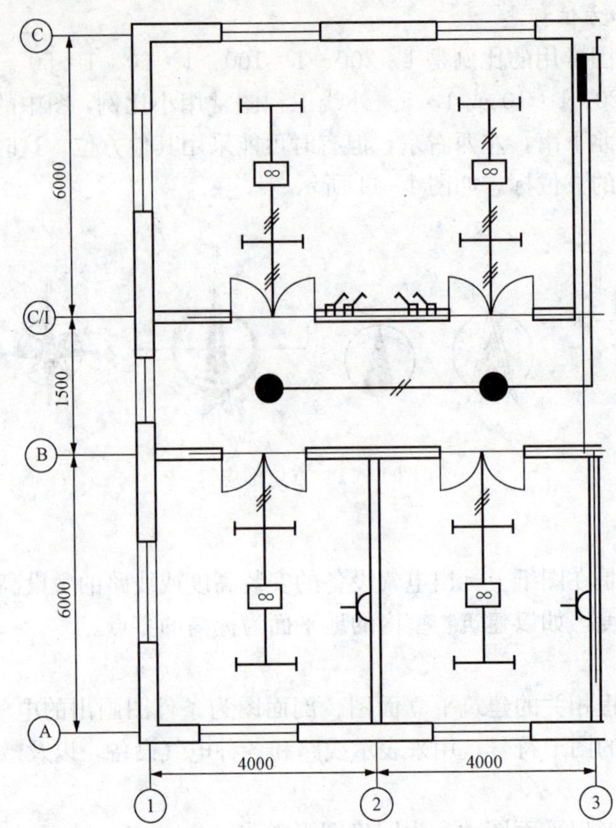

图 1-13　平面图定位轴线标注示意图

第三节　设计说明与设备材料表

1. 设计说明

电气图纸说明也是电气工程图中不可缺少的内容。它用文字叙述的方式说明一个电气工程中供电方式、电压等级、主要线路敷设形式及在图中表达的各种电气安装高度、工程主要技术数据、施工和验收要求，以及有关事项。下面给出的是某个照明工程图纸中对线路敷设方式和接地的设计说明。

(1) 线路敷设方式的说明。

进户线一层配电干线，层间配电干线采用钢管沿地、墙暗配（SC），各楼层分回路线采用阻燃塑料管暗配线，阻燃塑料管氧指数应大于 27。

钢管按规定规程要求作防腐处理，平面图中未标线数者为 2 根 2.5mm 铜

芯导线。所有导线均采用 2.5mm 铜芯线，穿二根线用 FPC15 管，穿三根线用 FPC20 管，穿 4～6 根线，用 FPC25 管（钢管与塑料管均为内经）。

（2）接地的说明。

接地方式采用 TN－C－S 系统，在电缆进户处作 N 线重复接地装置一组（与防雷共用接地装置），接地电阻小于 10Ω，如大于 10Ω 时须增加接地极数，接地极采用 50mm×50mm×5mm 角钢三根，长 2.5m 米，间距 5m，距建筑物 3m，极顶埋深 1.1m，从重复接地装置用 25mm×4mm 镀锌扁钢引至第一个配电箱内与 N，PE 接线端子板相接，从总配电箱分别配出的 N，PE 线后不许再相接。接头处用 $\phi 6$ 圆钢连接（焊接），进出建筑物各种金属管道，在进出处与重点接地装置连接，凡与电绝缘的金属零件均应与 PE 线相接。

2. 设备材料表

设备材料表是电气工程图中不可缺少的内容。电气工程图所列出全部电气设备材料的规格、型号、数量以及有关的重要数据，要求与图纸一致，且按照序号编写。这是为了便于施工单位计算材料、采购电气设备，编制施工组织计划等方面的需要。设备材料表示例见表 1－2。

表 1－2　设备材料表示例

4	ZQ	起动整流管	ZP-300	300A 600V	1	
3	2.4.6GZ	硅整流管	ZP-300	300A 600V	3	
2	KQ	起动可控硅	KP-200	200A 600V	1	
1	1.3.5KGZ	可控硅	KP-500	500A 600V	3	
安装在主整流桥板上的设备						
8	SBJ	电流继电器	DL-13/2	0.5～2A	1	
7	COS	功率因数变换器		～100V 5A	1	与 $\cos\varphi$ 对号配套
6	R2.13R.2R	电阻	RxYC	30W 22kΩ±5%	3	
5	Ca.b.c	电容	CJ48A	～250V 10μF±10%	3	
4	1～6Cb	电容	CJ48A	～750V 0.47μF±10%	6	
3	Ra.b.c	电阻	RxYC	30W 10kΩ±10%	3	
2	1～6Rb	电阻	RxYC	10W 30kΩ±10%	6	
1	1～6Ra	电阻	RxYC	15W 5.1kΩ±10%	6	
安装在阻容保护板上的设备						
10	xA	按钮	LA18-44XZ		1	黑
9	3HD	信号灯	NXD4	220V 红色	1	
8	LD XD SD 1.2HD	信号灯	NXD4	220V	5	红 2 绿 1 白 2

续表

安装在阻容保护板上的设备						
7	5W	电位器	WX3-12	680Ω 3W	1	配旋钮
6	JA. 2LA 2MA	按钮	LA19-11		3	红 2 绿 1
5	WHK	控制开关	LW5	LW5-15	1	自提线路
4	cosφ	三相功率因数表	44L1-cosφ		1	与变换器对号配套
3	V-	直流电压表	44C1-V	50V	1	
2	A～	交流电流表	44L1-A	600A/5A	1	
1	A-	直流电流表	44C1-A	200A	1	
安装在仪表板 V 单元上的设备						
序号	符号	名称	型号	技术特性	数量	备注

第四节　电气图纸的分类

电气接线图是以电气线路的连接为基本内容的，为表明一项电气工程，只有电气接线图是不行的，而且还要有电气设备安装位置的平面图等，甚至几种图配合起来用于一个目的，也有的则是一种接线图用于多种目的。

按照当前电气图纸中的各种电路图、配置图等应用场所存在差异，电路图也可分为电气原理图、原理展开图、实际接线图。就拿电气接线图来讲，常规电气设备的接线图一般分为主回路（称之一次线路图）和控制回路（也称二次线路图）两大部分，如图 1-14 所示。

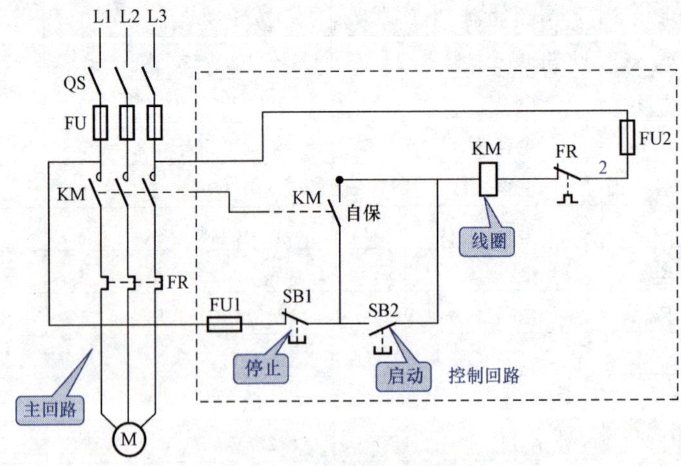

图 1-14　主回路和控制回路

其中主回路图可画成单线图也可画成多线图。还有一种用中断线表示（在断线的中断处必须标识导线的走向），用中断线表示画成的电路图，一般用于成套开关设备厂的内部配线与现场施工，安装电工配线。

1. 简图

(1) 框图。

用来表示电路的简图通常是指框图，用于控制回路接线图或用于规划设计阶段。

(2) 系统图。

用来表示电路接线的图即单线接线图，也称系统图，分为以下几种。

1）变、配电系统图。用于反映变配电系统一次线的接线方法。

2）动力配线系统图。用于反映机动设备配置的主要电气设备。

3）照明工程系统图。用于表示，某一工厂车间系统回路概况，用于主回路接线和规划阶段。

变、配电系统图在变电站投入运行后，供值班人员依照系统图进行倒闸操作和维修时参考。

2. 电气接线图

(1) 复线接线图。

复线接线图通常用来表示电路接线，设备主回路接线图和用于施工阶段的接线图通常采用复线接线图。施工结束需向用户方交付阶段的接线图也是复线接线图。

(2) 展开接线图。

展开接线图通常表示电路运用，用于控制回路与保护监测回路，是规划、施工、试验、运行、维修用接线图，本书中大部分设备电路图均属于这种图。因为它能够清楚的表示出设备动作的顺序，容易看懂其电路的工作原理，是使用最普遍的一种电路图。

(3) 电路布线（配线）图。

电路布线（配线）图分内部接线图、外部接线图、正面接线图及综合接线图几种。

1）内部接线图，是指某台电气设备进行内部接线的用图。

2）外部接线图，表示除电气设备本身以外进行接线用的图。

3）正面接线图，用于控制回路和试验、运行、维护用的接线图。

4）综合接线图，外部用于控制加上内部接线图。

阅读电气图纸的顺序与方法

第一节 阅读电气工程图的一般规律

在了解了电气工程图与建筑工程之间的联系后，我们知道，成套的电气工程图中往往还包括一部分土建工程图，阅读电气工程图还应该照一定的顺序进行，才能较迅速全面地实现看图的目的。一般应按照以下的顺序依次进行看图。

1. 看标题栏和图纸目录

拿到图纸后，首先要仔细阅读图纸和主标题和有关说明，图纸目录示例见表2-1。图纸目录中通常包括技术说明、元件明细表、施工说明书等，阅读时，应结合已有的电工知识，对该电气图纸类型、性质作用有一个明确的认识，从整体上理解图纸的概况和表述的内容。

表2-1 图纸目录示例

序号	图纸名称	编号
1	图纸封面	电机 BKLIc-1
2	图纸目录	1MZ-Ic
3	BKL-Ic 型励磁装置电气原理图	电机 BKLIc-1-1-1
4	BKL-Ic 型励磁装置失步保护及控制信号电气原理图	电机 BKLIc-1-1-2
5	BKL-IB 励磁装置整流柜	电机 BKLIB-1-2-1
6	BKL-Ic 型励磁装置整流柜电气接线图	电机 BKLIc-1-2-2
7	BKL-IB 型励磁装置起动单元接线图	电机 1-BKLIB-1-2-3
8	BKL-IB 型励磁装置风机单元电气图	电机 1-BKLIB-1-2-4
9	BKL-IB 型励磁装置控制柜	电机 1-BKLIB-1-3-1A

续表

序号	图 纸 名 称	编 号
10	BKL-Ic 型励磁装置控制柜失步保护信号电气接线图	电机 BKLIc-1-3-2G
11	BKL-IB 型励磁装置电源板外部接线图	电机 1-BKLIB-1-3-2-1
12	BKL-IB 型励磁装置控制柜灭磁单元电气接线图	电机 1-BKLIB-1-3-3
13	BKL-IB 型励磁装置控制柜插件单元电气接线图	电机 BKLIc-1-3-4-1
14	II 型投励插件	电机 1-BKLIB-1-3-4-2
15	I 型灭磁插件	电机 1-BKLIB-1-3-4-3
16	I 型给定放大插件	电机 1-BKLIB-1-3-4-4A
17	I 型给定放大插件设备接线图	电机 1-BKLIB-1-3-4-5A
18	I 型触发插件	电机 1-BKLIB-1-3-4-6
19	I 型励磁状态插件	电机 1-BKLIB-1-3-4-7
20	III 型失控插件	电机 1-BKLIB-1-3-4-8

2. 看成套图纸的说明书

了解工程总体概况及设计依据，了解图纸中能够表达清楚和各有关事项，供电电源、电压等级、线路和敷设方式、设备的安装高度和安装方式、各种补充的非标准设备及规范、施工中应考虑的有关事项等。在看分项工程图纸时，分项工程的图纸上有说明的，也要先看设计说明。

3. 看系统图

各分项工程的图纸中都包含有系统图，如变配电工程的供电系统图、电力工程的电力系统图、电气照明的照明系统图、电气电缆等系统图等。看系统图的目的是了解电气系统的基本组成，主要的电气设备、元件等的连接关系以它们的规格、型号、参数等，掌握该系统的基本情况。

4. 看电路图和接线图

电路图是电气图的核心，也是内容最丰富、最难懂的电气图纸。看电路图首先要看那些图形符号和文字符号，了解电路图中各组成部分的作用和原理，分清主电路和控制、保护电路、测量回路，熟悉有关控制线路的走向，按照先看主电路、从电源侧开始到负荷。

主电路一般用较粗线条画出，画在电路图的左侧，看控制电路图时，应从上而下、从左至右看。先看各条回路，分析各回路元器件的情况及与主电路的关系和机械机构的连接关系。

对电工来讲，不仅会看主电路图而且要看懂二次接线图。要根据回路编号，端子标号，同一台回路设备编号是相同的。一般通用的回路线号的标号是

相同的。从以下各章节的控制电路图中就能得到理解。

5. 看平面布置图

平面布置图是电气工程中的重要图纸之一，如变配电设备安装平面图、剖面图、电力线路架设与电缆的敷设平面图、照明平面图、机械设备的平面布置图、防雷工程的平面布置图、接地平面图等。都是用来表示设备的安装位置，线路敷设部位、敷设方法和所用的导线型号、规格、数量，穿管管径大小。平面布置图是电气工程施工过程中的主要依据，必须学会。

6. 看材料设备表

电工从设备材料表可看出该回路所使用的设备名称、材料型号、规格和数量，当设备损坏后，选择与材料表给出的型号、规格相同的设备进行更换。能阅读电气图纸是提高电工技能的第一步，只有学会看图才能完成电气安装、接线、查线与分析处理故障的任务。

第二节　电路图中部分触点定义

1. 电路图中的触点状态

电路图中的触点的图形符号都是按电气设备在未接通电源前的状态下的实际位置画出的，表示的触点是静止状态。

2. 动合触点与动断触点

操作器件（线圈）得电动作时，所附属的触点闭合；操作器件线圈断电时，附属的触点从闭合状态中断开，这样的触点称之动合（常开）触点。

操作器件（线圈）得电动作时，附属的触点从闭合状态中断开；操作器件线圈断电时，所附属的触点闭合，从断开状态中闭合（复归原始位置），这样的触点称之动断（常闭）触点。动合触点与动断触点的图形符号如图 2-1 和图 2-2 所示。

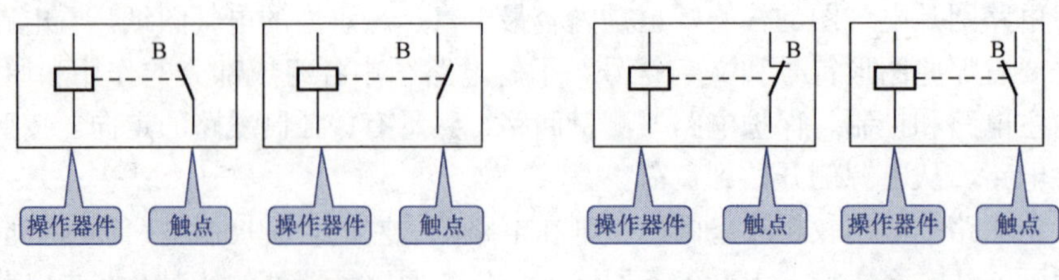

图 2-1　动合触点　　　图 2-2　动断触点

3. 时间性触点

操作器件（线圈）得电动作时，所附属的触点按照设计（整定）的时间闭

合或断开，这样的触点就称之时间性触点。整定的时间长短可以调节。

（1）延时闭合的动合触点。

操作器件（线圈）得电动作时，附属的动合触点不能立即闭合，必须到整定时间，触点才能闭合，这样的触点称之为延时闭合的动合触点，其图形符号如图 2-3 所示。

（2）延时断开的动合触点。

操作器件（线圈）得电动作时，触点“B”立即闭合，但这个触点“B”在操作器件（线圈）断电后不能立即打开而是达到整定的时间，触点才能打开（复归原始位置），这样的触点称之为延时断开的动合触点，其图形符号如图 2-4所示。

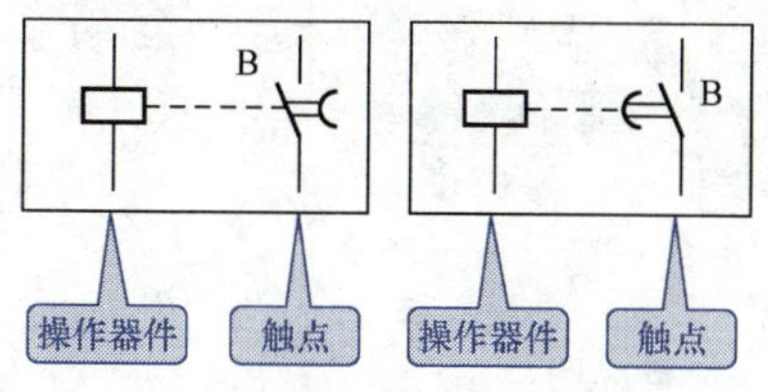

图 2-3　延时闭合的动合触点

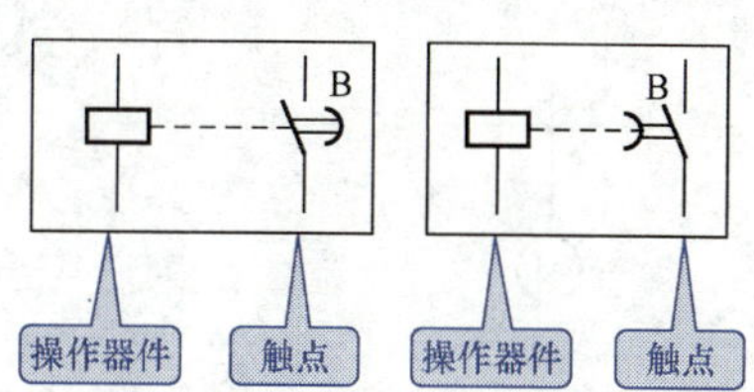

图 2-4　延时断开的动合触点

（3）延时断开的动断触点。

操作器件（线圈）断电释放时，所附属的触点“B”立即闭合，但这个触点“B”在操作器件（线圈）得电后不能立即断开，必须到整定的时间，才由闭合状态断开，这样的触点称之为延时断开的动断触点，其图形符号如图 2-5 所示。

（4）延时闭合的动断触点。

操作器件（线圈）得电动作时，所附属的触点“B”不能立即断开，而是达到整定时间才能断开动断触点。这样的动断触点称之为延时闭合的动断触点，其图形符号如图 2-6 所示。

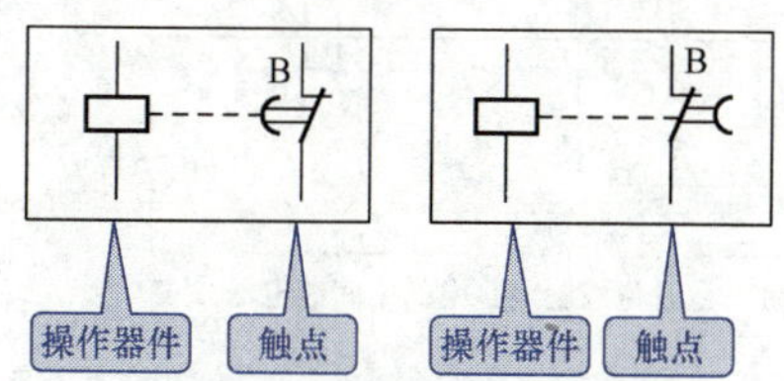

图 2-5　延时断开的动断触点

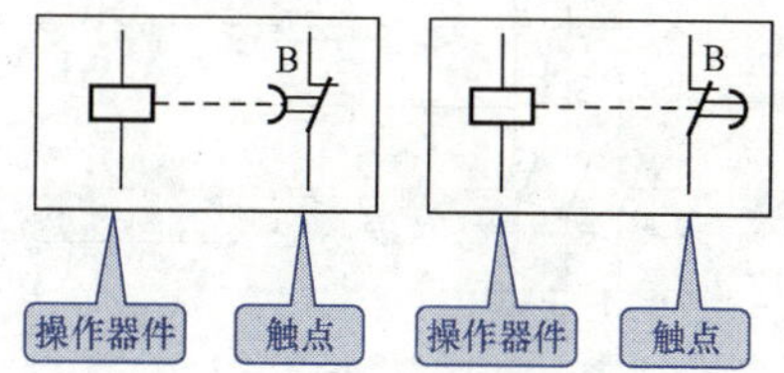

图 2-6　延时闭合的动断触点

4. 自锁（自保）触点

操作器件（线圈）得电动作时，所附属的动合触点闭合，保证电路接通，

使操作器件“线圈”维持闭合状态。换句话说，就是依靠自身附属的触点作为辅助电路，维持操作器件（线圈）的吸合状态，所用触点称之为自锁（一般称自保）触点。这样的回路称为自锁或自保回路，如图 2-7 所示。

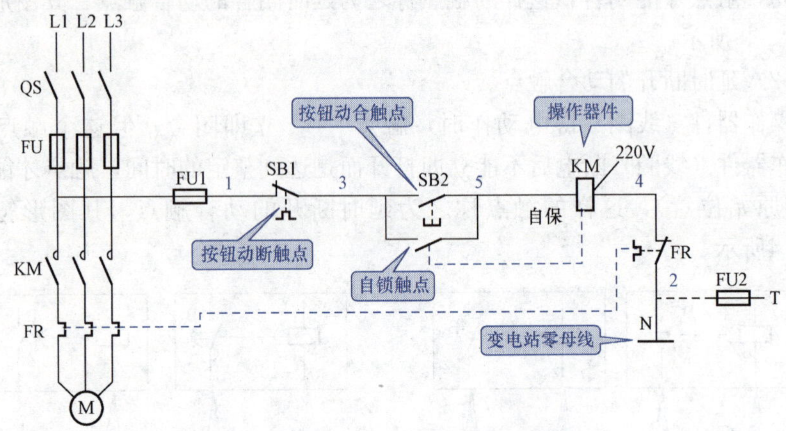

图 2-7　自锁（自保）触点回路

5. 旁路保持触点

依靠另外操作器件的触点来维持电路的闭合状态，这个触点称之为旁路保持触点。这一回路称之为旁路保持回路，如图 2-8 所示。旁路保持触点在控制电路中应用较多。

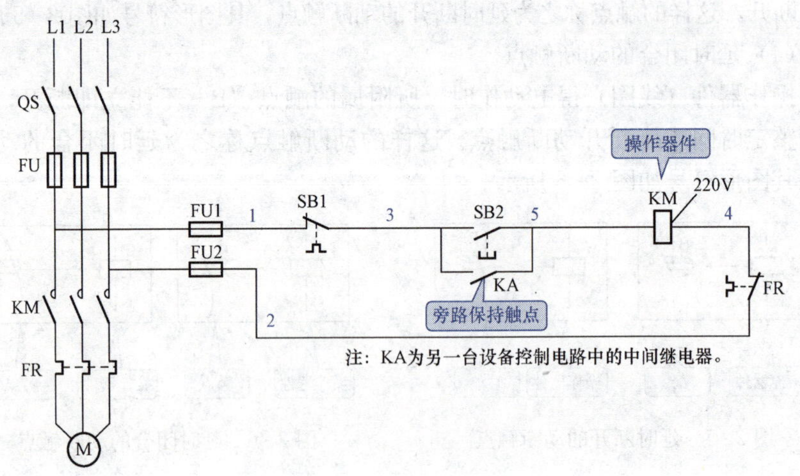

图 2-8　旁路保持回路

6. 触点的串联

根据电气（机械）控制要求，把一些开关或继电器触点的末端与另一个触点的前一端相连接的方式称之为触点的串联回路。在这一回路中只要有一个触点不闭合，线路的最终设备便不能动作。触点的串联如图 2-9 所示。

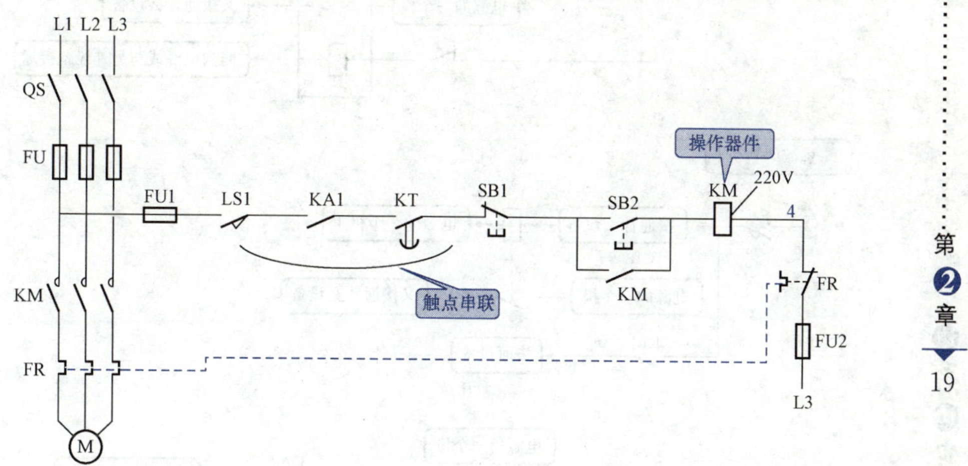

图 2-9　触点的串联

7. 触点的并联

根据电气（机械）控制要求，把一些开关或继电器触点的前末端与另一个触点的前末端相连接的方式称之为触点的并联回路。在这一回路中只要有一个触点闭合，线路的最终设备就能动作。图 2-8 和图 2-9 中的按钮 SB2 开触点与接触器 KM 开触点就是触点的并联连接。

第三节　电气设备（器件）动作的外部条件

电气设备（器件）动作必须要有电的物理现象或外力的作用。可以是由人工触动，也可以是由机械触动，还可以是在线路感应电压，电流的作用下，从而使器件的线圈得电动作，如图 2-10 所示。

电工在看图时，首先要看懂操作开关或触点，接通什么设备，与什么触点或线圈连接，才能进一步搞清设备的动作情况。

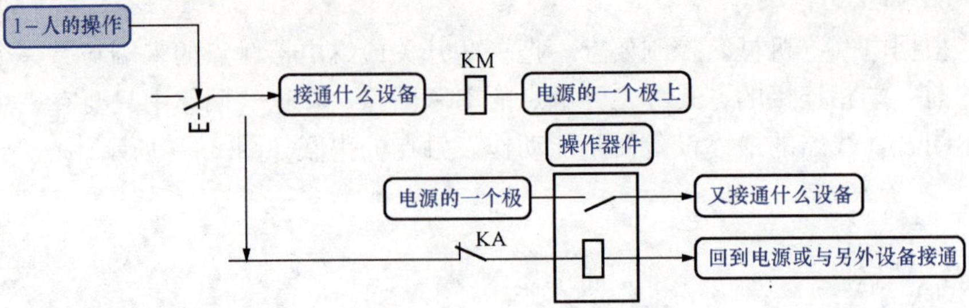

1－人的操作
KM
接通什么设备
电源的一个极上
操作器件
电源的一个极
又接通什么设备
KA
回到电源或与另外设备接通

(a)

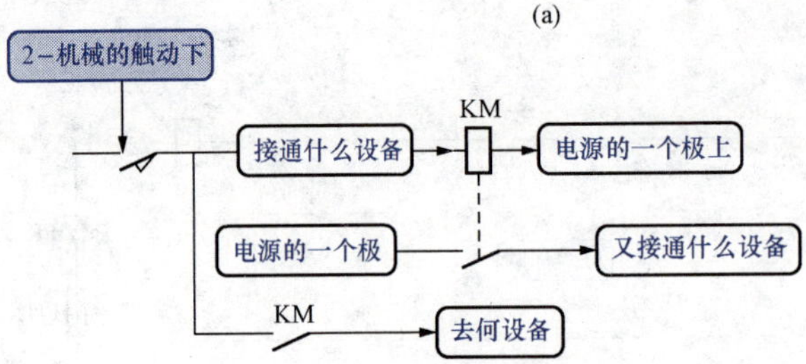

2－机械的触动下
KM
接通什么设备
电源的一个极上
电源的一个极
又接通什么设备
KM
去何设备

(b)

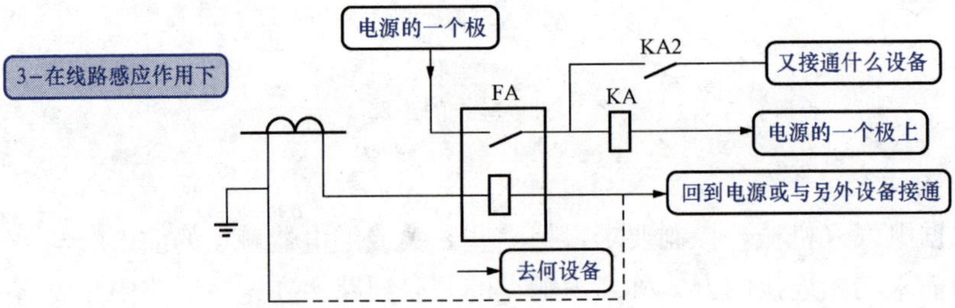

电源的一个极
3－在线路感应作用下
KA2
又接通什么设备
FA
KA
电源的一个极上
回到电源或与另外设备接通
去何设备

(c)

图 2-10　电气设备（器件）动作的条件

(a) 人工触动；(b) 机械触动；(c) 线路感应

第四节　看图方法与顺序

要看懂电路图不仅要认识文字符号和图形符号，而且要能与电气设备的工作原理结合起来，这样才能看懂电路图。下面以图 2-11 所示接线图为例说明。图 2-11 所示的电动机控制电路图中画出了经过端子排与外部电器连接的线，容易看出电器元件之间的连接关系，从图上看清端子排 XT 右侧的线条是与配电盘上电器连接的线。端子排 XT 左侧的线条是与配电盘外部电器连接的线。按此图进行接线要比图 2-7 方便、容易。

1. 看图方法

电路图是按照规定的符号绘制的，图形符号旁边的文字符号用来表示设备的名称，看图前首先弄清图中的图形符号、文字符号代表什么电器，要看符号说明表，而这些符号必须熟记。下面举两个例子来说明如何按文字符号看图。

看图 2-11，图形符号—□—旁边有文字符号“KM”图形符号表示的是线圈，具体是何种线圈要看文字符号。“KM”代表接触器，与图形符号合在一起，表示这是接触器的线圈。

除知道符号所代表的意义外，还要知道电气设备的动作状态与原理。图 2-11“SB1”旁边的图形是停止按钮，所示的状态是闭合的。按下时，触点断开，将电路切断，松手后触点（回归）闭合。“SB2”旁边的图形是起动按钮，按下时，触点闭合，使电路接通，松手后触点（回归）断开。

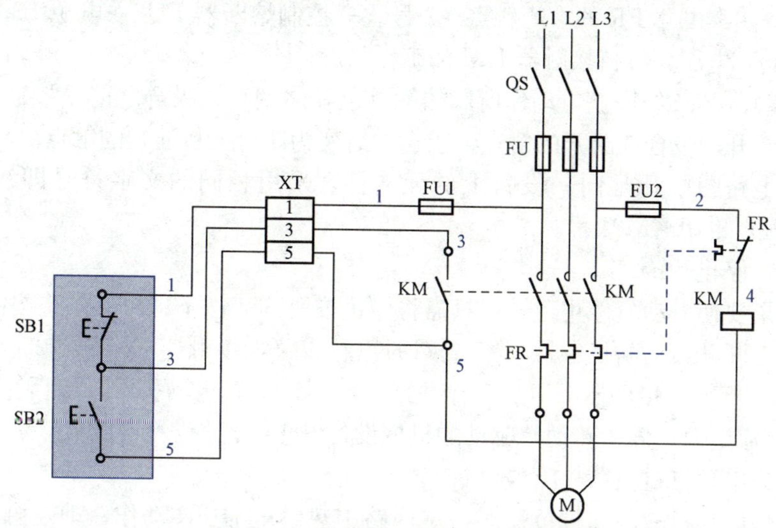

图 2-11　电动机控制电路的实际接线图

2. 动作原理

（1）起动运转。

合上三相闸刀开关 QS，合上主回路熔断器 FU，合上控制保险 FU1、FU2。按下起动按钮 SB2，电源 L1 相→控制熔断器 FU1→端子排上的 1 号线→停止按钮 SB1 动断触点→起动按钮 SB2 动合触点（按下时闭合）→端子排上的 5 号线→接触器 KM 线圈→4 号线→热继电器 FR 的动断触点→2 号线→控制熔断器 FU2→电源 L3 相，构成 380V 电压。

接触器 KM 线圈得到 380V 的工作电压，接触器 KM 动作，接触器 KM 动合触点闭合自保，维持接触器 KM 的吸合状态，接触器 KM 的三个主触点同时闭合，电动机 M 绕组获得 L1、L2、L3 三相 380V 交流电源，电动机 M 起动运转，所驱动的机械设备运行。

接触器 KM 自保电路工作原理如下：松开起动按钮 SB2 时，闭合中的按钮 SB2 动合触点断开，从图上看接触器 KM 线圈的 5 号线与接触器 KM 动合触点 5 的一端连接→接点的另一端 3 号线→端子排上的 3 号线→停止按钮 SB1 动断触点与起动按钮 SB2 间的连线。写有 3、5 号的接触器 KM 动合触点闭合，将起动按钮 SB2 的 3、5 号动合触点短接。

由于接触器 KM 常开触点闭合后，接触器 KM 线圈的电路工作电流是这样的：工作电流不能通过起动按钮 SB2 动合触点，而是经过接触器 KM 的动合触点。

电源 L1→控制熔断器 FU1→端子排上的 1 号线→停止按钮 SB1 动断触点→3 号线→已经闭合的接触器 KM 动合触点→5 号线→接触器 KM 线圈→4 号线→热继电器 FR 的常闭触点→2 号线→控制熔断器 FU2→电源 L3 相上，构成 380V 电压，维持接触器 KM 的工作状态。

接触器 KM 线圈获电动作所属的触点也随之变化，吸合之前是接通触点，吸合后断开；吸合前断开的触点，吸合之后变为闭合（接通）的触点。

在电路图中凡是同一设备上的元器件，采用相同的文字符号即线圈是 KM，触点也用 KM 表示。

（2）停止运转。

如果要使电动机停止运转，只需将停止按钮 SB1 按下即可。停止按钮 SB1 动断触点断开，切断接触器 KM 线圈的控制线路，接触器 KM 线圈断电，接触器 KM 释放，接触器 KM 的三个主触点同时断开，电动机 M 绕组脱离三相 380V 交流电源，停止转动，驱动的机械设备停止运行。

（3）电动机过负荷故障停机。

常用电动机故障如过负荷时，主回路中热继电器 FR 动作，动断触点 FR 断开，切断接触器 KM 线圈电路，接触器 KM 线圈断电，接触器 KM 释放，接触器 KM 三个主触点同时断开，电动机 M 绕组脱离三相 380V 交流电源，停止转动，拖动的机械设备停止运行。

3. 看动作回路

简单的电路图一看就明白，但对于比较复杂的电路图看懂就不那么容易了。如 6kV、450kW 电动机控制保护电路图，就是由许多回路构成的，动作回路可分为主电路（一般称系统图）、控制保护回路（一般称二次回路图）及信号回路。其中控制保护回路又可分为分闸回路、合闸回路、过电流保护回路、接地保护回路、低电压保护回路及工艺联锁保护回路。信号回路又可分为分闸信号灯回路、合闸信号灯回路、回路断线监视、事故报警信号回路及故障

预告合信号回路。

按动作回路看图就是按操作及电气设备动作回路的顺序看图。想看图中的某一回路，就看某一回路，按回路名称看图。

如图 2-11 中电动机的过电流保护部分回路，如图 2-12 所示。

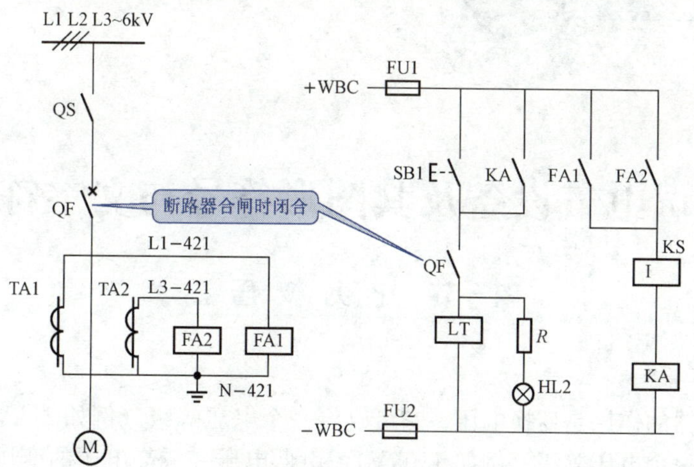

图 2-12　过电流保护回路

电动机因某些原因发生过负荷或短路故障时，电流互感器 TA1、TA2 的二次感应电流增加，达到电流继电器 FA1、FA2 的整定值时，电流继电器 FA1、FA2 动作。

按文字符号在图中找到电流继电器 FA1、FA2 所带的触点，看这个触点又接通什么设备。看图可知电流继电器 FA1、FA2 所带的开触点另一端与信号继电器 KS 线圈相连，中间继电器 KA 线圈另一端与控制保险 FU2 相连。

当电流继电器 FA1、FA2 吸合后，可使中间继电器 KA 线圈得电动作之后，在图中找到中间继电器 KA 所带的触点，触点 KA 闭合后，断路器 QF 的分闸线圈 LT 得电，分闸铁心向上冲击断路器分闸拉板“死点机构”，使其跳闸，从而达到过电流保护的目的。

看图前，首先看图的标题，确认是所要看的电路图。再看符号说明，然后看设计说明，从中了解机械生产工艺控制要求。如设计要求润滑油压力低于 0.05MPa 时，电动机应自动停止运行。以保证主机安全，那么在电路图中找到相应的控制部分（油压触点）。

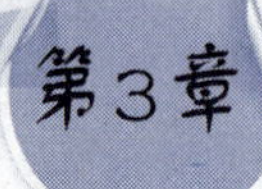

第3章

认识电气设备及其图形符号与文字符号

第一节 电力变压器

1. 变压器

变压器的作用是变换电压，它可以将一个电压等级（例如10kV）变成同频率的另一个电压等级（例如110kV），由低电压变成高电压的变压器称“升压变电器”。升压后利于远距离输送，电能输送到负荷中心经变压器降压后满足不同用户的需要。降低电压的变压器称“降压变压器”。低压变电站使用的是变压器属于“降压变压器”。它是低压变电站的主要电气设备之一，可以说变压器是变电站的心脏，其主要作用是变换电压。将高电压变换成低电压，即用户所需电压。变压器的外形如图3-1所示。变压器可以安装在固定的场所，安装在地面上的变压器如图3-2和图3-3所示。安装在杆上的变压器如图3-4所示。

图3-1 变压器的外形

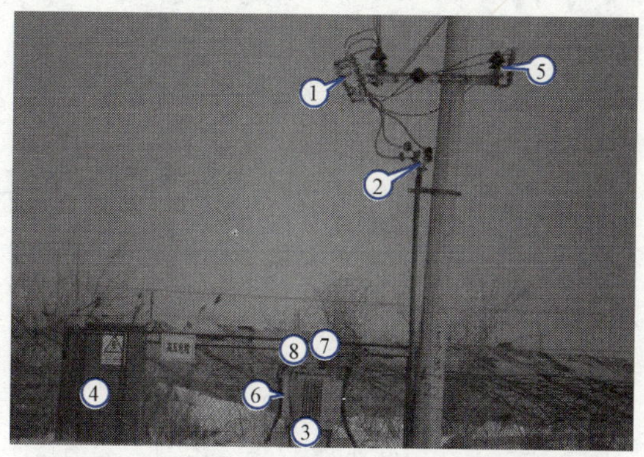

图 3-2 安装在地面上的变压器连接图

1—跌落开关；2—电缆头（电缆）；3—变压器；4—变压器二次配电箱；5—避雷器；6—变压器二次电缆线；7—变压器一次端子；8—变压器二次端子

图 3-3 安装在地面上的变压器

图 3-4 安装在杆上的变压器连接

1—避雷器；2—跌落保险（跌落开关）；3—变压器；4、5—变压器二次开关箱

2. 变压器的安装与开关位置

图 3-5 所示为打开箱门看到的变压器二次配电箱内器件。

图 3-5　打开箱门看到的变压器二次配电箱内器件

第二节　电力变压器一次电源用断路器

高压断路器具有良好可靠的灭弧装置和断流能力，平时能够接通或断开负荷电流，如通过断路器合闸，使高压电动机接通电源而起动运转，断路器分闸后，将电动机从电路中切开，电动机断电停运。高压断路器的作用如下。

(1) 根据电力系统运行需要，通过断路器的关合和断开的操作，使部分电力设备或线路投入或退出运行状态，实现供电、停电或改变一个系统的运行方式。

(2) 故障时迅速切除故障部分。高压断路器与各种保护继电器匹配使用，在发生短路故障时，继电保护装置发出跳闸指令信号，使断路器跳闸，能迅速切除故障部分，减少停电范围，达到保证无故障部分安全运行的目的。因而断路器不仅是作为线路的负载开关，而且还承担保护其他设备的重要作用。断路器的种类较多，如常用的油断路器、真空断路器等。

高压断路器及其图形符号如图 3-6 所示。

1. LW3G-12 系列 SF_6 断路器

LW3G-12 系列 SF_6 断路器如图 3-7 所示，它具有结构简单、灭弧和绝缘性能优良、操作功小、额定参数高、电寿命和不检修周期长（20 年）等优点。

LW3G-12 系列 SF_6 断路器的特点如下。

(1) 开关箱体采用不锈钢制造，达到了永久使用的耐腐要求。

(2) 装设高气压泄压装置，即使发生内部故障，也不会因为箱体内气体压力突然升高而将箱体损坏。

(3) 装设低气压闭锁报警装置，预防断路器在过低的气压下开断短路电流发生故障，提高开关运行的可靠性。

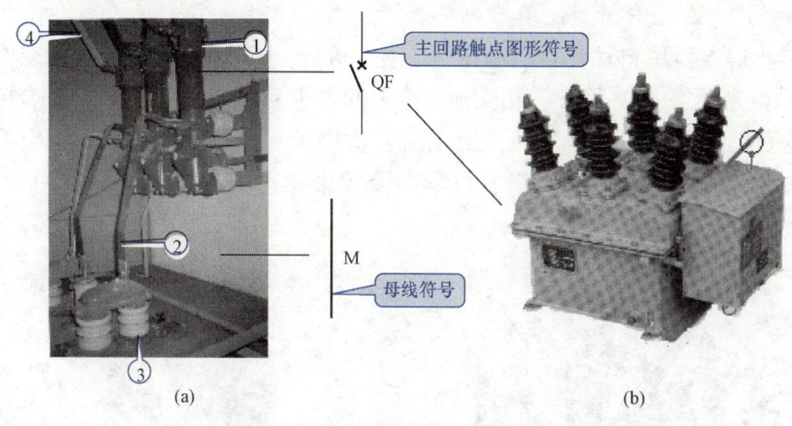

图 3-6　高压断路器及其图形符号

(a) SNI-10 少油断路器；(b) 户外断路器

1—SNI-10 少油断路器；2—母线；3—电流互感器；4—母线

(4) 除了端子进出线，还增加了绝缘电缆进出线，有效地避免因外来因素而引发的进出线端子相间短路故障。

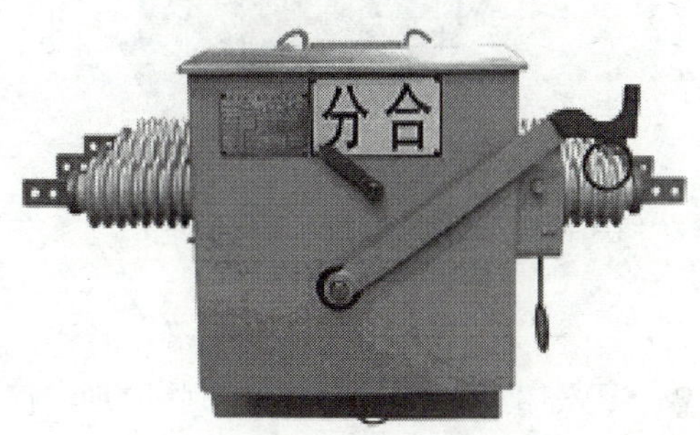

图 3-7　LW3G-12 系列 SF_6 断路器

(5) 除了陶瓷套管外，还可以提供多种方案，包括有机绝缘子套管，彻底杜绝因外力和雷电造成的瓷瓶破裂和因瓷质因素造成的开裂。

(6) 装设了手动闭锁装置，在停电作业时，能有效地防止误操作。

(7) 改进了进出线瓷质套管工艺，有效地防止开关运行中的电晕放电。

(8) 装设了智能涌流控制器，能连续不断地实时检测线路电流的工频周期分量和非周期分量，可有效地避免因合闸涌流造成开关误动作。

(9) 可以电动操作，也可手动操作。备有自动控制器，既可就地遥控操作，也可远距离控制或用 RTU 界面实现主控台操作。

2. ZW8-12 系列（干式）户外高压真空断路器

ZW8-12 系列（干式）户外高压真空断路器如图 3-8 所示，该断路器系三相交流 50Hz 户外安装无油化高压开关设备，主要用于 12kV 配电网络系统。具有合、分负荷电流，关合、开断短路电流的功能，可以实现远方控制及重合闸操作。

3. SPV-12 型户外柱上真空断路器

宁波耐吉新星自动化设备有限公司生产的 SPV-12 型户外柱上真空断路器如图 3-9 所示。主要用于三相交流 12kV 的电力系统。用于开断、关合电力系统中的负荷电流、过载电流及短路电流。适用于变电站及工矿企业配电系统中作保护和控制之用，更适用于农村电网及频繁操作的场所，特别适用于城网、农网改造的需要。

图 3-8　ZW8-12 系列（干式）户外高压真空断路器

图 3-9　SPV-12 型户外柱上真空断路器

SPV-12 断路器采用真空灭弧原理，使用新颖的小型化弹簧操纵机构，分、合闸能耗低，机构传动采用直动传输方式，分、合闸部件少，可靠性高，使用寿命长（机械寿命 2 万次）。机构置于密封的机构箱中，解决了机构锈蚀的问题。该断路器为三相分箱式结构，相间距 340mm，能满足高海拔、高温、潮湿地区的使用，避免了由于相间距离小而造成的相间、对地故障。断路器外壳采用不锈钢制造，达到了永久使用的耐腐要求。整体固封极柱及电流互感器采用进口户外环氧树脂固体绝缘，耐高低温、耐紫外线、耐老化、使用寿命长。可加装紧凑型隔离开关，具有体积小、重量轻；或者加装不锈钢一体式隔离开关，可安装避雷器；隔离开关三相联动，分闸状态下有明显断口，并具备与断路器防误联锁，维护方便，安全可靠。

4. ZW8-12 型户外高压真空断路器

西安真空开关厂生产的 ZW8-12 型户外交流真空断路器如图 3-10 所示。通常用作 50Hz、额定电压为 12kV 的户外配电设备，作用是分、合负荷电流、过载电流及短路电流，也可以用于其他类似场所，是城乡电网无油化改造的最

佳设备之一。若同计算计遥控系统及数据无线传送终端设备连接，还可以实现线路中遥控分合开关之功能。

5. ZW8-12 系列真空断路器

ZW8-12G 系列真空断路器如图 3-11 所示，额定电压 12kV，为三相交流的高压户外开关设备，主要用来开断关合农网、城网和小型电力系统的负荷电流、过载电流、短路电流。该产品总体结构为三相共箱式，三相真空灭弧室置于金属箱内，利用 SMC 绝缘材料相间绝缘及对地绝缘，性能可靠，绝缘强度高。

图 3-10 ZW8-12 型户外交流真空断路器

1—储能；2—合闸拉环；3—分闸拉环

图 3-11 ZW8-12G 型户外交流真空断路器

ZW8-12G 是由 ZW8-12 断路器与隔离刀组合而成的，称为组合断路器，可作为分段开关使用。

本系列产品的操动机构为 CT23 型弹簧储能操动机构，分为电动和手动两种。

6. SPG-12 型户外柱上 SF_6 负荷开关

宁波耐吉新星自动化设备有限公司生产的 SPG-12 型户外柱上 SF_6 负荷开关如图 3-12 所示。主要用于交流 50Hz 的三相 12kV 配电网，用作开断、关合系统中的负荷电流，能够自动将发生故障的配电线路区段隔离开。开关可以手动操作、电动操作和远距离操作。电子控制装在不锈钢箱体内，能够在各种气候条件下使用。柱上安装简单、方便、快速，并且降低施工成本。

该负荷开关，采用压气式灭弧原理，以 SF_6 气体为绝缘和灭弧介质，并配以独特的内置三角形弹簧机构，具有操作简单，操作功小，机构不受外界环境影响等优点，是一种性能优越的免维护开关设备。可满足高海拔地区使用。开

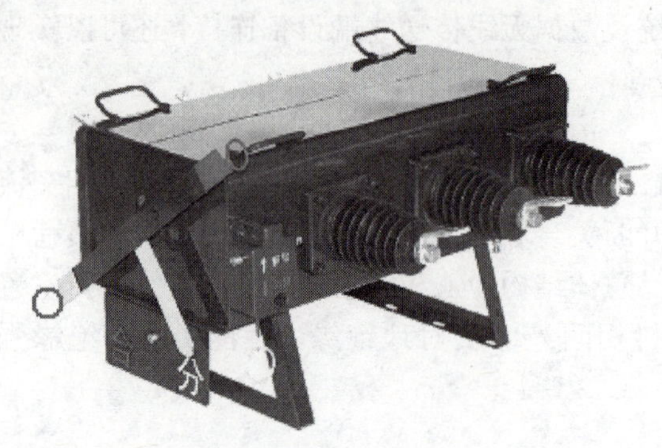

图 3-12　SPG-12 型户外柱上 SF_6 负荷开关

关外壳采用不锈钢（3mm）制造，氩弧焊熔接焊接，具有良好的密封性和强度，并进行表面喷涂处理。开关安装了防爆泄压装置，避免因内部压力异常增高而导致断路器壳体爆裂。开关装设了低气压闭锁装置，当开关内部气体压力达到闭锁压力（0.03～0.04MPa）时，低气压闭锁装置将开关闭锁并伴随红牌指示。开关还装设了手动闭锁装置，可将开关闭锁在合闸或分闸位置，防止运行时的误操作；同时在停电作业时防止误合闸。

第三节　低 压 刀 开 关

低压刀开关也称刀形转换开关、负荷开关或隔离开关，是低压开关中最简单，应用最普通的一种电器。其型号种类很多，按操作方式分，分单投和双投。按极数分，双极和三极的。

按灭弧结构分为，低压刀开关可分为带弧罩和不带灭弧罩的。带有灭弧罩的刀开关可以切断负荷电流，故也可称为负荷开关但在大电流负荷时，拉闸过程中产生的弧光，也会烧坏刀形触头的。不带灭弧装置的刀闸开关，只能在无负荷电流条件下操作，在配电设备中作为电源隔离之用，即隔离开关。带灭弧室的产品在规定的条件下可用来接通或分断交流电路。隔离开关外形和图文符号如图 3-13 所示。

刀开关与操作杆的连接示意如图 3-14 所示。手把刀闸的操作把手 1，向箭头所指方向推，传动杠杆 2 向 2→的方向运动，带着刀闸 3 向箭头方向运动，当操作把手靠近盘面时，刀闸开关合闸。拉开刀闸的方向与合闸的方向相反。

合闸操作时，操作者走到要操作的闸刀的位置，操作与监护人员都要认真地对被操作的闸刀进行核对，核对闸刀设备回路名称编号，回路名称编号在盘面位置。核对回路名称编号无误，方可进行拉、合的操作。防止误操作，确保操作安全。正确的操作方法如图 3-15～图 3-17 所示。注意观察回路送电，合闸刀的过程，可以看到握手把柄的姿势是要改变的。

图 3-15 所示为开始时的手的姿势。把柄离开盘面，当把柄离开盘面约

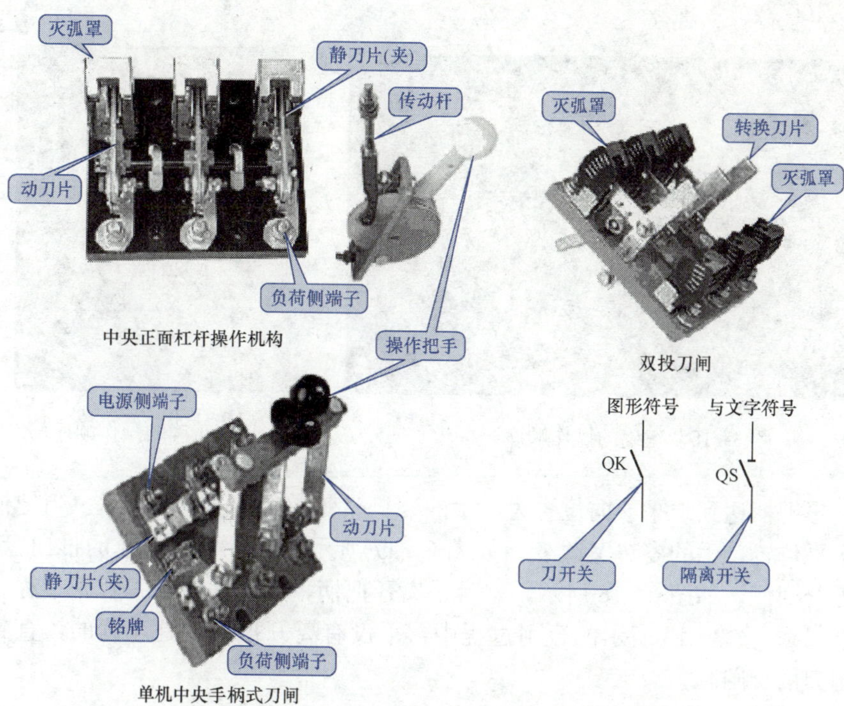

图 3-13　隔离开关外形和图文符号

图 3-14　刀开关与操作杆的连接示意

1—操作把手；2—传动杠传动杠杆；3—刀闸

70°～100°。

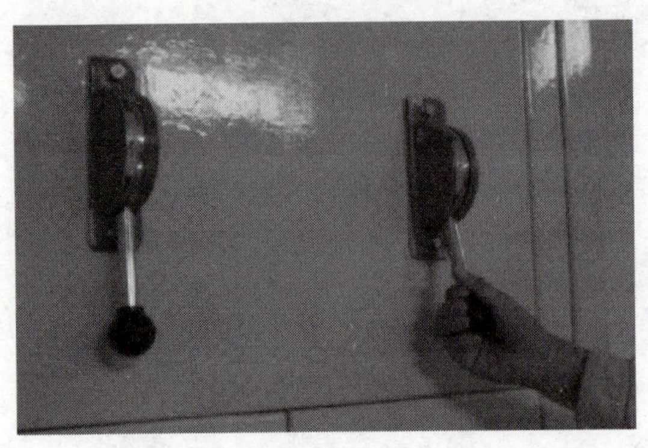

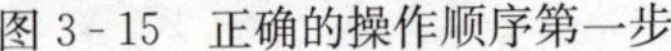

图 3-15　正确的操作顺序第一步　　图 3-16　正确的操作顺序第二步

当把柄达到水平或向位置时，手的姿势改变，如图 1-16 所示。当把柄超过水平位置，手的姿势又改变，如图 3-17 所示。接下来，快速的推向盘面，闸刀合到位，如图 3-18 所示，然后手离开把柄，到此完成闸刀合闸过程。在图 3-15～图 3-18 所示的合闸过程中，手没有离开把柄，是连续的，直到完成闸刀的合闸。

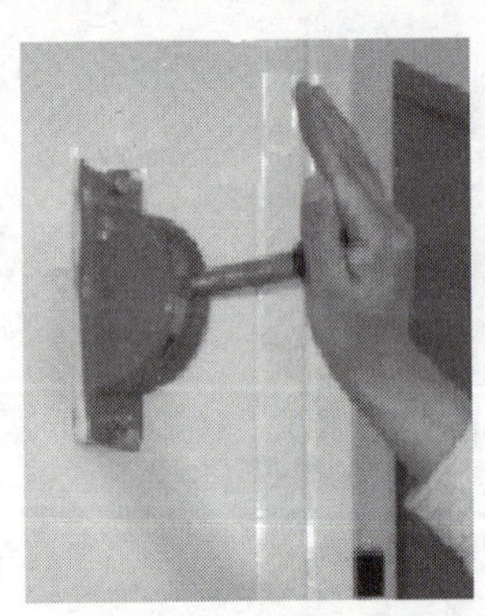

图 3-17　正确的操作顺序第三步

图 3-18　正确的操作顺序合闸到位

不同型号的隔离开关外形亦不同。如 NH40 系列隔离开关如图 3-19 所示。该系列隔离开关适用于交流 50Hz、交流额定电压 660V 及以下、直流额定电压 440V 及以下，额定电流至 3150A。在工业企业配电设备中，可供不频繁手动接通和分断电路及隔离电源用。1000A 及以上仅作隔离电源，不能带负载分断电路。

刀开关的操作要领

（1）手动合刀闸时，应迅速而果断，合闸终了时不能用力过猛，防止损坏支持绝缘子或合闸过头。在合闸过程中如果产生电弧，要毫不犹豫地将刀闸合到位，禁止将刀闸拉开。

（2）手动拉开刀闸时，特别是刀闸刚要离开固定触点时，应缓慢而谨慎，整个过程要按着由慢到快再到慢的原则进行，防止刀闸脱轮。在操作过程中若产生电弧，应立即反向合上刀闸，并停止操作。

（3）刀闸经操作后，必须检查其开、合位置是否正确。合时检查三相刀片接触良好，拉开时三相断开角度应符合要求。应防止由于操作机构发生故障或调整不当，出现操作后三相不同期的现象。

图 3 - 19　NH40 系列隔离开关

该系列隔离开关的操作方法：顺时针方向合闸，逆时针分闸。

第四节　低压断路器与熔断器

电力熔断器和断路器都是用于线路及设备的短路保护，在发生短路故障时，断路器按整定的范围动作。通过触点的断开将用电设备从电路隔离。短路故障点排除后，将操作把手下压，断路器复位，即可进行“合”“分”的操作。低压断路器的外形与图文符号如图 3 - 20 所示。断路器能进行无数次的开断并能立即再投入，当回路出现紧急情况，可以进行手动断开，确保回路设备安全。塑料外壳式断路器的合分操作如图 3 - 21 所示。

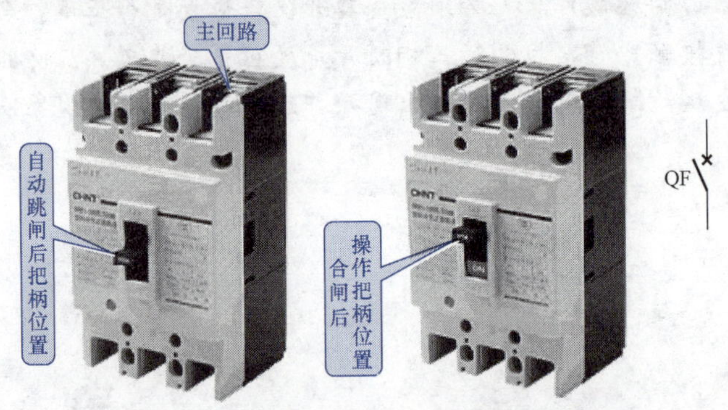

图 3 - 20　低压断路器的外形与图文符号

图 3 - 21　塑料外壳式断路器的合分操作

熔断器是在回路发生短路故障时，短路电流很大，其内部的熔丝（片）立

即熔断，将用电设备与电路隔离。如采用RM型管式熔断器可更换其内部的熔丝（片），如果采用RTO熔断器（其内部熔断体不能更换）只能更换熔断器。当回路出现紧急情况，负荷电流较大的线路不能手动断开，会产生弧光短路造成事故。更换熔断器的操作必须按规程要求进行。

一、低压断路器

低压断路器（一般称空气开关或自动开关，简称空开），它分为塑料外壳式和框架式两类，这里只介绍几种低压塑料外壳式断路器。

1. DZ108系列塑料外壳式断路器

DZ108系列塑料外壳式断路器如图3-22所示。适用于交流50Hz或60Hz，额定电压至660V及以下，额定电流0.1～63A的电路中。作为电动机的过载、短路保护之用。也可在配电网络中作线路和电源设备的过载及短路保护之用。在正常情况下：亦可用作线路的不频繁转换及电动机的不频繁起动和转换之用。

2. DZ12-60塑料外壳式断路器

DZ12-60塑料外壳式断路器如图3-23所示。这种断路器体积小巧，结构新颖，性能优良可靠，适用于交流50Hz，额定工作电压至400V，额定电流至60A的供电线路中，作为线路的过载、短路保护以及在正常情况下作为线路的不频繁转换之用。

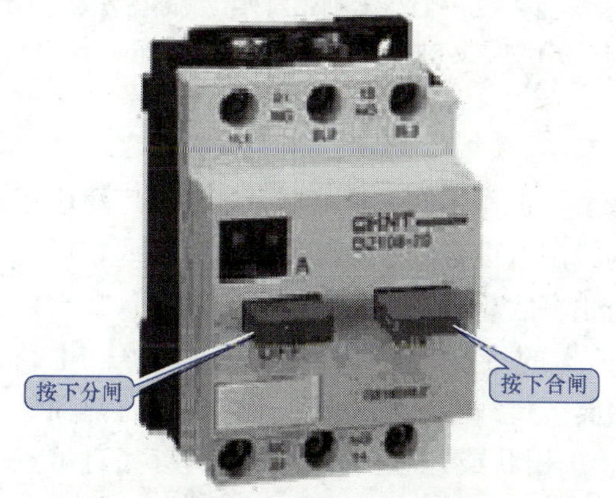

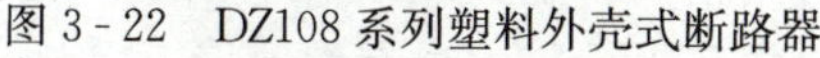
图3-22　DZ108系列塑料外壳式断路器

图3-23　DZ12-60塑料外壳式断路器

3. DZ253系列塑料外壳式断路器

DZ253系列塑料外壳式断路器如图3-24所示，该系列断路器适用于交流50Hz（或60Hz），额定绝缘电压690V，额定工作电压660V（690V）及以下，直流250V及以下，额定电流12.5～800A的电路中，用来分配电能，在正常条件下作不频繁的闭合和断开之用，并在线路和设备过载，短路和欠电压时起保护之用。额定壳架等级电流在 400A 及以下的断路器，也可作笼型电动机的不频繁起动，运转中中断以及在电动机过载、短路及欠电压时起保护作用。

4. DZ5 系列塑料外壳式断路器

DZ5 系列塑料外壳式断路器如图 3 - 25 所示，该系列断路器适用于交流 50Hz、380V、额定电流自 0.15～50A 的电路中。保护电动机用断路器用来保护电动机的过载和短路，配电用断路器在配电网络中用来 分配电能和作线路及电源设备的过载和短路保护之用，亦可分别作为电动机不频繁起动及线路的不频繁转换之用。

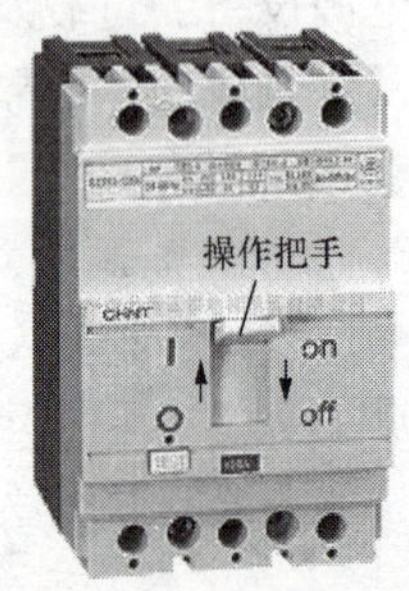

图 3 - 24　DZ253 系列塑料外壳式断路器合闸状态中的空气断路器

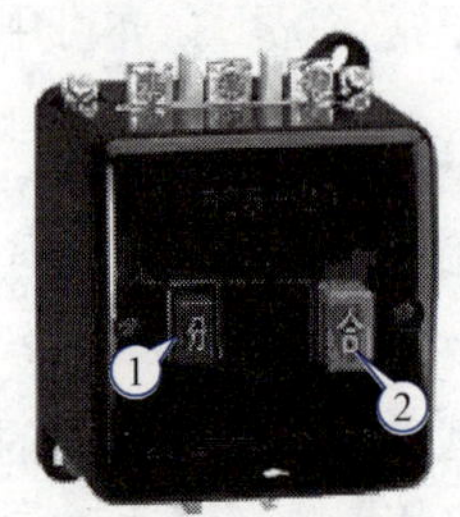

图 3 - 25　DZ5 系列塑料外壳式断路器
1—分闸钮（按下时分闸）；2—合闸钮（按下时合闸）

二、低压熔断器

熔断器（一般简称保险）是起安全保护作用的一种电器，熔断器广泛应用于电网保护和用电设备保护，当电网或用电设备发生短路故障或过载时，可自动切断电路，避免电器设备损坏，防止事故蔓延。熔断器由绝缘底座（或支持件）、触头、熔体等组成，熔体是熔断器的主要工作部分，熔体是串联在电路中的一段特殊的导线，当电路发生短路或过载时，电流过大，熔体因过热而熔化，从而切断电路。熔体常做成丝状、栅状或片状。熔体材料具有相对熔点低、特性稳定、易于熔断的特点。一般采用铅锡合金、镀银铜片、锌、银等金属。在熔体熔断切断电路的过程中会产生电弧，为了安全有效地熄灭电弧，一般均将熔体安装在熔断器壳体内。

RL 系列螺旋式熔断器如图 3 - 26 所示。熔断管内装有石英砂，熔体埋于其中，熔体熔断时，电弧喷向石英砂及其缝隙，可迅速降温而熄灭。为了便于监视，熔断器一端装有色点，不同的颜色表示不同的熔体电流，熔体熔断时，

色点跳出，示意熔体已熔断。

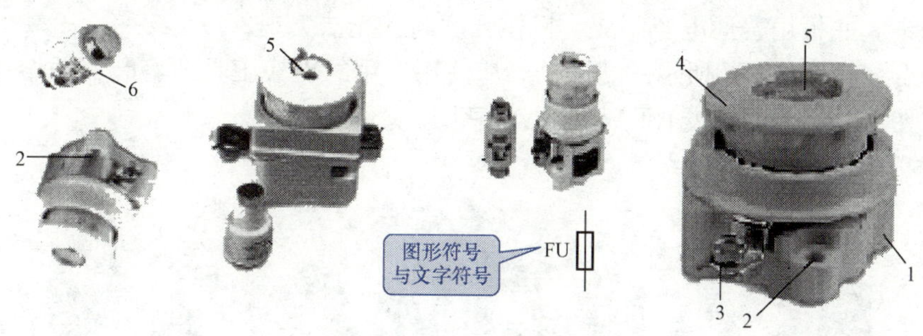

图 3-26 RL 系列螺旋式熔断器

1—底座；2—固定孔；3—接线端子；4—瓷帽；5—玻璃窗口；6—熔断管（芯子）

RL 系列螺旋式熔断器适用于交流 50、60Hz，额定电压 380V，直流电压 440V 及以下，额定电流 200A 及以下的电路，作为过载及短路保护元件。熔断器由底座、瓷帽和熔断管三部分组成。底座、瓷帽和熔断管（芯子）由电瓷制成，熔断管（芯子）内装有一组熔丝（片）和石英砂。熔断管上盖中有一熔断指示器，当熔体熔断时指示器跳出，显示熔断器熔断，通过瓷帽上的玻璃窗口可观察到。

螺旋式熔断器为板前接线式，熔断器在带电压（不带负荷）时，用手直接旋转瓷帽即可更换熔体。

三、RT0 系列有填料封闭管式熔断器

RT0 系列有填料封闭管式熔断器如图 3-27 所示，该系列熔断器按 GB 13539.1 及其相关标准设计、制造与检验，适用于交流 50Hz，额定电压 380V，直流 440V 及以下短路电流大的电力网络或配电装置中，作为电缆、导线及电气设备（如电动机、变压器及开关等）的过负荷和短路保护及导线、电缆的过负荷保护。尤适用于供电线路或断流能力要求较高的场所，如电厂用电，变电站的主回路及靠近电力变压器出线端的供电线路中作保护用。RT0 系列熔断器的额定电流为 50～1000A，主要用于短路电流大的电路或有易燃气体的场所。

这种熔断器由熔管、指示器、填料和熔体等组成。熔管采用高频滑石瓷制成，具有耐热性好，机械强度高，外表光洁美观等优点。指示器为一机械信号装置，指示器由与熔体并联的康铜丝及压缩弹簧等零件组成，能在熔体熔断后立即烧断，弹出红色醒目的指示件，表示熔断信号。填料采用纯净的石英砂粒，充填在熔管内。石英砂用来冷却电弧，致使电弧迅速熄灭。熔体采用紫铜薄片的网状多根并联形式，能提高断流能力，使熔断器获得良好的保护性能。

熔断器与底座主要由插座与底板组成。插座设计成琴形触头，触头压力用弹簧来保证。底板用普通电瓷制成，机械强度高，光洁美观。

合、拉图 3-27 所示的熔断器，应使用专用的更换工具即熔断器载熔件手柄。图 3-28 所示为拔 RT0 熔断器示意图。

图 3-27　RT0 系列有填料封闭管式熔断器

1—底座；2—熔断器

图 3-28　拔 RT0 熔断器示意图

熔断器的型号是非常多的，常用的有 RM、RL、RC 等，熔断器还有是专用的，如 NGT 半导体器件保护熔断器，对于各种型号的熔断器使用上厂家都有规定的范围。小形的熔断器，如 RT14 系列有填料封闭管式筒形帽熔断器，适用于交流 50Hz，额定电压为 380V，额定电流为 10A 及以下可作为电动机

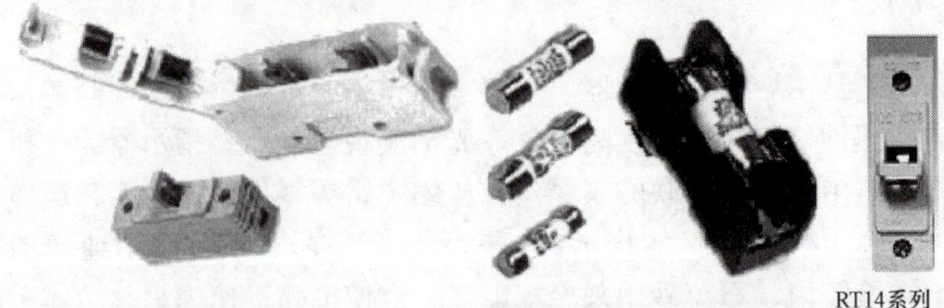

图 3-29　RT14 系列有填料封闭管式筒形帽熔断器

控制回路的短路保护之用。图 3-29 所示为 RT14 系列有填料封闭管式筒形帽熔断器，其技术数据见表 3-1。

表 3-1　RT14 系列有填料封闭管式筒形帽熔断器技术数据

额定电压（V）	额定电流（A）		额定分断能力		额定功率（W）	
380	支持件	熔断体	kA	cosφ	支持件额定接受功率	支持件额定接受功率
	20	（2.4.6.10）（16.20）	100	0.1～0.2	≥3	≥3
	32	（2.4.6.10）（20.25.32）			≥5	≥5
	63	（10）（16.20.25.32.40.50.60）			≥9.5	≥9.5

小知识：熔断器操作与熔体额定电流的选择

1. 操作方法

RT0 系列熔断器的熔断器与底座是分开的，见图 3-27。要将熔断器 2 插入底座 1 上或将熔断器 2 从底座 1 上取下来，都要使用 RT0 系列熔断器操作手柄。

螺旋式熔断器（图 3-26），只要用手拧动瓷帽 4，顺时针旋转为合上熔断器，逆时针旋转卸下熔断器。

其他型号熔断器只需要用手推入或拉出即可更换，如图 3-29 所示的小规格熔断器，一般用于住宅照明回路和电气设备的控制回路中。图 3-30 所示为值班电工进行拉合控制电路中的熔断器。

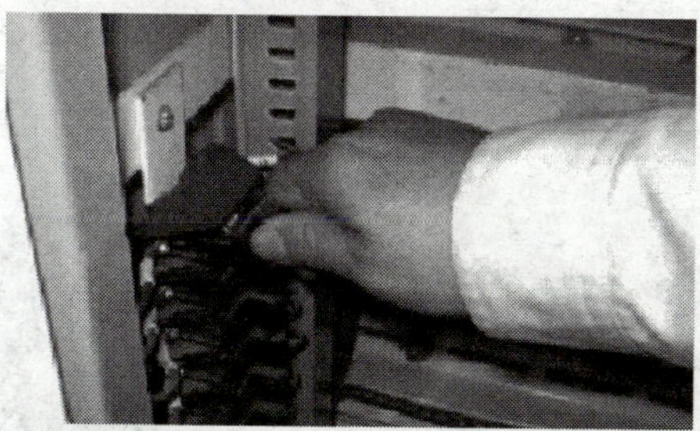

图 3-30　拉合控制电路中的熔断器

2. 熔体额定电流的选择方法

为保证电动机正常运行，必须根据电动机拖动的负载性质合理地选择熔体额定电流。

电动机主回路中熔断器额定电流的选择方法如下。

(1) 单台全压起动的电动机：熔体的额定电流＝电动机额定电流×（1.5～2.5倍）。

(2) 多台全压起动的电动机：熔体的额定电流＝最大一台电动机的额定电流×（1.5～2.5倍）＋其他几台电动机的额定电流之和。

(3) 降压起动电动机：熔体的额定电流＝电动机额定电流×（1.5～2倍）。

(4) 绕线式电动机：熔体额定电流＝（1.2～1.5）×电动机额定电流。

第五节 万能转换开关与组合开关

一、LW8万能转换开关

LW8万能转换开关如图3-31所示，适用于交流50Hz，380V及以下直流电压220V以下的电路中，用作电气控制线路的转换和配电设备的远距离控制，电气测量仪表的转换以及容量2.2kW及以下的笼型异步电动机的直接起动、换向和变换。

二、HZ5系列组合开关

HZ5系列组合开关如图3-32所示。该系列组合开关是为综合代替HZ1、HZ2、HZ3等系列组合开关而发展的一种新型开关。该开关供交流50Hz、电压380V；直流至60A的一般电气线路中作电源引入开关电源引入开关派生电动机负荷起动、变速、停止、换向控制开关及机床控制线控制线路换接之用。

图3-31 LW8万能转换开关

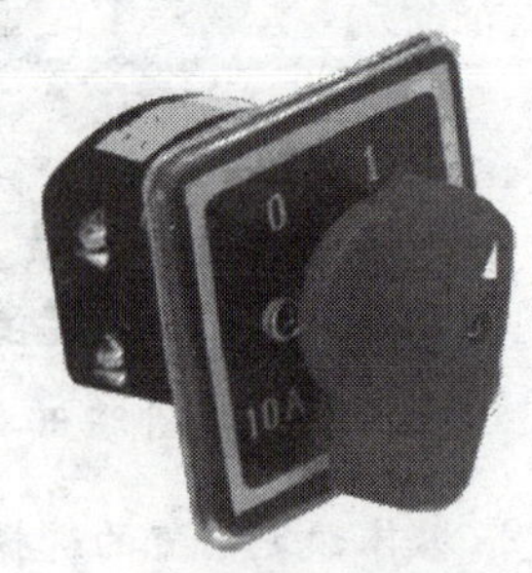

图3-32 HZ5系列组合开关

三、LW5 系列万能转换开关

LW5 系列万能转换开关如图 3-33 所示。该系列万能转换开关适用于交流 50Hz、额定电压至 500V 及以下，直流电压至 440V 的电路中转换电气控制线路（电磁线圈、电气测量仪表和伺服电动机等），也可直接控制 5.5kW 三相笼型异步电动机、可逆转换、变速等。组合开关与万能转换开关的型号非常多，如图 3-34 所示。

LW5-40

LW5-25

LW5-16

LW5-16

图 3-33　LW5 系列万能转换开关

SZLW5系列万能转换开关

SZHZ5D系列组合开关

SZHZ12系列电源切断开关

SZW26系列万能转换开关

SZHZ5B系列组合开关

SZLW8D系列万能转换开关

图 3-34　组合开关与万能转换开关（一）

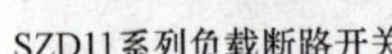
SZD11系列负载断路开关

SZLW12系列万能转换

SZLW15系列万能转换开关

图 3-34　组合开关与万能转换开关（二）

第六节　交 流 接 触 器

交流接触器属于一种有记忆功能的低压开关设备。它的主触点用来接通或断开各种用电设备的主电路。如用于电动机线路中，主触点闭合电动机得电运转，主触点断开，电动机断电停止运转。

通过交流接触器的线圈和辅助触点与选择的机械设备生产过程中所需要的时间，温度、压力、速度等各种继电器，以及按钮开关，接近开关、相互接线构成的控制电路，实现对电动机起动，停止的操作。

小知识：零压保护

在电路中，通过采用接触器对用电设备进行控制，以实现零压保护（也称失压保护）。

生产机械在工作时，如果使用空气断路器 QF 直接控制电动机时，由于某种原因而发生电网系统突然停电，电动机停止运行，但空气断路器 QF 在合的位置，那么在电源电压恢复时，电动机便会自行起动运转，有时可能导致人身和设备事故，并引起电网过电流和瞬时电压下降。为了防止在此种情况下，出现电动机自行起动而实施的保护称做零电压保护。

常用的失压保护电器是接触器和以电压起动的各种继电器。当电网系统停电时，如接触器 KM 和中间继电器 KA 触点复位，切断主电路和控制电源。当电网恢复供电时，若不重新按下起动按钮，电动机就不会自行起动，实现了失压保护的作用。

当电网停电时或波动时，接触器 KM 就会失压释放，生产设备因断电而停止运转，对于某些非常重要的生产设备是不能中断运行的，作为备用的生产设备，一旦电网恢复供电，通过接触器 KM 和中间继电器 KA，时间继电器 KT 等相互接线，构成备用的生产设备自行起动的控制接线，当电网恢复供电时，不用重新按下起动按钮，电动机就会自行起动，满足生产需要。

1. CJ20 系列

CJ20 系列交流接触器是近年来的新产品，它主要用于交流三相 50Hz (60Hz)，额定工作电压至 660V（个别等级至 1140V）、额定工作电流最大为 630A。作为电力线路中，供远距离频繁接通和分断电路以及控制交流异步电动机，CJ20 系列交流接触器与热过载继电器或电子保护装置组合后，称之电磁起动器，以保护电路或交流电动机可能发生的过负荷及断相。转换开关控制与 CJ20 系列交流接触器实物连接如图 3－35 所示，也是最简单的交流接触器实物连接图，合上转换开关 SA、触点接通，电源 R 相→操作保险 FU→转换开关 SA 触点接通→接触器 KM 线圈 4→电源 N 极，构成 220V 电压。

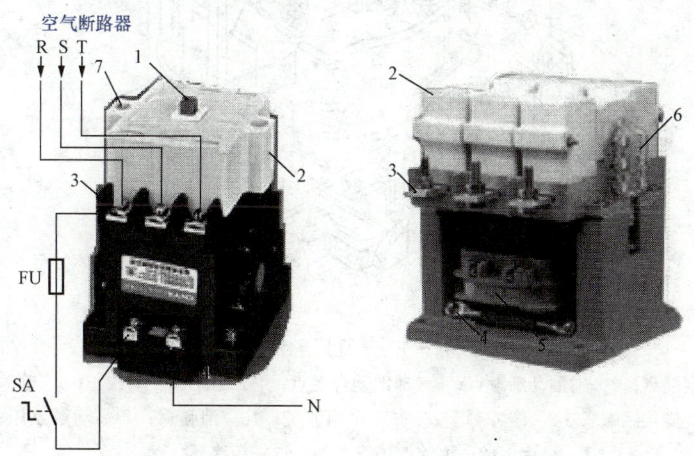

图 3－35　转换开关控制 CJ20 系列交流接触器实物连接

1—状态指示器；2—灭弧罩；3—主触头接线端子；4—线圈接线端子；5—线圈；6—辅助触点；7—消弧罩固定螺丝；SA—转换开关

接触器 KM 线圈得到 22V 的工作电压，接触器 KM 动作。断开转换开关 SA 触点断开，接触器 KM 线圈断电释放。通过转换开关 SA 合与断开来控制接触器，而不需要自保触点。

CJ20 系列交流接触器为直动式，双断点、立体布置，结构简单紧凑。CJ20-40 交流接触器组成器件名称如图 3－36 所示。

图 3－36 中，线圈的接线端子 7 得到额定的交流工作电压，动铁心 5 在电磁力作用下，向静铁心 6（按箭头所示的方向）运动并闭合（吸合），动铁心带动主触点的动触点和辅助触点的动触点动作，主触点闭合接通主电路，辅助触点接通控制电路。

线圈断电时，动铁心 5 在反作用弹簧 9 的作用下与静铁心 6 分开，动铁心

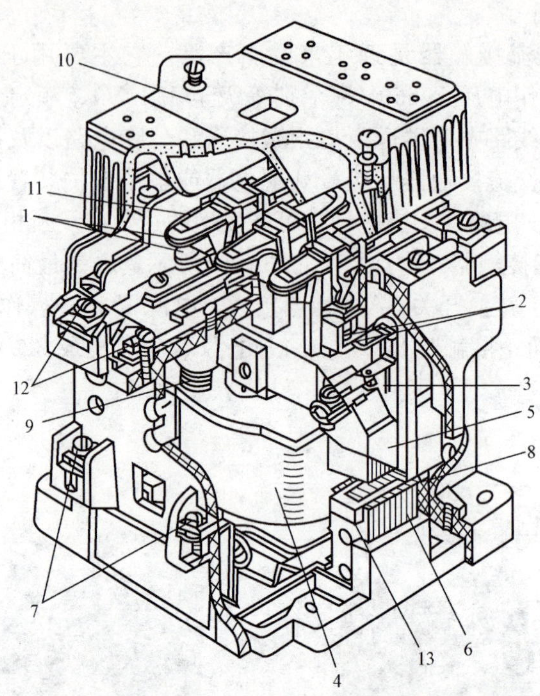

图 3 - 36　CJ20-40 交流接触器组成器件名称

1—主触点；2—辅助动断触点；3—辅助动合触点；4—线圈；5—动铁心；6—静铁心；7—线圈接线端子；8—缓冲弹簧；9—反作用弹簧；10—消弧罩；11—动触点压力弹簧片；12—主触点接线端子；13—短路环（铜）

所带的动触点随之断开，复归未动作前的原始状态。将 CJ20-63 型交流接触器的消弧罩（也称灭弧罩）取下后，能够看到各个部件，如图 3 - 37 所示。不同规格的接触器外形如图 3 - 38 所示。

2. CJ24 系列

CJ24 系列交流接触器，主要用于交流 50Hz（派生后可用于 60Hz）、额定电压至 660V，额定电流 100～630A 的电力系统中供冶金、轧钢及起重机等电气设备作为远距离频繁地接通、分断电路和起动、停止、反向及反接制动电动机等之用。CJ24 系列交流接触器如图 3 - 39 所示。

CJ24 系列接触器为转动式平面布置条架结构。主触头系统居中，电磁系统居右，辅助触头居左，它们均安装在用钢板弯成的槽形安装板上。

CJ24 系列接触器的交流电磁系统由双 U 形电磁铁及吸引线圈组成，衔铁及磁轭均装有缓冲装置，用以减小磁系统吸合瞬间的碰撞应力和触头振动以及释放时的反弹现象，并能较大限度地提高电寿命及机械寿命。

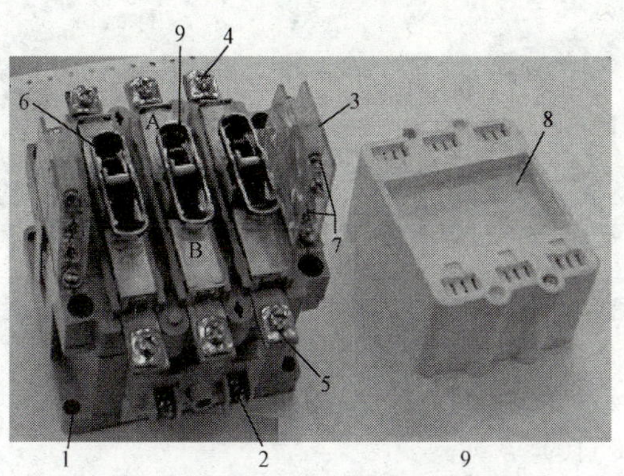

图 3-37　CJ20-63 型交流接触器各部名称

1—固定孔；2—线圈接线端子；3—辅助开关；4—电源侧端子；
5—负荷侧端子；6—主动触点；7—辅助开关触点；8—消弧罩；
9—主动触点压力弹簧片

图 3-38　不同规格的接触器外形

接触器的工作原理为：接通和断开接触器吸引线圈的控制电源，磁系统即产生失去电磁力，并通过转轴带动触头闭合和打开，从而实现接通和分断电路。

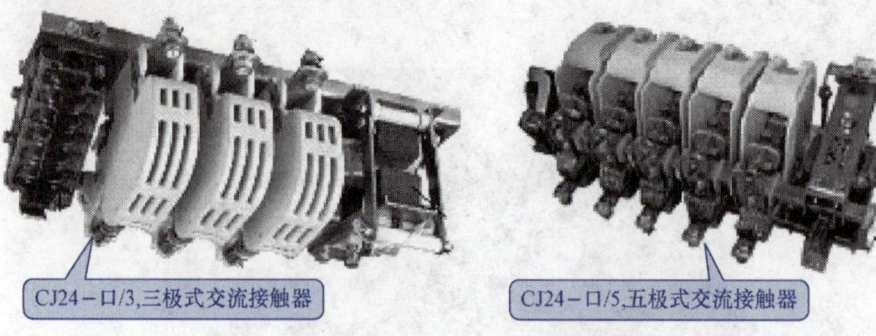

图 3-39　CJ24 系列交流接触器

3. MYC10（CJ10）系列

MYC10（CJ10）系列交流接触器如图 3-40 所示，主要用于交流 50Hz（或 60Hz），额定电压 380V 以下，电流 150A 以下的电力系统中远距离频繁接通和分断电路，并与适当的热继电器或电子式保护装置组合成电动机起动器，以保护可能发生的过载电路。

图 3-40　MYC10（CJ10）系列交流接触器

1—消弧罩；2—主触点；3—辅助触点；4—线圈；5—辅助动断触点；6—辅助动合触点；7—辅助动断触点

第七节　热　继　电　器

热继电器是一种电流检测型的保护装置，它利用负载电流流过经校准的电阻元件，使双金属热元件加热后产生弯曲，从而使继电器的触点在电动机绕组烧坏以前动作。其动作特性与电动机绕组的允许过载特性接近。热继电器虽则动作时间准确性一般，但对交流电动机的过载保护却是有效的。

当电动机过载时电流增大，串于电动机主回路热元件加热了双金属片，使其产生非正常弯曲，推动导板，将推力传到推杆热继电器动作，将静触头与动触头分开，切断电动机接触器控制电路。电动机断电停止，起到对电动机的保护作用。

热继电器一般都是双金属体式热过载继电器，型号种类比较多，各型号都有一定的规格和使用范围，多数用于50HZ，额定电压380～660V，电流不超过热继电器额定电流的电路中，额定电流5A以下的热继电器 可串入电流互感器二次回路中，热继电器外形与图文符号如图3-41所示。

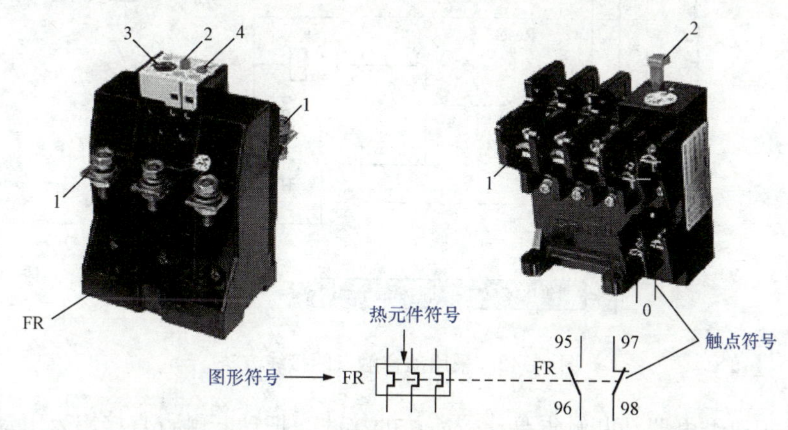

图3-41 热继电器外形与图文符号

0—辅助触点端子；1—主回路端子；2—复位；3—整定钮；4—手/自动复位选择

小知识：为什么电动机起动时热继电器不会动作

电动机从过载到温升，以至于使双金属片变形要有一个热积累的过程。电动机起动过程中的起动电流达不到热积累使双金属片变形的时间，所以热继电器不会动作。

电动机运行中，如果负荷超过它的额定功率（电流）就会发热，时间一长，绝缘就会受损，寿命降低，严重时甚至会烧毁电动机。热继电器就是针对上述问题起过载保护作用的电器。

通常采用热继电器动断触点直接串入电动机的控制电路中的接线方式，但有时根据控制需要而采用动合触点，这时就需要增加一个继电器，如图3-42所示，当电动机过负荷时，热继电器动作，动合触点FR闭合后，再起动继电器，串入电动机控制电路中的继电器KA动断触点断开，而使接触器KM线圈断电释放，接触器KM主触点断开，电动机M断电停止。起到对电动机保

护的作用。

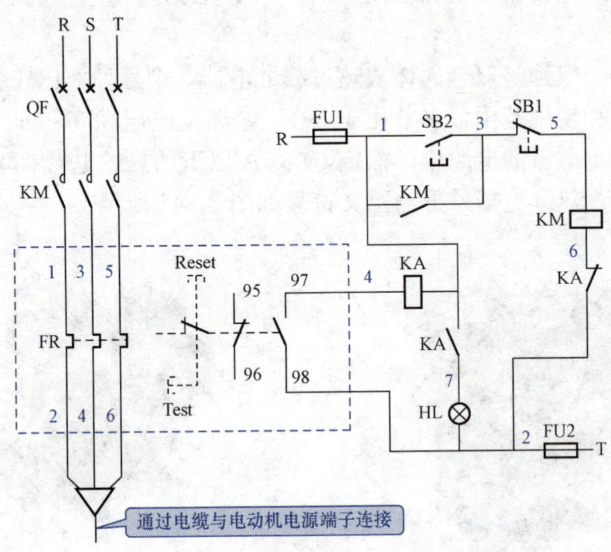

图 3-42 采用动合触点的接线方法

采用热继电器动断触点是比较简单的接线，把动断触点直接串入电动机控制电路中，电动机过负荷时，热继电器 FR 动作，动断触点 FR 断开，使接触器 KM 线圈断电释放，接触器 KM 主触点断开，电动机 M 断电停止，起到对电动机保护的作用。采用动断触点的接线方法如图 3-43 所示。

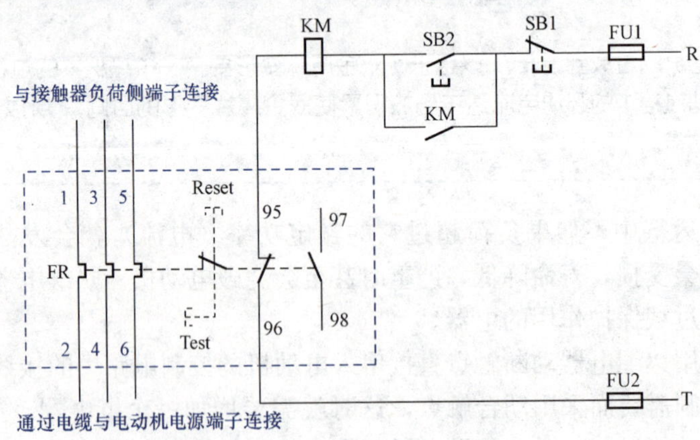

图 3-43 采用动断触点的接线方法

热继电器的触点

热继电器上有固定的动断触点两端接线端子标志，95、96。动合触点两端接线端子标志，97、98，电路需要使用动合触点时，应该选择四个控制端子的热继电器，如图 3-44（a）所示。

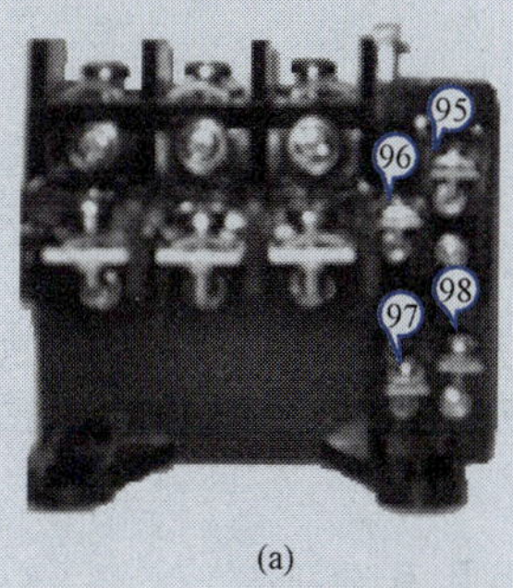

(a)

(b)

图 3-44　热继电器触点标号

三个控制端子的热继电器，如图 3-44（b）所示。动断触点两端接线端子标志为 95、96。动合触点两端接线端子标志为 95、98。95 端子是公用的端子。

JR36 系列双金属片式热过载继电器如图 3-45 所示，该系列热过载继电器适用于交流 50Hz、工作电压 690V 以下，电流 0.25A～160A 的长期工作或间断长期工作的一般交流电动机的过载和断相保护。该系列热过载继电器具有过载和断相保护、温度补偿、动作灵活性检查等功能，有手动复位和自动复位。

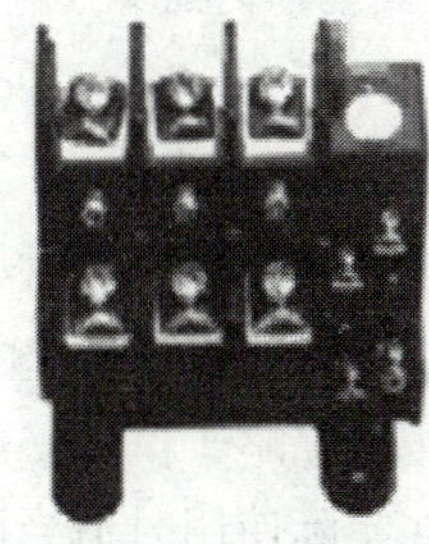

图 3-45　JR36 系列双金属片式热过载继电器

JR36 系列热过载继电器的正常工作条件和安装条件如下。

(1) 拔不超过 2000m。

(2) 周围空气温度上限值不超过+40℃，下限值不低于-5℃。

(3) 安装地点的空气相对湿度在最高温度为+40℃时不超过 50%，在较低温度下可以有较高的相对湿度，最湿月的月平均最低温度不超过+20℃，该月的月平均最大相对湿度不超过 90%。由于温度变化发生在产品上的凝露情况必须采取措施。

(4) 热继电器周围的污染等级为 3 级。

(5) 安装面与垂直面的安装倾斜角度不超过±5°，应安装在无显著振动和冲击的地方。

除了具有过载保护和断相保护功能外，JR36 系列热过载继电器还具有下述结构特点：①有温度补偿；②有动作灵活性检查；③有可转换的手动复位或自动复位；④有手动断开动断触点的装置。

JR36-20 系列热过载继电器主要技术数据见表 3-2。

表 3-2　　JR36-20 系列热过载继电器主要技术数据

型号	调整电流范围(A)	型号	调整电流范围(A)	型号	调整电流范围(A)
JR36-20	0.25～0.35	JR36-20	4.50～7.2	JR36-63	14.0～22.0
	0.32～0.50		6.8～11.0		20.0～32.0
	0.45～0.72		10.0～16.0		28.25～45.0
	0.68～1.10		14.0～22.0		40.32～63.0
	1.0～1.60	JR36-32	10.0～16.0	JR36-160	40.0～63.0
	1.5～2.40		14.0～22. 0		53.0～85.0
	2.20～3.50		20.0～32.0		75.8～120.0
	3.20～5.0				100.0～160.0

为使热继电器的整定电流与负荷的额定电流相符，可以旋转调节旋钮使所需的电流值对准白色箭头，如图 3-46 所示。旋钮上的电流值与整定电流值之间可能有些误差，可在实际使用时按情况略于偏转。如需用两刻度之间整定电流值，可按比例转动调节旋钮，并在实际使用时适当调整。

热继电器在出厂时均调整为自动复位形式。如调为手动复位方式，可将热继电器侧面孔内螺钉倒退约三、四圈即可。

图 3-46　旋转调节旋钮选取所需电流值

第八节　低压电流互感器

电流互感器也称变流器，从结构和工作原理来说，电流互感器是一种特殊变压器，电流互感器应用于各种电压的变，配电回路，对电气进行测量、控制、监视，是继电保护装置中不可缺少的电器设备。如果不使用这种互感器，直接将大电流电路的电流直接引入电流表、继电器等，必须加大导线、接线端子、仪表、继电器的绝缘及扩大设备结构，还有不易安装、使用不便、工作环境危险的缺点，另外加大了设备的投资。

为了使二次设备小型化，安装使用简单方便，人们把大电流通过电流互感器变换成小电流，使其具有容易安装，使用方便，绝缘材料成本低廉的优点。

电流互感器（TA）的二次电流为5A，二次电流为测量、计量仪表、继电器电流线圈提供电源。电流互感器在电动机回路中的安装位置如图3-47所示。

选用互感器应遵循以下原则。

（1）额定电流（一次侧）。应为线路正常运行时负载电流的1.0～1.3倍。电流互感器的变比与电流表的变比值相同。

（2）额定电压。应为0.5kV或0.66kV。

（3）注意精度等级。若用于测量，应选用精度等级0.5或0.2级；若负载电流变化较大，或正常运行时负载电流低于电流互感器一次侧额定电流30%，应选用0.5级。

（4）根据需要确定变比与匝数。

（5）型号规格选择。根据供电线路一次负荷电流确定变比后，再根据实际安装情况确定型号。

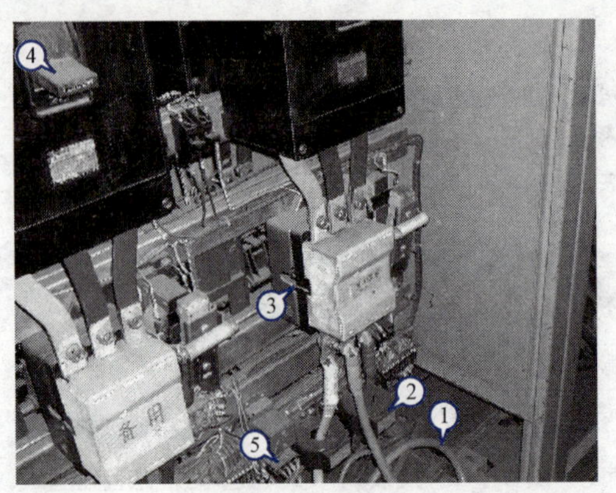

图 3-47　电流互感器在电动机回路中的安装位置

1—电缆；2—电流互感器；3—接触器；4—断路器操作把手；
5—整流装置电容

（6）额定容量的选择。电流互感器二次额定容量要大于实际二次负载，实际二次负载应为25%～100%二次额定容量。容量决定二次侧负载阻抗，负载阻抗又影响测量或控制精度。负载阻抗主要受测量仪表和继电器线圈电阻、电抗及接线接触电阻、二次连接导线电阻的影响。在实际应用中，若电机的过载保护装置需接至电流互感器，应将计量（控制）装置与保护装置分开，以免影响保护的可靠性。

使用电流互感器时的两个切记

1. 电流互感器运行中二次侧不得开路

电流互感器正常运行中二次侧处于短路状态。如果二次侧开路产生感应电势高达数千伏及以上，危及在二次回路上工作人员的安全。由于铁心高度磁饱和、发热可损坏电流互感器二次绕组的绝缘，损坏二次设备。

2. 电流互感器二次侧不装熔断器

为了避免熔丝一旦熔断或虚连，造成电流互感器二次回路突然开路。二次回路中的电流等于零，铁心中磁通大大增加（磁饱和），铁心发热而烧坏，同时在二次绕组中会感应出高电压，危及操作人员和设备的安全，电流互感器二次侧不装熔断器。

1. LQ 系列

LQ 系列互感器为户内装置线圈式电流互感器，用于额定频率为 50Hz，电压为 500V 及以下的交流线路中，作为测量电流，电能及继电保护之用。LQ-0.5 型电流互感器的外形如图 3-48 所示。

图 3-48　LQ-0.5 型电流互感器

2. LMZ 系列

LMZ 系列电流互感器如图 3-49 所示，该系列电流互感器适用于额定频率 50Hz、额定工作电压为 0.5kV 及以下的交流线路中作电流、电能测量或继电

图 3-49　LMZ 系列电流互感器

保护用。LMZ系列电流互感器为浇注绝缘母线式，铁心上绕有二次绕组，下部有底座，供固定安装之用。

第九节 接线端子排

接线端子排是配电盘、箱内设备与外部设备进行连接的转换器件。常用于电气设备的控制、信号、保护回路的连接（接线）。如果不经过接线端子排而是直接地与外部设备相连接，控制保护回路的接线过程容易出错，线多时会很乱，当出现故障时，查线很困难。

在控制保护回路中使用接线端子排，不仅方便安装接线整齐美观而且在发生故障时，查线也方便，还有利于计量和保护电流回路中计保设备的调校。因此配电盘、柜外连接的导线或设备与配电盘、板、柜上的二次设备相连时必须通过接线端子排。

接线端子排一般用于额定电压380V、额定电流10A以内的控制回路、信号系统、继电保护、计量装置的二次接线中。接线端子排及其图文符号如图3-50所示。

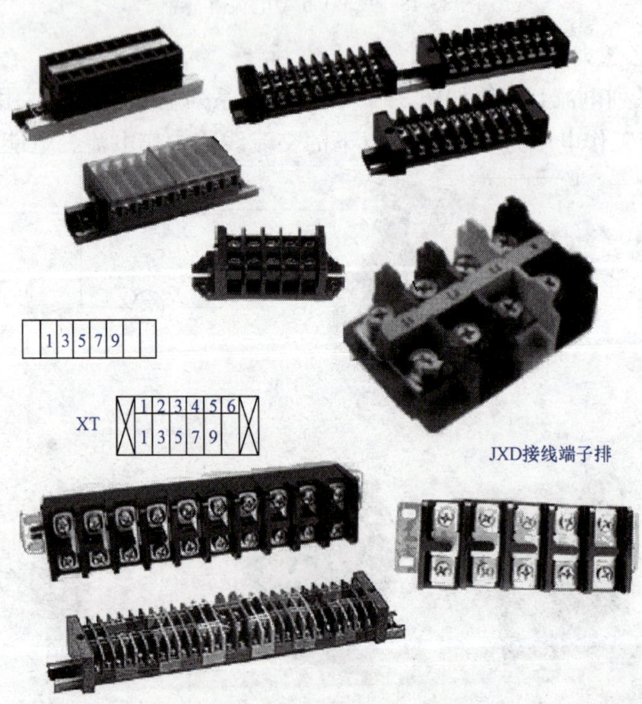

图3-50 端子排与图文符号

第十节 控 制 按 钮

控制按钮主要用于 50Hz、交流电压为 380V、直流电压 440V 及以下、额定电流不超过 5A 的控制电路中，供远距离接通或分断电磁开关、继电器和信号装置、交流接触器、继电器及其他电气线路遥控之用。

一般控制按钮结构是由一个动合触点、一个动断触点及带有公用的桥式动触点所组成，当按下按钮时，动断触点先断开，动合触点后接通。当松开按钮时，靠复位弹簧的作用复归原始位置。控制按钮外形与图文符号如图 3－51 所示。图 3－52 所示为几种常用的控制按钮。

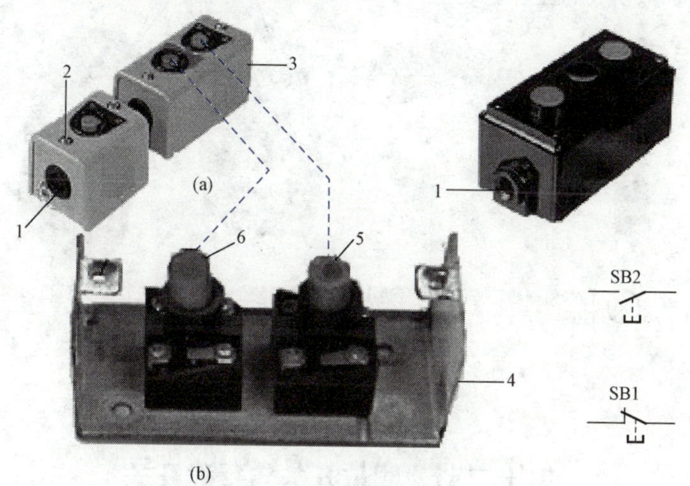

图 3－51 控制按钮外形及图文符号

1—进线口；2—固定螺钉；3—防护罩；4—底座；5—起动按钮；6—停止按钮

图 3－52 几种常用的控制按钮

第十一节 信 号 灯

信号灯是用来表示电气设备和电路状态的灯光信号器件，作为指示信号、事故信号或其他信号。通过不同的颜色，表示不同的状态，通常红色灯亮，表示电气设备运行正常与跳闸回路完好；黄色灯亮，表示电气设备故障状态。各种信号灯在电路中的图形符号是相同的，图 3-53 所示为信号灯外形及图文符号。

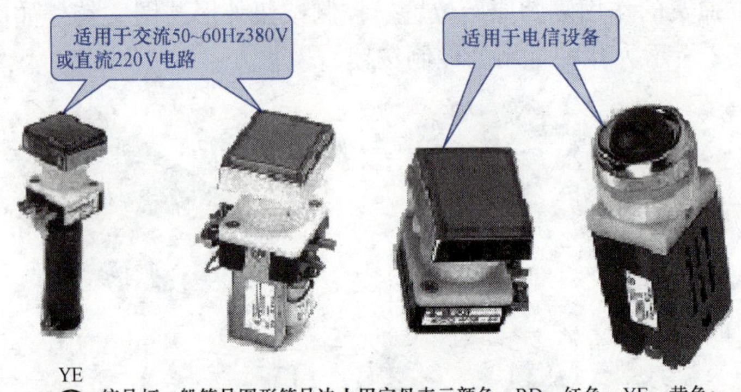

YE

⊗ 信号灯一般符号图形符号边上用字母表示颜色，RD—红色；YE—黄色；GN—绿色；BL—蓝色；WH—白色。

图 3-53 信号灯外形及图文符号

第十二节 限位开关与行程开关

限位开关即用于限制工作机械位置的开关，一般于工作机械到达终点时发生作用。故又称终端开关。限位开关的原理和结构与行程开关基本相同，但两者的用途不同。行程开关要控制的是工作机械的行程，而限位开关要控制的则是工作机械的位置，且往往是终端位置或极限位置。

然而在实际中，只要能用上，一般也不分是限位开关还是行程开关，但在某些机械是使用特定的，改型的限位开关和行程开关，如电动阀门，电动装置中的行程开关，用于控制阀门的开与关的位置。当阀门向一方运动到接近其极限位置时，限位开关便动作，切断电路。而使阀门停止运动，以免发生电动阀门无限制地朝一个方向运动而损坏电动阀门。

行程开关与限位开关适用于交流 50～60Hz，交流 500V 以下及直流 600V 以下，电流 5～10A 的控制电路中。限位开关与行程开关都是将机械信号转变成电气信号表征设备、机械状态，用来完成程序控制，操纵、限位、信号及连锁之用。

按作用和用途，限位开关和行程开关可分为开启式、防护式及防爆式等。

按内部触点数量，限位开关和行程开关可分为1常开1常闭型、1常开2常闭型、2常开1常闭型及2常开2常闭型。

按动作方式，限位开关和行程开关可分为瞬动型和蠕动型。

限位开关和行程开关的头部结构有：直动、滚轮直动、杠杆、单轮、双轮、滚动型、摆杆可调、杠杆可调和弹簧杆，拉线等。

图3-54所示为一些行程开关与限位开关的实物照片。

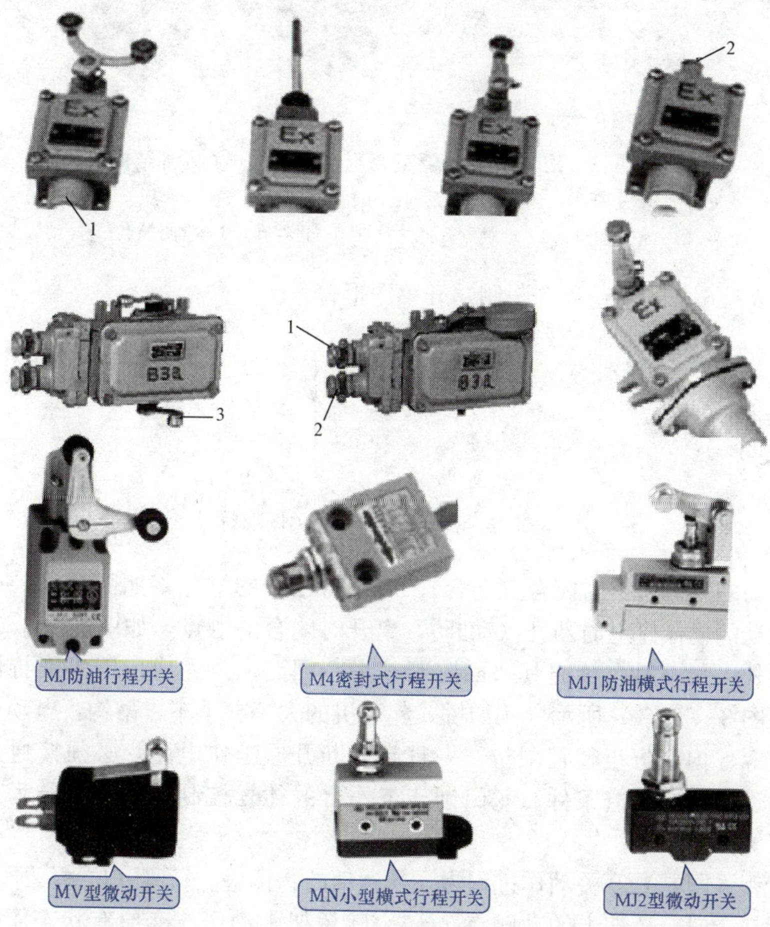

图3-54 行程开关与限位开关的实物照片

1—进线口；2—出线口；3—行程拐臂

配用塑料基座的为开启式，配用铝合金外壳的为保护式。

图 3-55 所示为 XL1 和 XL3 系列行程（限制）开关内部结构。

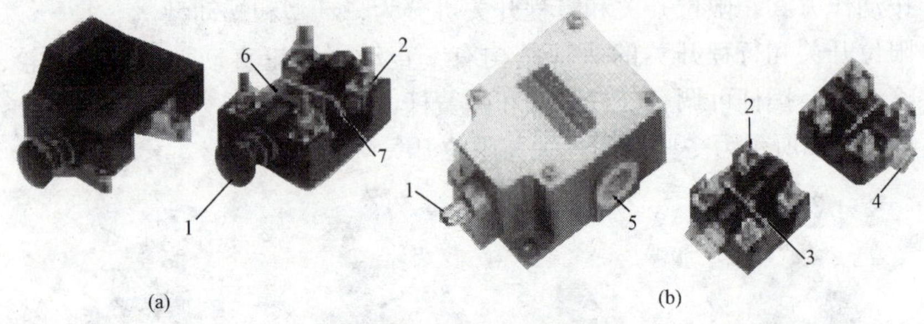

图 3-55 XL1 和 XL3 系列行程（限制）开关内部结构

(a) XL1 系列；(b) XL3 系列

1—桥架；2—常开触点；3—动触点；4—桥架；5—进线孔；6—常闭触点；7—动触点

图 3-56 所示为行程（限制）开关图形符号。

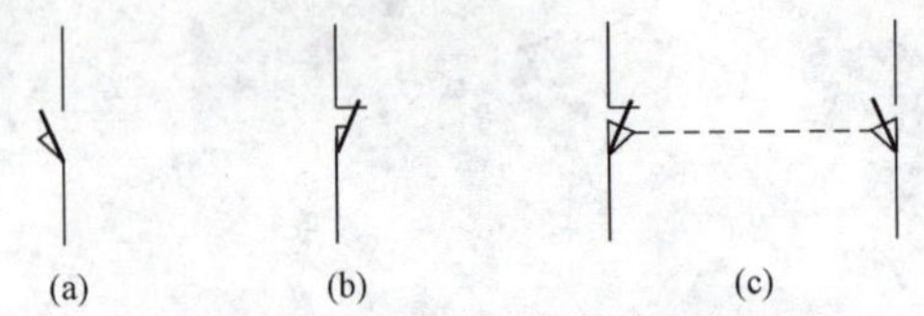

图 3-56 行程（限制）开关图形符号

运动的物体碰上时闭合（动合）、离开时断开的触点，如图 3-56（a）所示；运动的物体碰上时断开（动断），离开时闭合的触点，如图 3-56（b）所示；受外力触动后，接通其一回路断开另一回路，以完成位置表征特性或限位，如图 3-56（c）所示。例如桥式起重机的大车、小车、吊钩，电动阀门的启、闭等、均需防止超程限位，一旦超程断开原工作电路，必须接通另一回路，为返回状态创造条件。龙门刨床工作台的往复控制程序也靠行程开关来实现。

行程（限制）开关动作过程为：当运动的物体碰上行程（位置、限制）开关的桥架 1 时，桥架上的动触点 7（3）随桥架 1 动作改变原有状态而断开或接通控制电路。

第十三节　电路图中的文字符号

电路图中的文字符号就是用来标明电气设备装置和元器件的名称、功能状态和特征的拉丁字母，分为基本文字符号和辅助文字符号。

1. 基本文字符号

电气设备种类繁多，每个类别规定 1 或 2 个字母表示，用来表示电气设备的基本名称，如“M”表示电动机、“G”表示发电机、“R”表示电阻、“K”表示接触器或继电器、“C”表示电容器、“T”表示变压器。进一步分类时，用双字母符号组合形式，应以单字母在前的次序列出，如“TM”表示电力变压器，“KT”表示时间继电器、“KM”表示交流接触器、“KA”表示交流继电器。

2. 辅助文字符号

用以表示电气设备装置元件以及线路功能状态和特征的文字符号称之辅助文字符号，辅助文字符号可放在表示种类的单字母符号后组成双字母符号，如“L”表示限制、“RD”红色、“SP”表示压力传感器。辅助符号也可单独使用，如“ON”表示接通、“M”表示中间、“PE”表示保护接地等。

3. 数字

用数字来表示回路中相同设备的排列顺序编号，可以写在设备名称符号的前面或后面，如 3KT 或 KT3，其中“3”就是数字符号，KT 表示时间继电器，数字 3 表示的是第 3 个时间继电器。

4. 补充文字符号的原则

如基本文字符号和辅助文字符号不敷使用，可按本标准中文字符号组成规律和下述原则予以补充。

(1) 在不违背 GB 7159—1987 标准编制原则的条件下，可采用国际标准中规定的电气技术文字符号。

(2) 在优先采用 GB 7159—1987 标准中规定的单字母符号、双字母符号和辅助文字符号的前提下，可补充本标准为列出的双字母符号和辅助字母符号。

(3) 文字符号应按有关电器名词术语国家标准或专业标准中规定的英文术语缩写而成。同一设备若有几种名称时，应选用其中一个名称。当设备名称、功能、状态或特征为一个英文单词时，一般采用该单词的第一位字母构成文字符号，需要时也可以用前两位字母，或前两个音节的首位字母，或采用常用缩

略语或约定俗成的习惯用法构成。当设备名称、功能、状态或特征为两个或三个英文单词时，一般采用该两个或三个单词的第一个字母，或采用常用缩略语或约定俗成的习惯用法构成文字符号。对基本文字符号不得超过两位字母，对辅助文字符号一般不能超过三位字母。

常用电气文字符号见表3-3，辅助文字符号见表3-4。

表3-3　　　　常用电气文字符号

设备、装置和元器件，中文名称	基本文字符号		设备、装置和元器件，中文名称	基本文字符号		设备、装置和元器件，中文名称	基本文字符号	
	单字母	双字母		单字母	双字母		单字母	双字母
电动机			自耦变压器		TA	差动继电器		KD
同步电动机		MS	整流变压器		TR	时间继电器		KT
笼型电动机		MS	电力变压器		TM	极化继电器		KP
异步电动机		MA	降压变压器	T	TD	接地继电器		KE
力矩电动机	M	MT	电压互感器		TV	逆流继电器		KR
定子绕组		WS	电流互感器		TA	簧片继电器		KR
转子绕组		WR	控制电源变压器		TC	交流继电器		KA
励磁线圈		LF	晶体管	V		信号继电器	K	KS
发电机			电磁制动器		YB	热继电器		KH EH
异步发电机		GA	电磁离合器		YC	瓦斯继电器		KB
同步发电机	G	GS	电磁铁		YA	电压继电器		KV
测速发电机		BR	电动阀	Y	YM	电流继电器		
逆变器	U		电磁阀		YV	差动继电器		KD
控制开关		SA	电磁吸盘		YH	温度继电器		
选择开关	S	SA	气阀		Y	压力继电器		KPF
按钮开关		SB	电容器			指示灯		HL
刀闸开关		QS QA	电力电容器	C	CE	光指示器	H	HL
行程开关		LS	电抗器，电感器	L		声响指示器		HA

续表

设备、装置和元器件，中文名称	基本文字符号		设备、装置和元器件，中文名称	基本文字符号		设备、装置和元器件，中文名称	基本文字符号	
	单字母	双字母		单字母	双字母		单字母	双字母
限位开关		SQ	熔断器		FU			
接近开关		SP	快速熔断器	F	RP	真空断路器		QY
脚踏开关		SF	跌落式熔断器		FF	温度传感器		ST
自动开关		QA	热敏电阻器		RT	转速传感器		SR
转换开关			电位器		RP	接地传感器	S	SE
负荷开关		QL	电阻器	R		位置传感器		SQ
终点开关			变阻器			压力传感器		SP
蓄电池		GB	压敏电阻器		RV	蓄电池		GB
避雷器	F		测量分路表		RS	端子板		XT
限流保护器件		FA	液位标高传感器	S	SL	插头		XP
限压保护器件		FV	低电压保护			插座	X	XS
电流表		PA	隔离开关		QS	连接片		XB
电能表		PJ	电动机保护开关	Q	QM	测试插孔		XJ
电压表	P	PV	断路器		QF	激光器	A	
(脉冲)计数器		PC	接触器		KM	电桥		AB
操作时间表(时钟)		PT	压力变换器		BP	晶体管放大器		AD
发热器件		EH	位置变换器		BQ	磁放大器		AM
照明灯	E	EL	旋转变换器		BR	电子管放大器		AV
空气调节器		EV	温度变换器	B	BT	印刷电路板		AP
电子管		VE	速度变换器		BV	抽屉柜		AT
变频器	U		旋转变压器		B	支架盘		AR

表 3-4　　辅 助 文 字 符 号

文字符号	名　称	文字符号	名　称
A	电流	M	中间线
A	模拟	M,MAN	手动
AC	交流	N	中性线
A,AUT	自动	OFF	断开
ACC	加速	ON	闭合
ADD	附加	OUT	输出
ADJ	可调	P	压力
AUX	辅助	P	保护
ASY	异步	PE	保护接地
B, BRK	制动	PEN	温度
BK	黑	PU	不接地保护
BL	蓝	R	记录
BW	向后	R	右
C	控制	R	反
CW	顺时针	RD	红
CCW	逆时针	R, RST	复位
D	延时	RES	备用
D	差动	RUN	运转
D	数字	S	信号
D	降	ST	起动
DC	直流	S, SET	置位,定位
DEC	减	SAT	饱和
E	接地	STE	步进
EM	紧急	STP	停止
F	快速	SYN	同步
FB	反馈	T	温度
FW	正,向前	T	时间
GN	绿	TE	无噪声(防干扰)接地
H	高	V	真空
IN	输入	V	速度
INC	增	V	电压

续表

文字符号	名　称	文字符号	名　称
IND	感应	WH	白
L	左	YE	黄
L	限制	M	主
L	低	M	中
LA	闭锁		

外文电路图中电气设备的文字符号见表 3-5。

表 3-5　外文电路图中电气设备的文字符号

设备名称	文字符号	设备名称	文字符号	设备名称	文字符号
液压开关	FLS	接触器	MCtt	电动阀	MY
发电机	G	变阻器	RHEO	电磁阀	SV
电压表	V	电容器	C	调节阀	CV
压力开关	PRS	移相电容器	SC	低压电源	LVPS
速度开关	SPS	硅三极管	SRS	信号监视灯	PL
按钮开关	PBS PB	辅助继电器	AXR	逆流继电器	RR
选择开关	COS	电流继电器	OCR	电压表转换开关	VS
控制开关	CS	电源开关	PS	电压继电器	VR
刀闸开关	KS	气动开关	POS	热继电器	OL
负荷开关	ACB	励磁开关	FS	极化继电器	PR
转换开关	RS	光敏开关	LAS	信号继电器	KS
自动开关	NFB MCB	隔离开关	DS	辅助继电器	AXR
行程开关	LS	倒顺开关	TS	接地继电器	ER
温度开关	TS	熔断器	F	蓄电池	EPS
事故停机	ESD	压敏电阻器	VDR	电力电容器	SC
交流继电器	KA	电压电流互感器	MOF	零序电流互感器	ZCT
电压互感器	PT	电流互感器	CT	星—三角起动器	YDS
限时继电器	TLR	信号灯	PL	励磁线圈	FC
电流表转换开关	AS	消弧线圈	PC	脱扣线圈	TC
差动继电器	DR	保持线圈	HC	磁吹断路器	MBB
接地限速开关	SLS	避雷器	LA	真空断路器	VS
脚踏开关	FTS	油断路器	OCB	限位开关	SL

续表

设备名称	文字符号	设备名称	文字符号	设备名称	文字符号
电动机	M	变压器	Tr	柱上油开关	POS
高压开关柜	AH	高压电源	HTS	接线盒	JB
低压配电柜	AA	安装作业	IX	引线盒	PB
动力配电柜	AP	检修与维修	RM	控制板	BC
控制箱	AS	试验 测试	TST	照明回路	LDB
照明配电箱	AS	安装图	ID	瞬时接触	MC
直流电源	DCM	控制装置	CF	动合(常开)触点	NO
交流电源	ACM	动力设备	PE	动断(常闭)触点	NC
控制用电源	CVCF	双接点	DC	延时闭合	TC
润滑油泵	LOP	给油泵	FP	操纵台	C
油泵	OP	循环水泵	CWP	保险箱	SL
主油泵	MOP	抽油泵	OSP	程序自动控制	ASC
辅助油泵	AOP	控制箱	CC	电流试验端子	CT. T
盘车油泵	TGOP				

怎样看识电气照明系统图与配线

第一节　照明灯具的种类

电气照明线路主要包括各种不同的灯具、开关、插座、电铃风扇、许多灯具需要起动器、电容器、控制器、配件的组装及配管、穿线等。

灯具种类繁多，形状多达万余。图 4-1 所示的是石化生产装置或煤矿具有易燃易爆场所中使用的防（隔）爆灯具外形，图 4-2 所示为防（隔）爆照明箱，图 4-3 所示为防（隔）爆穿线盒。

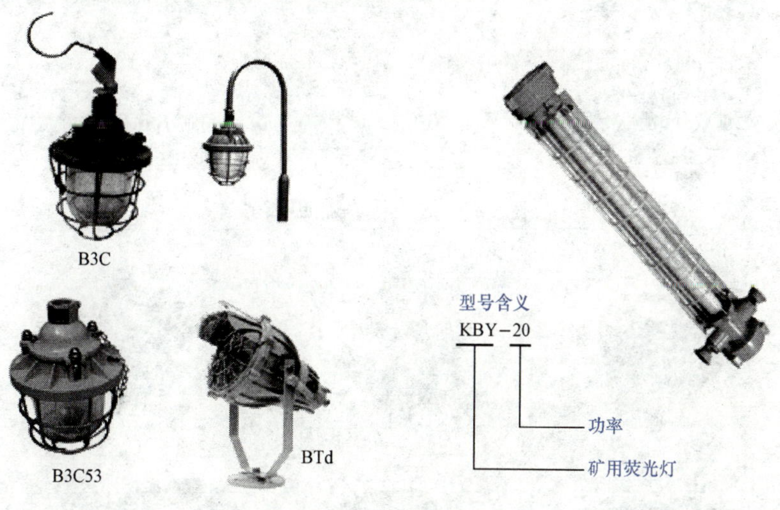

图 4-1　防（隔）爆灯具外形（一）

BAJ19系列防爆应急灯

CFD08系列隔爆型防爆灯

BYSD38-20(J)型防爆双头应急灯

CFD13-e系列增安型防爆灯(e)

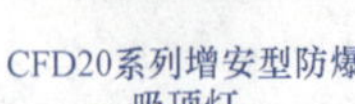

CFD20系列增安型防爆吸顶灯

CFD15-e系列增安型防爆灯

CFD05系列隔爆型防爆灯

BGD22系列防爆泛光灯

图 4-1　防（隔）爆灯具外形（二）

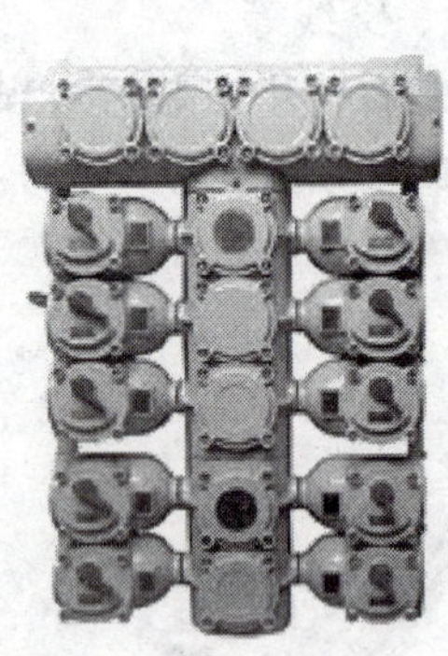

图 4-2　防（隔）爆照明箱

图 4-3　防（隔）爆穿线盒

第二节　照明回路中最简单的控制接线

照明回路中最简单的控制接线就是家里电灯接线，一般采用拉线开关或搬把开关来控制灯的开与关。图 4 - 4 所示为采用拉线开关控制的照明实物接线图。

家用照明的电源一般为单相 220V 交流电压，只有相线与零线之分。相线俗称火线，零线俗称地线，但实际上零线与地线是有区别的。

图 4 - 4 所示的拉线开关控制的照明连接图与实际连接是相符的。电源线中的相线（火线）先经过拉线开关后再与灯头连接。为了安全，相线必须接在开关上，开关断开时，用电器（灯头）两端没有电压，可以安全地更换灯泡，没有触电的危险。如果将灯具安装在高处，使用拉线开关就更安全、更方便。

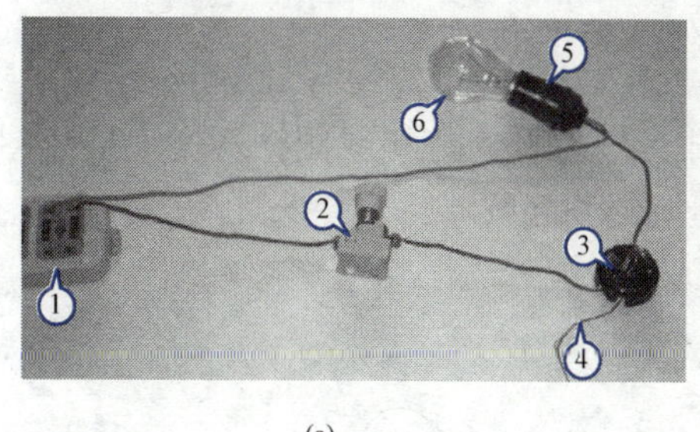

(a)

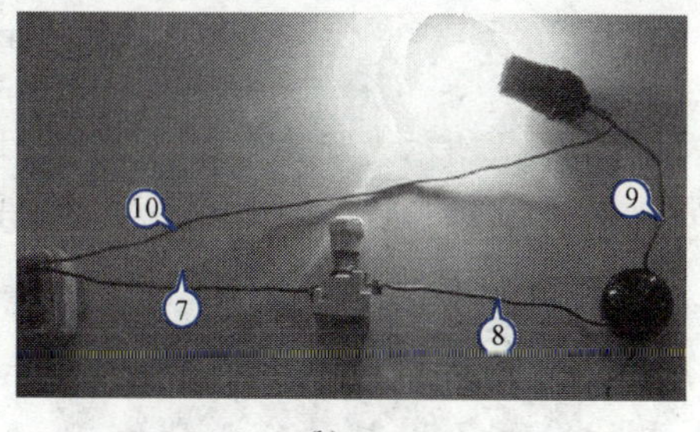

(b)

图 4 - 4　采用拉线开关控制的照明实物接线

(a) 关灯状态；(b) 开灯状态

1—电源；2—熔断器；3—拉线开关；4—拉线；5—灯头；6—灯泡；

7—电源线（相线）；8—去拉线开关的线；9—去灯头的线；10—零线

把图 4 - 4 所示的拉线开关控制的照明实际连接图，按规定的图形、文字、线型符号画出的接线图即如图 4 - 5 所示。

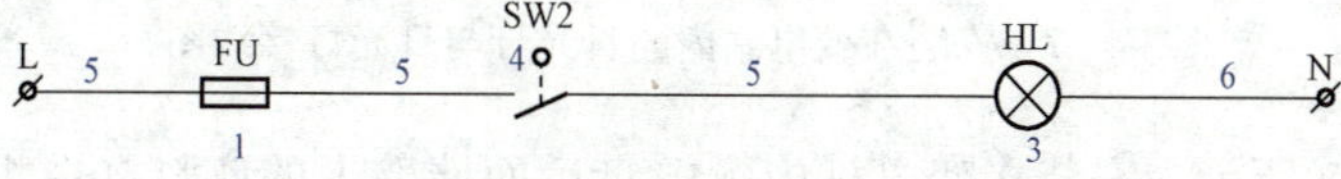

图 4 - 5　拉线开关控制的白炽灯接线图

相线和零线不可接反

如果把图 4 - 4 中的相线和零线互换后连接，那么电源相线将先经过灯头，然后再与拉线开关连接。这时，即使开关断开，灯头两端仍有电，更换灯泡时就会有危险。所以，这样的接线是不允许的。

拉动线绳 4，开关 SW2 触点闭合，灯 HL 得电灯亮。第二次拉动线绳 4，开关 SW2 触点断开，灯 HL 断电灯灭。当线路出现短路故障，熔断器 FU 熔断，切断电路，从而对线路起到保护作用。一般家用照明电路熔丝额定电流在 10A 以下。图 4 - 6 所示电路除了开关的图形符号不同外，其余部分与图 4 - 5 相同。

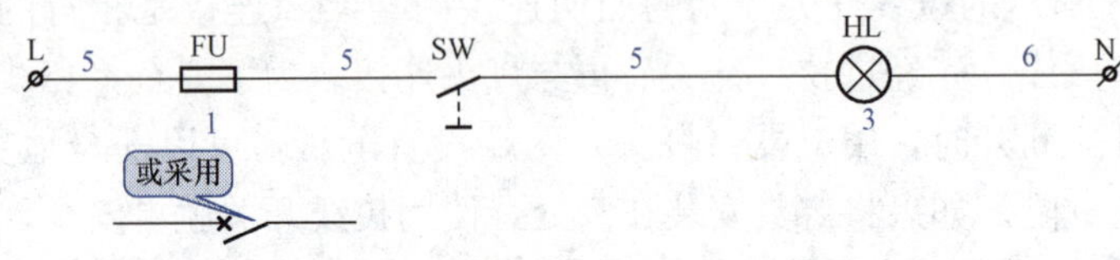

图 4 - 6　灯的一般接线方式（墙壁开关）

图 4 - 7 所示为安装在变电站内的日光灯与日光灯接线图。从这个接线图要比图 4 - 5 难一点，因为线路增加了镇流器和起辉器。

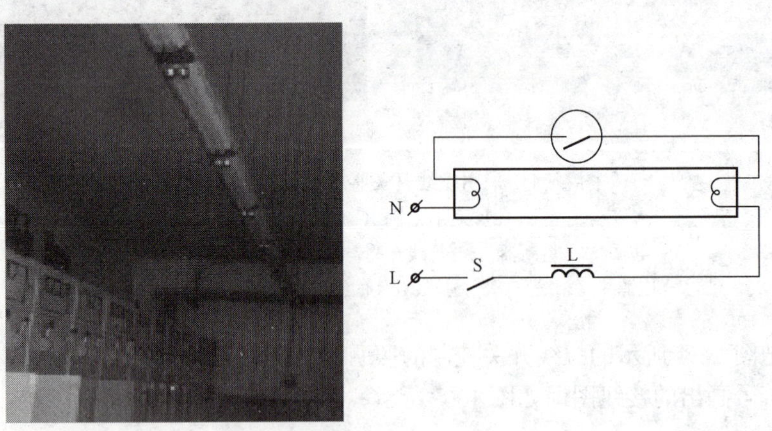

图 4 - 7　安装在变电站内的日光灯与日光灯接线图

图 4 - 8 所示为安装在变电站内配电盘后面墙壁上的座灯（白炽灯）与钢管配线，钢管采用卡子固定。

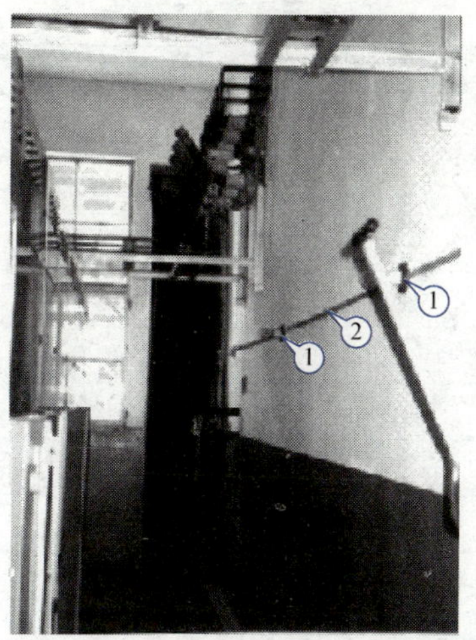

图 4-8　安装在变电站内配电盘后墙壁上的座灯（白炽灯）与钢管配线

1—木台；2—配线钢管

第三节　照明配置图中线路与灯具的标注

表示灯具类型与灯具安装方式的符号见表 4-1 和表 4-2。

表 4-1　　常用灯具类型的符号

灯具名称	符　号	灯具名称	符　号
壁灯	B	工厂一般灯具	G
花灯	H	防爆灯	G或专用带号
普通吊灯	P	荧光灯灯具	Y
吸顶灯	D	水晶底罩灯	J
卤钨探照灯	L	防水防尘灯	F
投光灯	T	搪瓷伞罩灯	S
柱灯	Z	无磨砂玻璃罩万能灯	WW

表 4-2　　灯具安装方式的符号

安装方式	符　号	安装方式	符　号
自在器线式	X	弯式	W
固定线吊式	XI	吸顶安装式	DR
防水线吊式	X2	台上安装式	T
人字线吊式	X3	墙壁　入式	BR
管吊式	L	支架安装式	J
链吊式	G	柱上安装式	Z
壁装式	B	座装式	ZH
吸顶式	D		

第四节　配置图中常用的图形符号

照明配置图中表示灯具的图形符号见表 4-3。

表 4-3　　照明配置图中表示灯具的图形符号

图形符号	含　义	图形符号	含　义
	灯的一般符号		信号灯一般符号
	单管日光灯		局部照明灯
	隔爆灯		在墙上的照明引出线（示出配线向左边）
	泛光灯	5	五荧光灯管
	投光灯一般符号		壁灯
	安全灯		日光灯
	广照型灯		天棚灯
	深照型灯		弯灯

续表

图形符号	含　义	图形符号	含　义
	聚光灯		球型
	矿山灯		在专用电路上的事故照明灯
	防水防尘灯		示出配线的照明引出线位置
	花灯		

在照明线路中会使用各种不同的开关与插座，图 4 - 9 所示为一般住宅内常用的插座、开关。

型号：86A型
10A250V一开单控开关

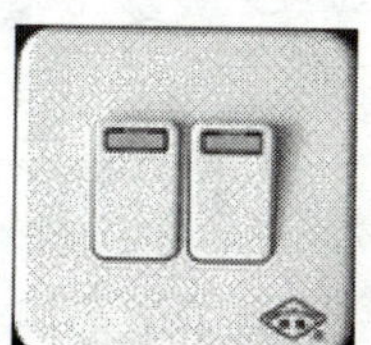

型号：86A型
10A250V二开单控开关

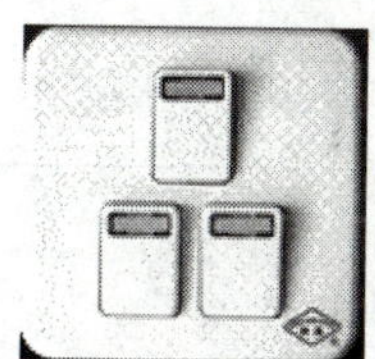

型号：86A型
10A250V三开单控开关

型号：86A型
250V门铃开关

型号：86A型
调光开关

型号：86A型
10A250V单相二、三极联体插座

型号：86A型
单联电视插座

型号：86A型
电话插座

图 4 - 9　一般住宅内常用的插座、开关

照明配置图中表示开关与插座、插头常用的图形符号见表 4 - 4。

表 4 - 4　　开关与插座、插头常用的图形符号

图形符号	表示器件的名称	图形符号	表示器件的名称
1　2 3　4	1. 单相插座 2. 暗装 3. 密闭 4. 隔爆	3	多个插座（示出三个）

续表

图形符号	表示器件的名称	图形符号	表示器件的名称
1 2 3 4	1. 带接地孔的三相插座 2. 暗装 3. 密闭（防水） 4. 隔爆		插头（凸头的）或 插头的一个极
	插头插座 （凸头和内孔的）	1 2 3 4	1. 双极开关一般符号 2. 暗装 3. 隔爆 4. 密闭（防水）
1 2 3 4	1. 单极开关一般符号 2. 暗装 3. 隔爆 4. 密闭（防水）		开关一般符号 单极拉线开关
	插座（内孔的） 插座的一个极		带熔断器的插座
	具有护板的插座		具有单极开关的插座

第五节　照明配电箱与内装开关设备

照明配电箱的种类也很多，可以购买定型成品，也可购买空壳的照明配电箱，其内部开关可根据现场实际情况选择合适的开关、电能（度）表等器件进行组装。成品照明配电箱如图 4-10 所示。

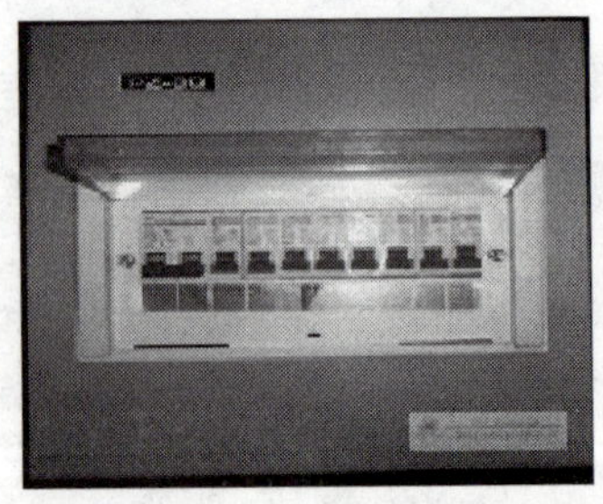

图 4-10　成品照明配电箱（一）

图 4 - 10　成品照明配电箱（二）

PZ30 型照明配电箱能装配 14 路 14 支分开关，可以选择开关、熔断器、电能（度）表等。

1. 照明配电箱内的断路器

可以安装在照明配电箱内的断路器如图 4 - 11 所示。

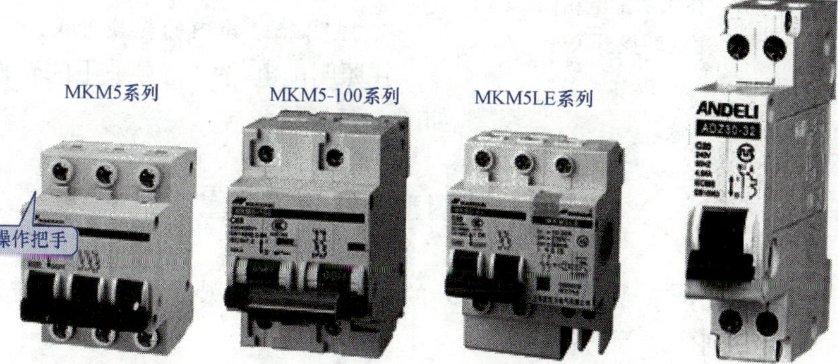

图 4 - 11　可以安装在照明配电箱内的断路器

MKM5 系列高分断小型断路器具有结构先进，性能可靠，分断能力高，外形美观小巧等特点，壳体和三部件采用耐冲击，高阻燃材料构成。适用于交流 50Hz 或 60Hz，额定工作电压为 400V 及以下，额定电流至 63A 的场所。主要用于办公楼、住宅和类似的建筑物的照明、配电线路及设备的过载、短路保护。也可在正常情况下，作为线路不频繁的转换之用。

MKM5-100 系列高分断小型断路器用于保护线路的短路和过载，适用于照明配电系统和电动机的配电系统。外形美观小巧，重量轻，性能优良可靠，分断能力较高，脱扣迅速，导轨安装，壳体和部件采用高阻燃及耐冲击塑料，使用寿命长。它主要用于交流 50Hz/60Hz，单极 230V，二、三、四极 400V

线路的过载、短路保护。在正常情况下，作为线路不频繁的转换之用。

MKM5LE 系列高分断小型漏电断路器具有结构先进、性能可靠、分断能力高、外形美观小巧等特点，壳体和部件采用耐冲击、高阻燃材料制成。适用于交流 50Hz 或 60Hz，额定工作电压为 400V 及以下，额定电流至 63A 的场所。主要用于办公楼、住宅和类似的建筑物的照明，配电线路及设备的过载、短路，漏电保护。也可在正常情况下，作为线路不频繁的转换之用。

ADZ30（DPN）小型断路器适用于交流 50Hz 和 60Hz，额定电压 230V 及以下的单相住宅线路中，可以实现对电气线路的过载和短路保护。该产品分断能力高、体积小，宽度仅为 18mm。零线、相线同时切断，杜绝了相线、零线接反或零线对地电位造成的人身及火灾危险，是目前民用住宅领域中最理想的配电保护开关。

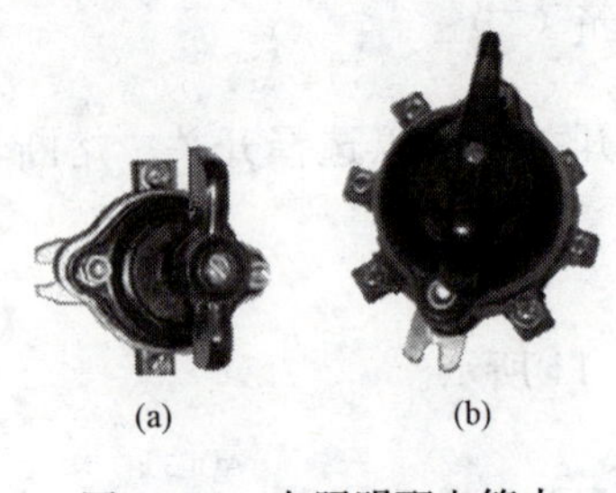

图 4-12　在照明配电箱内经常采用的转换开关
(a) 单极；(b) 三极

2. 照明配电箱内的转换开关

在照明配电箱内经常采用的转换开关如图 4-12所示。

第六节　照明系统图与配置图

照明配置图能表示出在屋内、外的某个位置，安装了什么样的灯具、开关、插座，如何配线等信息。

1. 照明系统图示例

照明系统图示例如图 4-13 所示。

以图 4-13 (a) 为例，该图是住宅楼中的一个单元的照明系统图，从图中可以看出，电源由户外架空线通过型号为 VV22-0.5kV—$3\times25mm^2+1\times16mm^2$ 的四芯电缆引入单元的照明配电箱（一般安装在一楼过道的墙壁上），这个照明配电箱作为单元照明系统的总电源配电箱。一楼的三户分别经过此配电箱内分的支路照明开关引入每户即 101 室、102 室、103 室。

图 4-14 所示为住户内照明（灯与插座）接线图。

2. 照明配线方式

(1) 各楼层安装有楼层照明配电箱，他们的电源均由一楼总照明配电箱内的总照明配电开关控制，各楼层照明配电箱内的总照明配电开关负荷侧与一楼

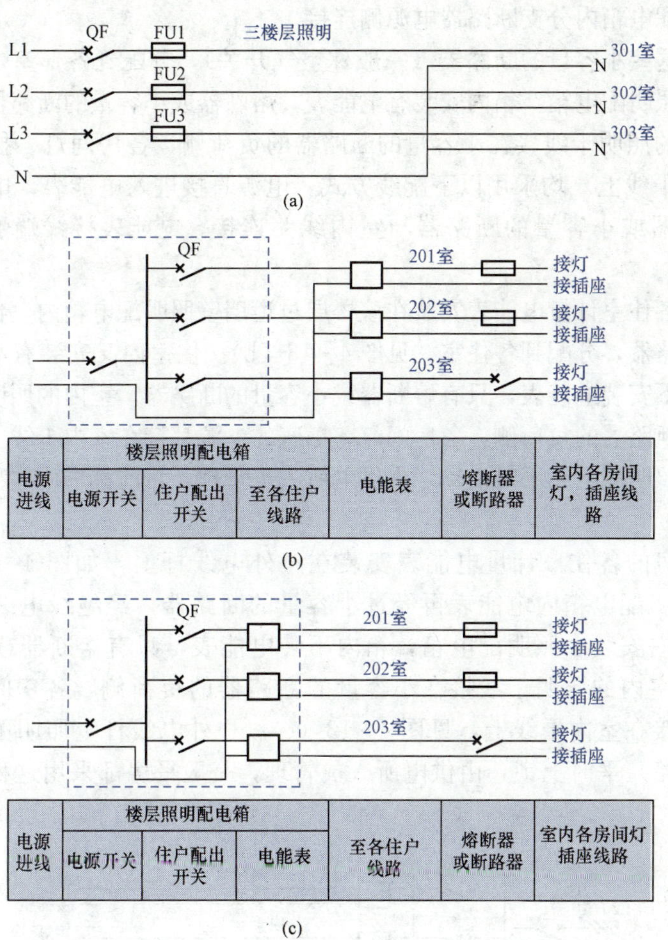

图 4-13　照明系统图示例

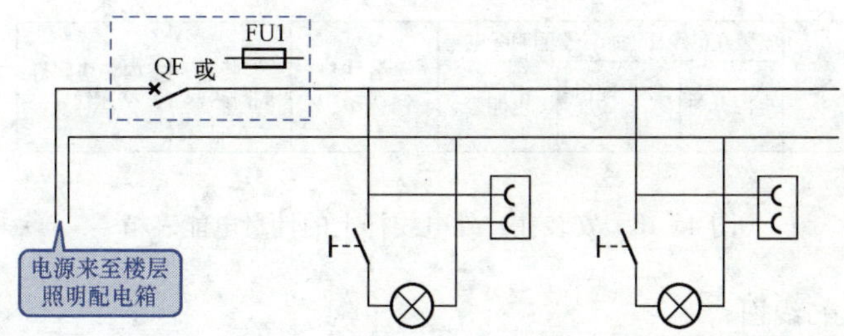

图 4-14　住户内照明（灯与插座）接线图

的总照明配电箱内分支断路器电源侧连接。

经过这些小容量的断路器（一般称空气开关），分配到各住室，各住室内安装有小照明配电箱，箱内安装有电能表，熔断器或小容量的断路器。

室内的照明干线接在小容量的断路器的负荷侧，各房间灯、插座的电源都接在此干线上。均采用以下配线方式：电源直接进入电能表，电能表的出线经熔断器或小容量的断路器与室内线路连接。电能表接线端子盖上加有“铅封”。

(2) 各住室计量电能表安装在该楼层过道墙壁照明配电箱内，再经过各小容量的断路器，分配到各住室，见图 4-13 (b)。住室内又安装有小照明配电箱，箱内不安装电能表，只有熔断器或小容量的断路器。室内的照明干线接在小容量的断路器的负荷侧，各房间灯、插座的电源都接在室内干线上。楼层过道墙上的照明配电箱平时上锁，由供电所人员管理，目前都采用这种照明配线方式。

(3) 房的各住户计量电能表安装在户外电线杆上，如图 4-15 所示经过杆上照明配电箱内电能表再经过小容量的断路器，经绝缘电线引入各住户，住室内安装小照明配电箱，箱内不装电能表，只有熔断器或小容量的断路器。室内的照明干线接在小容量的断路器的负荷侧，各房间灯，插座的电源都接在室内干线上，见图 4-13 (c)。户外电线杆上照明配电箱（计量电能表箱）平时上锁，由供电所人员管理，一般平房都采用这种照明配线方式。

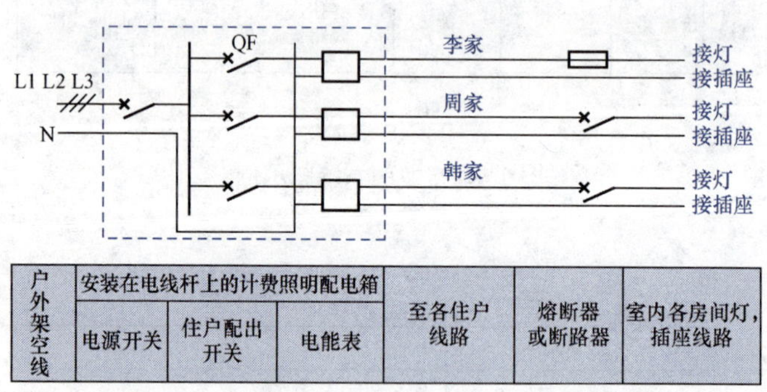

户外架空线	安装在电线杆上的计费照明配电箱			至各住户线路	熔断器或断路器	室内各房间灯，插座线路
	电源开关	住户配出开关	电能表			

图 4-15 安装在户外电线杆上的计量电能表箱

3. 照明配线图

图 4-16 所示为某单元各楼层照明配线图。

边学边看边实践

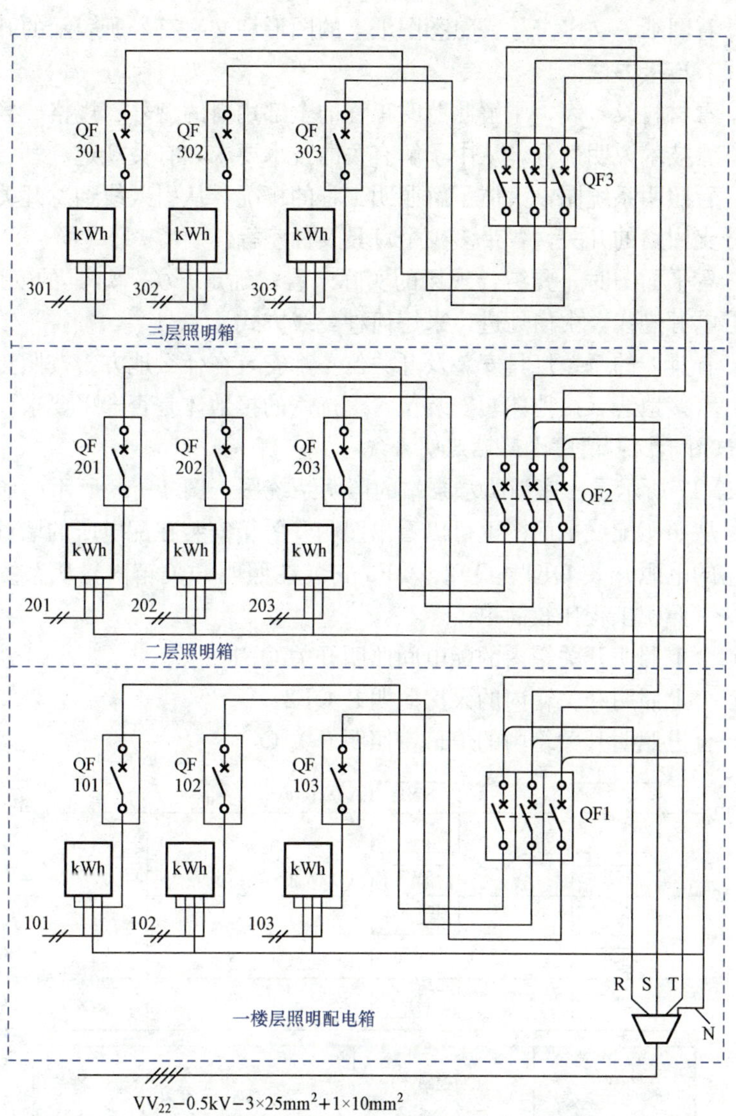

图 4－16 某个单元各楼层照明配线图

第七节 识图方法与步骤

1. 识图的基本顺序

(1) 看图纸，确定安装任务与图纸的名称是否相同。

(2) 看图纸、文字符号，熟悉图纸上的图形和文字符号所表示的开关、灯具、导线，连接方法。

(3) 看材料设备表，了解此照明工程的全部用料的型号、规格、数量等。

(4) 看技术说明部分，从中了解有关的技术要求和有关规定。

(5) 看照明系统图，大体了解照明工程的概况，从引入线到总开关，直到每一个分支回路的开关，各带多少个灯具及插座等。

(6) 看平面图时，要结合现场的实际来看，确定开关、灯具的安装位置，从图中看电源进线，由何处进，采用何种配线方式。

(7) 看具体的每个灯具安装及开关位置都安装在什么地方，按照接线图进行接线。看接地线（接地体）安装位置，选用的接地体是否合乎要求。

2. 识图示例：消防水泵站照明系统

图 4-17 所示是一座消防水泵站的照明系统图，图 4-18 所示为照明配线平面图。从照明配线平面图上可以看出照明开关箱安装在配电所的墙壁上，各照明回路的电源开关 QF1、QF2、QF3 安装在照明开关箱内。从系统图中可以看出这一照明工程比较简单。

(1) 合上照明开关箱内的配电间照明开关 QF1。

(2) 合上照明开关箱内的泵房照明开 QF2。

(3) 合上照明开关箱内的值班室照明开关 QF3。

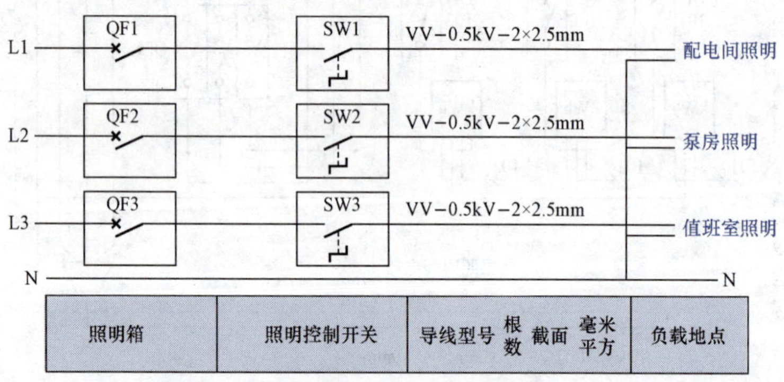

图 4-17 照明系统图

在合上上述的开关后，各回路送电。值班人员合上泵房内墙壁照明开关 SW2，泵房灯亮。合上操作值班室内墙壁照明开关 SW3，值班室内的日光灯亮，反之操作灯灭。在这一照明系统图中只给出了绝缘电线的型号规格，其他方面要查设备材料表，本文省略。

图 4-18 照明配置图分为三部分：值班室照明、泵房照明、配电间照明。

通过查表后知道或已知图中的图形符号▭表示的是日光灯，图形符号▬表示的是照明开关箱，图形符号●^表示的是照明开关，图形符号⊗表示的是防水防尘灯，图形符号●表示的是球型灯；图形符号—//—粗线表示的是钢管，斜线条数表示的是在穿入此钢管内导线的根数。

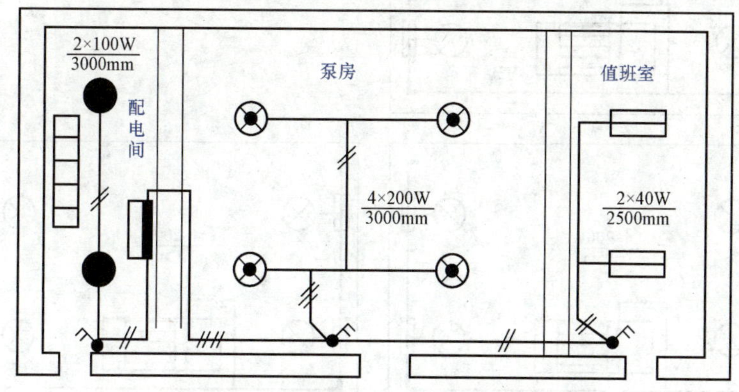

图 4-18　消防水泵站照明配线平面图

技术说明：

(1) 照明开关箱安装在配电所墙壁上的明处，其安置高度中心距地面1.5m，各照明回路的电源开关QF1、QF2、QF3安装在照明开关箱内。从系统图中看出这一照明工程是比较简单的。

(2) 照明配线除值班室内与在天棚内暗设外，其他均采用VV-0.5kV-2.5mm^{2}照明导线，穿有缝钢管敷设。

这样的技术说明已经十分明确了安装的基本要求，施工人员在了解了上述要求并按要求进行安装，在配管施工中要按配管的具体规定进行。具体的每个日光灯的控制电路应按接线图进行。灯与开关的接线要符合线路连接要求。

在图形边上的$\frac{2\times40}{2500\text{mm}}$，2表示安装的日光灯的数量，40表示灯的功率为40W，2500mm表示日光灯距地面高度为2.5m。

3. 识图示例：加热炉平台和风冷平台照明系统

图4-19、图4-20所示为加热炉平台和风冷平台照明配线系统平面、立面图。

(1) 看标题后符合所要施工的电气设备照明平面、立面图。

(2) 看图知道安装的灯具为立杆防爆灯，钢管配线。

(3) 导线采用BBLX-0.5kV-2.5mm^2。

(4) 钢管采用水，煤气输送钢管，规格为ϕ20mm (3/4寸)。

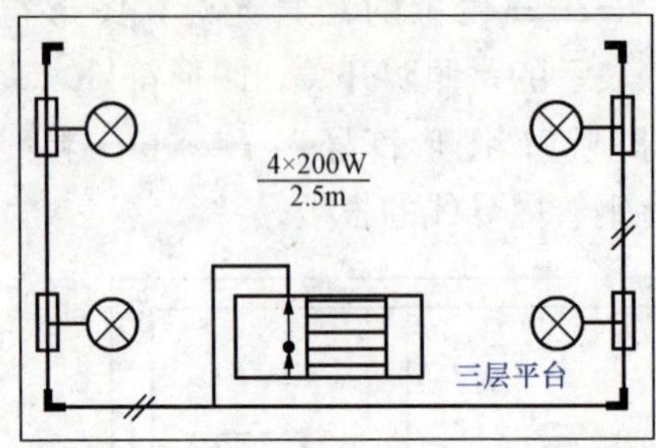

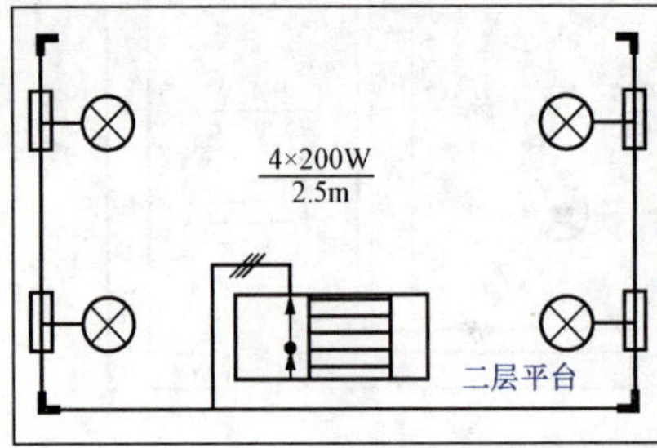

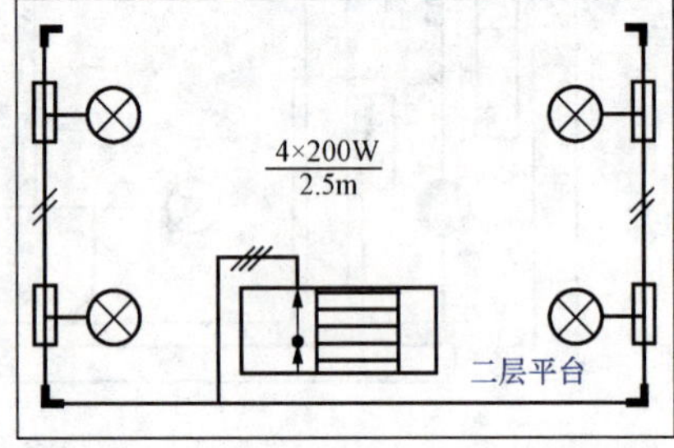

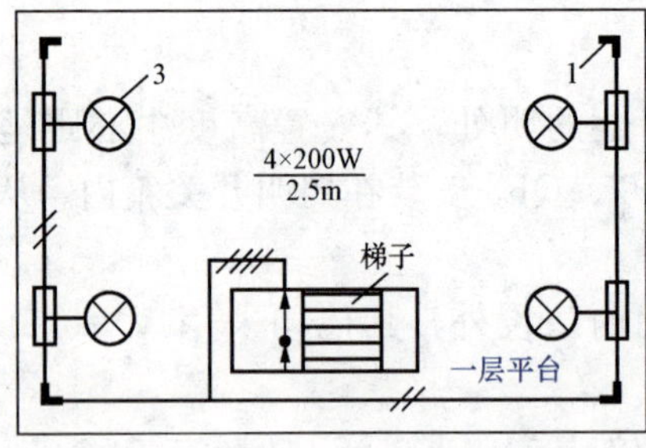

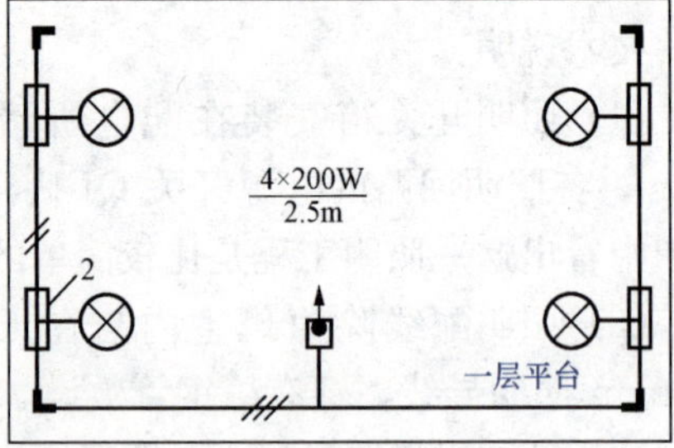

图 4-19 加热炉及风冷平台照明系统平面图
1—直角接线盒；2—三通接线盒；3—灯

（5）钢管沿着梯子及平台栏杆明设。用卡子固定。

看图步骤：

先看加热炉、空冷平台照明平面、立面图，从中了解加热炉及风冷平台有几层。每层平台距地的距离为多少米，每盏灯的下部距平台的距离（高度），要看图 4-20 图边的标高尺寸线中间或上部标高的数字。要知道每层平台有多少盏灯及其安装位置，就要看平面图，要知道每层平面（台）照明电源由何引来，要看导线的引导符号。

要知道每根（段）管内穿几根线，要看粗实线上的斜线有几条。在这一线上有几条斜线，就在这支管内穿几条导线。

要知道管配线中需要多少个接线盒，首先要看塔炉上的灯头数。在图中看，结合现场的实际看，看有几个转弯处，认为不容易穿线的地方应加接线盒。

要知道照明线路负荷分配情况，要看系统图及平面图与立面图中的灯具，表达式如下：

$$\frac{4\times 200\text{W}}{2.5\text{m}}$$

其中的 4 表示有灯 4 盏，每盏灯的功率为 200W，2.5m 表示灯的安装高度（指某一平面而言）。

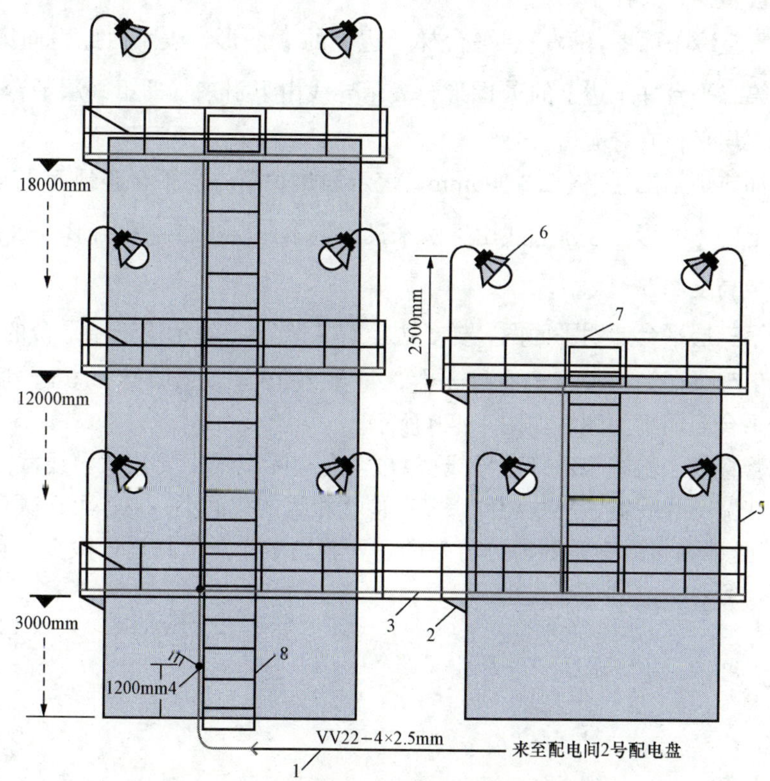

图 4-20　加热炉及风冷平台照明系统立面图

1—电缆；2—平台；3—钢管；4—气密式转换开关；
5—立杆；6—防爆灯；7—栏杆；8—梯子

看立面图标高符号 3000mm，表示加热炉及风冷的第一层平台距地面为 3m。看梯子边上有 的图形。查 图例后，知是气密式转换开关，

此开关下面的尺寸线中的 1200mm，表示开关的中心距地面 1.2m，开关固定在梯子边上，看加热炉第一层 3m 平台照明平面图，有 8 盏灯 的图形，查 图例说明知是立杆防爆灯。图形 表示导线是由第一层下部引来的（开关上引来），沿着梯子栏杆边固定钢管。

每盏灯是 200W，2.5m 表示灯具安装高度。看第一层平台的栏杆有粗实线 上面有小短的斜线，此线的末端一直到风冷平台的第 4 个灯上，从中看到风冷平台上再没有开关 图形，表示加热炉及风冷平台照明，是用一只三极转换开关控制。

再看空冷平面图，第一层平台梯子边上的 图形，表示由此引向第二平台，看第二平台梯子边上的 图形，表示导线由下引来（即第一层平台），看风冷第二层平台有灯 4 盏。

看加热炉第二层平台 12 000mm，表示加热炉第二层平台距地面 12m。看梯子边上的 图形，表示导线由下引来又引上第三层平台，看图形，知有灯 8 盏。安装高度 2.5m。

看第三层平台照明平面图，梯子边上有 图形，表示第三层平台的灯线，电源由下引来。第三层平台有灯 4 盏，每盏 200W，安装高度 2.5m，加热炉及风冷平台照明平面图，如图 4-20 所示。

钢管穿线（斜线表示管内导线根数），在实际配线中要注意导线截面的选择，主线路的导线截面相线相同，零线应比相线的截面小一点（可选颜色不同的线），这样在接线中是容易分清楚的，安装完毕应对线路进行检查，有无短路，接地等，一直到灯亮为止。

第5章

怎样看识电气动力系统图和动力配置图

电气动力系统图和动力配置图是表示电气设备与机器设施配置关系的图，在许多场所下只表示设备之间相互连接线的配置，这样的图称之动力系统图和配置图。

配置图有如下内容：

(1) 配置图的名称（工程名称如3号泵房电气配置图）；

(2) 配置图的作用（用于电气安装工程）。

动力配置图应能看出给定容量（kW）的电动机所在的位置，该电机所传动的机械类型，控制盘、配电盘所在的位置以及它们之间配线情况。

总之配置图应能反映安装电气设备与敷设线路的参考位置，施工人员在施工过程中，根据图上所示位置，结合实际，统筹考虑电气设备安装位置，优化安装方法，对于电气设备的具体接线，还要看具体的接线图。

第一节　配置图中表示电气设备的图形符号

动力配置图中表示电气设备的图形符号见表5-1。

表5-1　　动力配置图中表示电气设备的图形符号

图形符号	代表的电气设备名称	图形符号	代表的电气设备名称
	起动器一般符号		防爆型按钮盒
	阀的一般符号		密闭型按钮盒
	按钮盒　一般或保护型按钮盒 示出一个按钮　示出两个按钮		按钮一般符号

续表

图形符号	代表的电气设备名称	图形符号	代表的电气设备名称
	鼓形控制器		电磁阀
	电动阀		电磁分离器
	电磁制动器		带指示灯的按钮
	限制接近的按钮	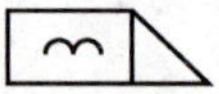	电锁
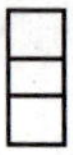	自动开关箱 刀开关箱		室外分线箱 壁盒分线箱
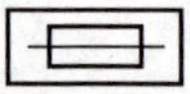	熔断器箱	 	分线盒的一般符号 室外分线盒
	盘柜台箱一般符号		电缆交接间
	带熔断器的刀开关箱		信号板 信号箱（屏）
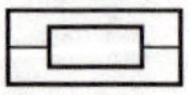	电阻箱		交流配电盘 （屏）
	壁盒交接箱		多种电源 配电箱（屏）
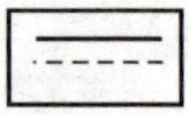	直流配电盘 （屏）	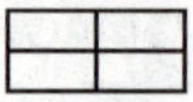	组合开关箱
	落地交接箱		事故照明 配电箱（屏） 架空交接箱
	动力或照明 配电箱		照明配电箱（屏）

续表

图形符号	代表的电气设备名称	图形符号	代表的电气设备名称
	电源自动切换箱（屏）		熔断器箱
	分线箱		柱上变压器
	起动器		带自动释放的起动器
	调节—起动器起动器		逆变器
	步进起动器		电动机起动器一般符号
	带可控整流器的调节一起动器		星—三角起动器
	自耦变压器式起动器		

第二节　电缆型号中各字母的含义

电缆产品型号采用大写的汉语拼音字母和阿拉伯数字组成，用字母表示电缆的类别、导体材料、绝缘种类、特征，用数字表示铠装层类型和外被层类型。

1. 型号含义

（1）类别。K 表示控制电缆；P 表示信号电缆；B 表示绝缘电线；R 表示绝缘电线，Y 表示移动式电缆。

（2）导体。T 表示铜线（一般不表示）；L 表示铝线。

（3）绝缘。Z 表示纸绝缘；X 表示天然橡胶；D 表示丁基橡胶；E 表示乙丙橡皮；V 表示聚氯乙烯；Y 表示聚乙烯；YJ 表示交联聚乙烯。

（4）内护套材料。Q 表示铅包；L 表示铝包；H 表示橡套；P 表示非燃性橡套；V 表示聚氯乙烯护套；Y 表示聚乙烯护套。

(5) 特征。D 表示不滴油；P 表示分相金属护套；P 表示屏蔽。

2. 外护套代号含义

外护套代号含义如下：1 表示裸金属护套；2 表示双钢带；11 表示裸金属护套，一级外护层（麻）；12 表示钢带铠装，一级外护层；21 表示钢带加固麻外套层；22 表示钢带铠装，二级外护套。

第三节　动 力 系 统 图

图 5 - 1 所示的动力系统图表示的是电动机的供电关系的系统图（一般称动力系统图或主回路图），动力系统图表达的内容是概括性的。动力系统图与其他系统图一样采用单线图表示的方法。

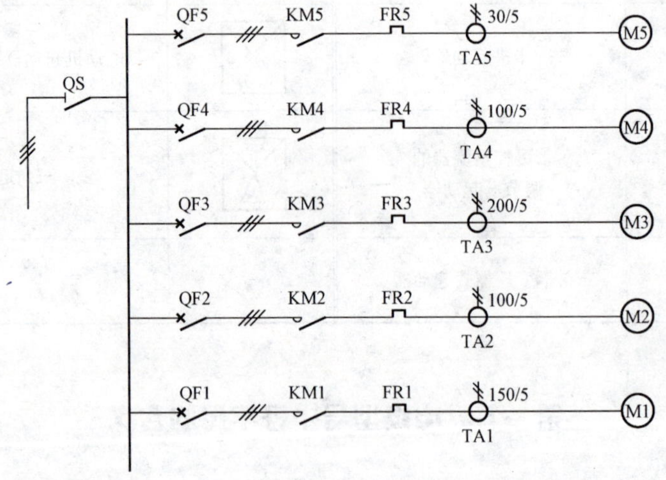

<table>
<tr><td rowspan="2">进线电缆</td><td>电源断路器</td><td>母线</td><td>空气断路器</td><td>交流接触器</td><td>热继电器</td><td>电流互感器</td><td>动力电缆</td><td rowspan="2">电动机</td></tr>
<tr><td colspan="7">动力配电箱</td></tr>
</table>

图 5 - 1　动力系统图

从图中可以看出电动机的供电电源为交流三相 380V，经过动力配电箱闸刀开关 QS 到母线上，然后每台电动机回路分别经空气断路器 QF1～QF5，接触器 KM1～KM5，热继电器 EH1～EH5，电流互感器 TA1～TA5 的一次绕组送到电动机 M1～M5。仅能表示电动机的供电关系。

图 5 - 2 所示为动力设备平面配置图（简要的框图，没有具体标注出建筑

物平面图的定位轴线及尺寸）。从中也能直观看出机电设备布置及电缆引入泵房内的要求，电力电缆、控制电缆的型号与规格。图中的 1 为电动机主回路电缆穿过地墙的保护管，图中的 2 为电动机控制回路电缆穿过地墙的保护管，还能看到控制按钮固定在墙面上，参照此图即可进行电缆的敷设。3 为隔爆型控制按钮开关，如图 5 - 3 所示。

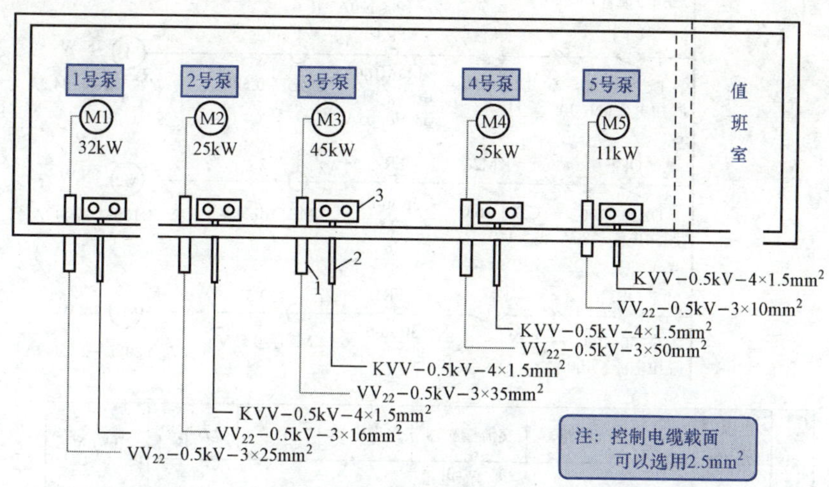

图 5 - 2　动力设备平面配置图

图 5 - 3　隔爆型控制按钮开关

若在图 5 - 1 所示的动力系统图基础上，在图形符号的边上直接标注设备型号、规格，就构成系统图新的表达方法，如图 5 - 4 所示，该图优点是层次分明，表达内容清晰，它也是目前动力供电系统图常见的一种形式。图 5 - 4 中画出了电源进线及母线、配电线路、起动控制设备、受电设备。在图中标注了刀闸开关，空气开关、接触器、各种控制设备的型号规格、开关和热继电器的额定电流；标注了电动机型号、功率、名称、编号。这些与平面上标注是一一对应的。这样方法一般用于回路较少的动力系统图。

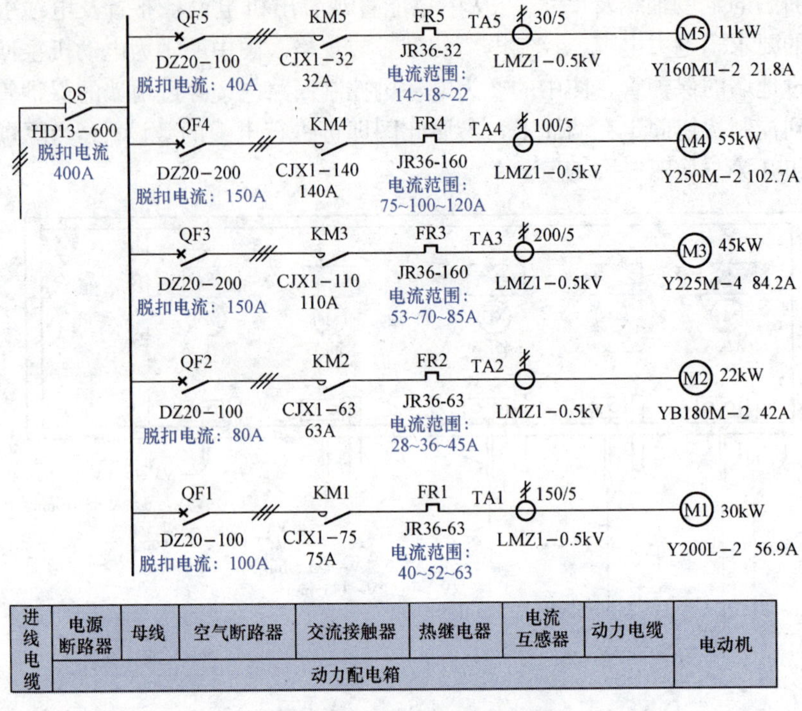

图 5-4　加有开关设备型号规格的动力系统图

第四节　动力系统图与动力配置图的识图顺序

施工人员根据电气施工任务，接到图纸后要进行识图，了解任务的详细情况及要求。识图顺序如下。

(1) 查看这项电气工程的动力配置图，其中有几张图，每张图的名称。

(2) 查看技术说明，从中了解设计单位对该项工程，提出了哪些技术要求。

(3) 查看动力配置图，从图上大体了解后，到施工现场依据图上画的位置尺寸，要求看动力设备（水泵、电动机）安装在什么位置上，控制电气，测量仪表的安装地点，导线的走向，定出具体的施工方法。

(4) 查看动力配置安装作业表，了解馈出线的型号、截面、长度及作业次序。

(5) 查看线路的配线方式，结合系统图，要从配电间内的配电盘、板、柜、箱看起。看由几号配电盘上配出，经过何种开关，采取的配线方式是电缆

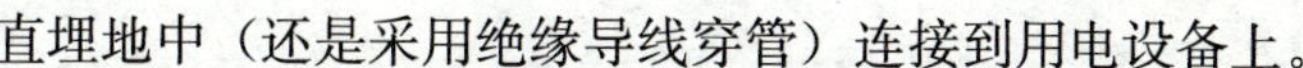

直埋地中（还是采用绝缘导线穿管）连接到用电设备上。

（6）查看与电气设备安装的有关的土建部分，如基础平面、立面图，知道建筑物的结构，以便正确施工。

（7）查看设备材料明细表，审查表中所选用的开关等，是否适用于安装的场所，按表进行核对施工所需要的设备、开关、材料是否已备好。

第五节 识 图 实 例

高压变电站的开关柜和低压变电站的低压配电盘的基础土建工程已完成，室内电缆沟与电缆支架以及压缩机（高压电动机与压缩机一体，泵与电动机为一体）安装固定在各自的基础上。在具备这一基本条件下，电工才能进入电气设备的安装、配线、母线、电缆方面的施工阶段。首先接触的就是电气工程图纸。现以某工厂高压变电站，低压变电站系统图及平面布置图为例来简要介绍系统图、平面布置图、电缆施工作业表的看图方法。

1. 平面布置图

将系统图按照一定的比例表示建筑物外部或者内部的电源及电器布置情况的图纸称为电气平面图。变电站 6kV 部分电气设备平面布置图如图 5 - 5 所示。

在这一平面布置图中同时反映出 a、b、c 三个部分。

a 部分表示高压配电所开关柜的位置排列顺序及回路编号；

b 部分表示 10 号低压变电站两台变压器及与变电站内配电盘的平面布置情况，配出回路的编号；

c 部分反映压缩机室内安装的压缩机与润滑油泵的排列位置及设备名称编号。

为保持图面的清晰，高压开关柜、低压配电盘、导线（电缆）的型号、截面积及每回线路的根数及电缆施工作业等，通过表格形式反映出来即设备材料表，电缆施工作业表。

我们从图 5 - 5 中看到 6kV 配电所到 10 号低压变电站，从 6kV 配电所到压缩机室，10 号低压变电站到输油泵房的电动机动力电缆、控制电缆线路的平面图，这就是电缆线路工程用图。它能表示各单元电气之间外部电缆的配置情况，一般只示出电缆的种类、路径、敷设方式等。它是进行敷设电缆施工的基本依据。当一个电气工程敷设电缆数量较多时，一般采用表格形式反映出敷设电缆施工作业顺序。

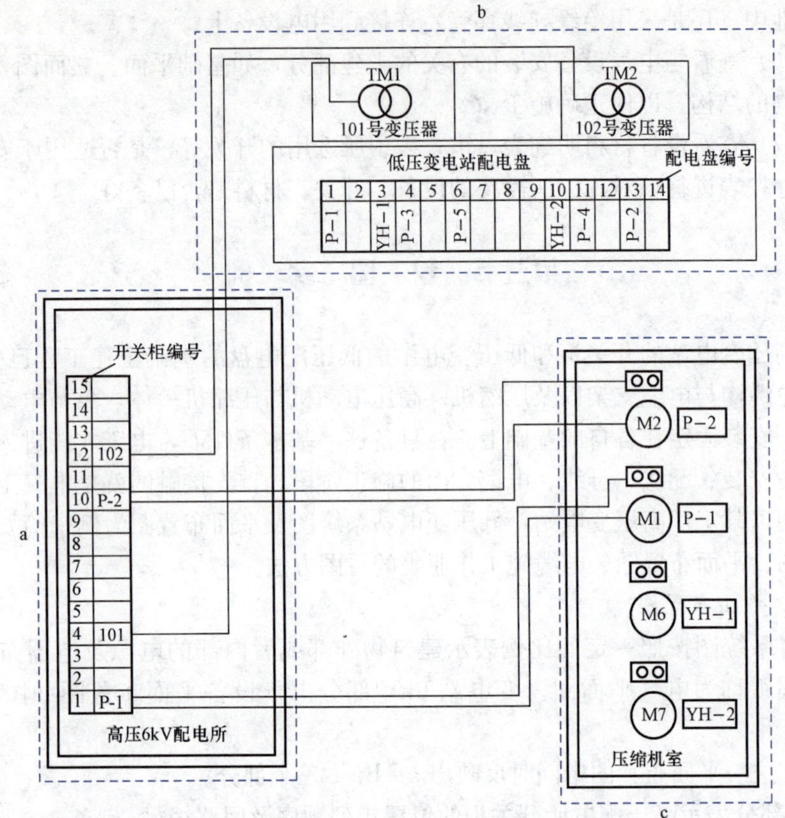

图 5-5　变电站 6kV 部分电气设备平面布置图

2. 变电站的电源进线

101 号变电站的 101 号变压器电源由图 5-5 所示的 4 号开关柜断路器下侧引入，经负荷开关 101 与变压器一次连接，变压器二次经母线与隔离开关 301 电源侧连接，隔离开关 301 负荷侧与变电站 380V（Ⅰ段）主母线连接。

102 号变压器电源由图 5-5 所示的 12 号开关柜断路器下侧引来，经隔离开关 102 后与变压器一次连接，变压器二次经母线与隔离开关 302 电源侧连接，隔离开关 302 负荷侧与变电站 380V（Ⅱ段）主母线连接。

Ⅰ段主母线与Ⅱ段主母线之间安装有隔离开关 312，作为母线间联络之用，母线下的低压配电盘内有根据不同需要安装的开关设备回路，向用电设备供电。

变压器的型号为 S7，容量为 1000kVA，变压器的一次电压为 6kV 二次侧电压为 0.4kV。一次电流 96.3A，二次电流 1445A。表 5-2 为变压器、电动机线路（电缆）施工作业表。

表 5-2　　变压器、电动机线路（电缆）施工作业表

配出编号	起动设备 断路器型号规格	电力线路 高压开关柜到变压器	控制线路 开关柜到变压器瓦斯温控器件	受电设备图上标号
1	ZN—10（630A）	DYFBVV—10kV—3×50mm²	DYFBKVV—0.5kV—6×2.5mm²	1 号变压器 TM1
2	ZN—10（630A）	DYFBVV—10kV—3×50mm²	DYFBKVV—0.5kV—6×2.5mm²	2 号变压器 TM2
配出编号	断路器型号规格	高压开关柜到电动机	高压开关柜到机前控制按钮	受电设备图上标号
1	ZN—10（630A）	DYFBVV—10kV—3×50mm²	DYFBKVV—0.5kV—6×2.5mm²	1 号压缩机 Y—1
2	ZN—10（630A）	DYFBVV—10kV—3×50mm²	DYFBKVV—0.5kV—6×2.5mm²	2 号压缩机 Y—2

3. 输油泵房动力配电的基本情况

图 5-6 所示为动力设备平面布置图。动力供电系统图主要表示电动机的

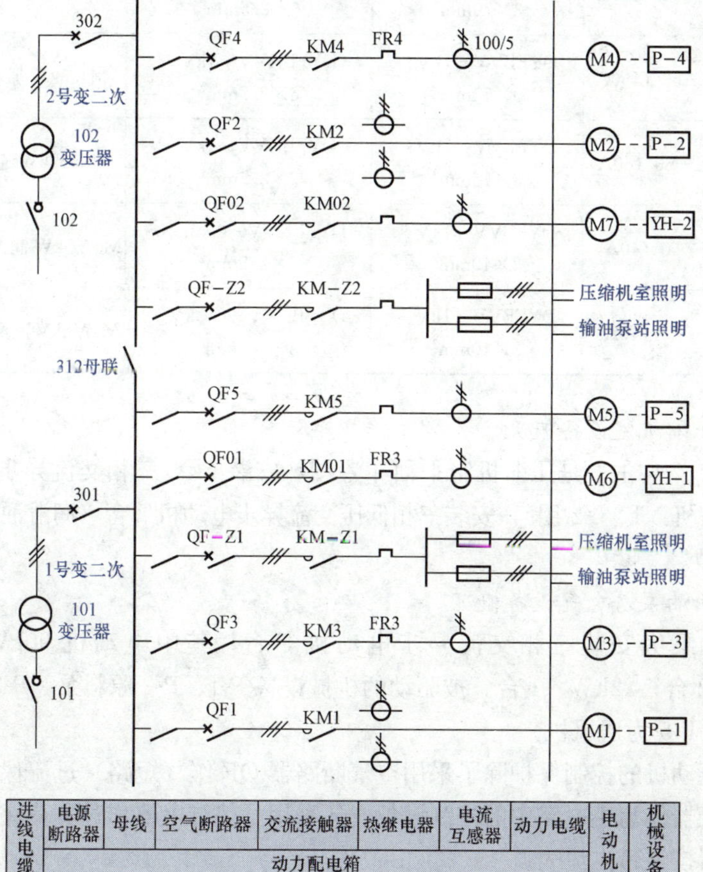

图 5-6　动力设备平面布置图

供电方式、供电线路及控制方式。动力设备平面布置图主要表示电动机的安装位置、动力线路的敷设方式。在一个动力供电工程中一般采用三相供电，配线要根据实际需要选择合适配线方式。表 5-3 为动力配线施工作业表。

表 5-3　　动力配线施工作业表

配出编号	起动设备	动力线路	控制线路	电动机　传动机械
	接触器型号规格	变电站配电盘到电动机	变电站配电盘到控制按钮	受电设备图上标号
1	CJ12—250（250A）	DYFBVV—1kV—3×120mm^2	DYFBKVV—1kV—6×2.5mm^2	M190kW 原料油泵 P-1
2	CJ12—250（250A）	DYFBVV—1kV—3×120mm^2	DYFBKVV—1kV—6×2.5mm^2	M290kW 原料油泵 P-2
3	CJ20—160（160A）	DYFBVV—1kV—3×70mm^2	DYFBKVV—1kV—6×2.5mm^2	M355kW 成品油泵 P-3
4	CJ20—160（160A）	DYFBVV—1kV—3×70mm^2	DYFBKVV—1kV—6×2.5mm^2	M455kW 原料油泵 P-4
5	CJ10X—60（60A）	DYFBVV—1kV—3×16mm^2	DYFBKVV—1kV—3×2.5mm^2	M522kW 通风机 P-5
6	CJ10—40（40A）	DYFBVV—1kV—3×10mm^2	DYFBKVV—0.5kV—3×2.5mm^2	M67.5kW 润滑油泵 YH-1
7	CJ10—40（40A）	DYFBVV—1kV—3×10mm^2	DYFBKVV—0.5kV—3×2.5mm^2	M77.5kV 润滑油泵 YH-2

4. 压缩机室设备概况

图 5-5 中的 c 是压缩机室平面布置图，安装 6kV 三相交流异步电动机 2 台（压缩机 Y1、Y2 用），安装三相低压交流异步电动机 2 台（润滑油泵 YH-1、YH-2 用）。

5. 输油泵房电气设备概况

输油泵房安装三相交流异步电动机 5 台，其中电动机 90kW、2 台，55kW、2 台，22kW、1 台。被驱动的机械设备 P-1、P-2 原料泵，P-3、P-4 成品油泵，P-5 为通风机。

各电动机的控制保护除了采用空气断路器 QF 作（短路）过流保护外，用交流接触器作为主电路中的控制设备，还采用了热继电器作过负荷保护，机前采用防爆按钮带电流表。

输油泵房机电设备安装平面布置图如图 5-7 所示。

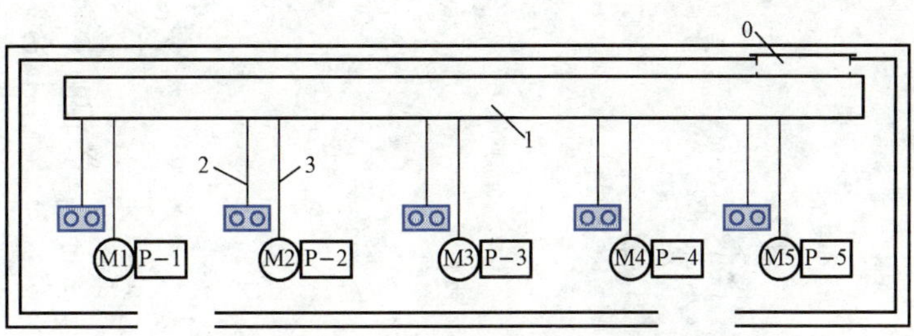

图 5-7　输油泵房机电设备安装平面布置图

0—桥架入口；1—桥架；2—主电缆保护管；3—控制电缆保护管

五台低压电动机的电力电缆及控制电缆都从 10 号变电站低压配电盘，通过高空电缆桥架引来，90kW 电动机 M1 和 M2，采用的电缆型号为 DYFBVV-1kV-3×120mm²-110m。

55kW 电动机采用的电缆型号为 DYFBVV-1kV-3×70mm²-110m。一台 22kW 电动机采用的电力电缆型号为 DYFBVV-1kV-3×16mm²-125m，进入室内电缆桥架引至电动机接线盒和防爆操作柱并分别穿保护钢管，五台低压电动机的控制电缆相同即控制电缆型号为 KVV_{22}-0.5kV-6×2.5mm²-110m。图 5-8 所示为泵房内的电动机按钮安装位置。

图 5-8　泵房内的电动机按钮安装位置

1—进入泵房内的电缆桥架；2—电动机主电缆保护管；3—控制电缆保护管；4—控制按钮；5—电动机；6—连接对轮护罩；7—泵；8—防爆灯；9—电动机主电缆

怎样看电气设备配线图与接线图

第一节　电气设备接线图

接线图是电气设备施工过程中的电气图纸中的一种。什么是接线图？接线图就是能够表示成套装置设备和装置的连接关系的一种简图，用于电气设备的安装接线、线路检查、线路维修和故障处理。

接线图分为单元接线图、互连接线图及端子接线图三种。

1. 单元接线图

单元接线图和单元接线表是表示成套装置或设备中一个结构单元件内的连接关系的一种接线图或接线表，单元接线图如图 6-1 所示，单元接线表见表 6-1单元接线图或单元接线表，表示单元内部的连接情况，通常不包括单元之间的外部连接，但可给出与之有关的互连图的图号。单元接线图通常应大体按各个项目的相对位置进行布置。单元接线表一般包括线缆号、线号、导线的型

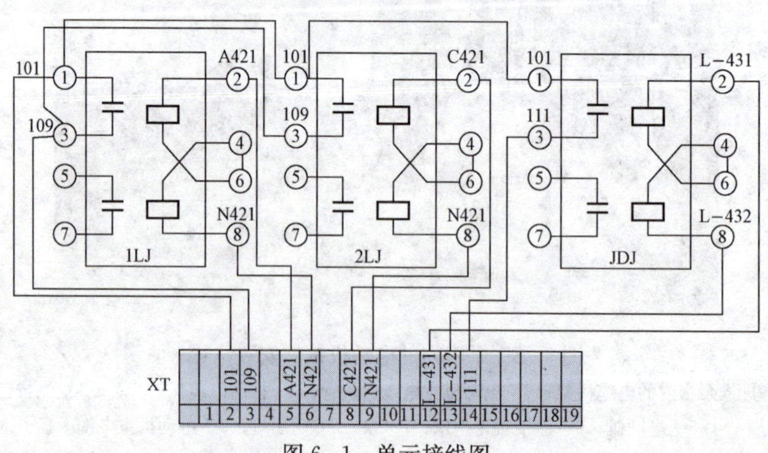

图 6-1　单元接线图

号、规格、长度、连接点号、所属项目的代号和其他说明等内容。

表 6-1　　　　单元接线表

线缆号	线号	线缆型号及规格	连接点Ⅰ			连接点Ⅱ			备注
			项目代号	端子号	参考	项目代号	端子号	参考	
	101		1LJ	1		XT	2		
	109		1LJ	3		XT	3		
	A421		1LJ	2		XT	5		
	N421		1LJ	8		XT	6		
	101		2LJ	1		1LJ	1		
	109		2LJ	3		1LJ	3		
	C421		2LJ	2		XT	8		
	N421		2LJ	8		XT	9		
	L-431		JDJ	2		XT	12		
	L-432		JDJ	8		XT	13		
	111		JDJ	3		XT	14		

2. *互连接线图*

互连接线图或互连接线表是表示成套设备或不同单元之间连接关系的一种接线图或接线表。图 6-2 所示为用连接线表示的互连接线图。图 6-3 所示为部分用中断线表示的互连接线图。表 6-2 为互连接线表。

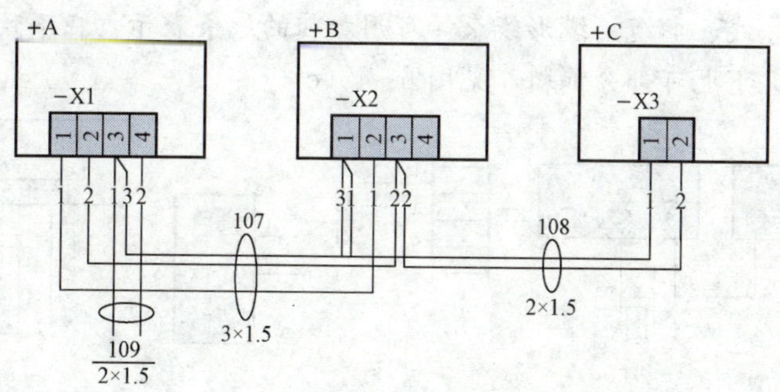

图 6-2　用连续线表示的互连接线图

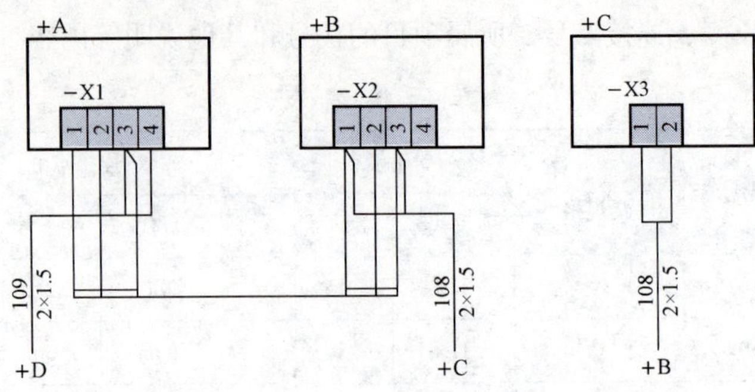

图 6-3　部分用中断线表示的互连接线图

表 6-2　　　　　　　　　互连接线表

线缆号	线号	线缆型号规格	连接点Ⅰ			连接点Ⅱ			备注
			项目代号	端子号	参考	项目代号	端子号	参考	
107	1		＋A-X1	1					
	2		＋A-X1	2					
	3		＋A-X1	3	109.1				
108	1		＋B-X2	1	107.3				
	2		＋B-X2	3	107.2				
109	1		＋A-X1	3					
	2		＋A-X1	4					

知识链接

导线表示方法

导线在接线图中可用连续线，见图 6-4（a）；也可用中断线，见图 6-4（b）。使用中断线表示时，在中断线的中断处必须标识导线的去向。导线、电缆、缆形线束等可用加粗的线条表示，在不致引起误解的情况下也可部分加粗，见图 6-4（c）。

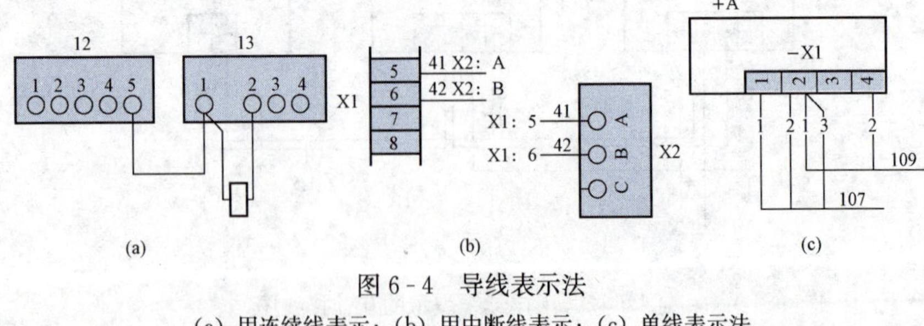

图 6-4　导线表示法

（a）用连续线表示；（b）用中断线表示；（c）单线表示法

3. 端子接线图

端子接线图和端子接线表是表示成套装置或设备的端子以用主接在端子上的外部接线的一种接线图或接线表。端子接线图或端子接线表表示单元和设备的端子与外部导线的连接关系，通常不包括单元或设备的内部连接，但可提供与之有关的图号。端子接线图的视图应与接线面视图一致，各端子应基本按其相对位置表示，带有本端标记的端子接线图如图 6-5 所示，带有远端标记的端子接线图如图 6-6 所示。

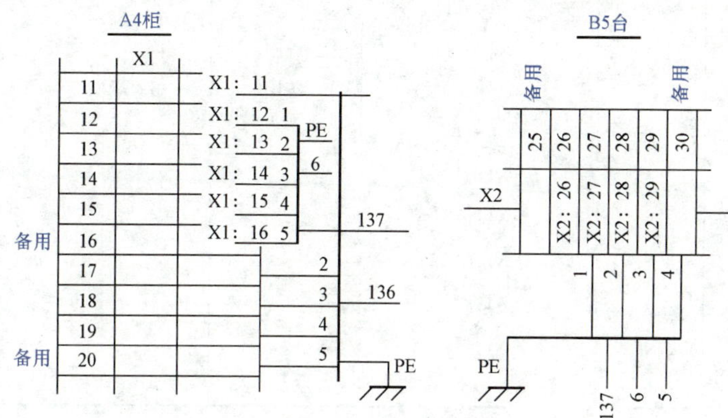

图 6-5　带有本端标记的端子接线图

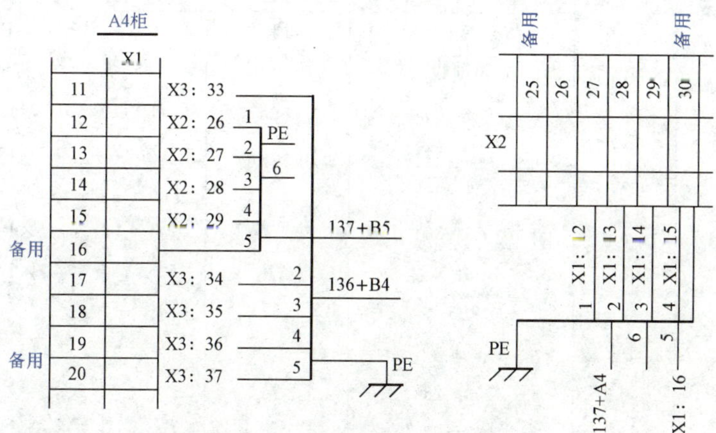

图 6-6　带有远端标记的端子接线图

端子接线表内电缆应按单元（例如柜或屏）集中填写。带有本端标记和带有远端标记的端子接线表分别见表 6-3 和表 6-4。

表 6 - 3　　带有本端标记的端子接线表

A4　柜			B5　台		
136		A4	137		B4
	PE	接地线		PE	接地线
	1	X1：11		1	X2：26
	2	X1：17		2	X2：27
	3	X1：11		3	X2：28
	4	X1：11		4	X2：29
备用	5	X1：11	备用	5	
			备用	6	
	PE	(—)			
	1	X1：12			
	2	X1：13			
	3	X1：14			
	4	X1：15			
备用	5	X1：16			
备用	6	—			

表 6 - 4　　带有远端标记的端子接线表

A4　柜			B5　台		
136		A4	137		B4
	PE	接地线		PE	接地线
	1	×3=33		1	×1=12
	2	×3=34		2	×1=13
	3	×3=35		3	×1=14
	4	×3=36		4	×1=15
备用	5	×3=37	备用	5	×1=16
137		B5			
	PE	接地线			
	1	×2=26			
	2	×2=27			
	3	×2=28			
	4	×2=29			
备用	5				
备用	6				

在应用中接线图通常与电路图和位置图一起使用，接线图可单独使用也可组合使用。接线图能够表示出项目的相对位置、项目代号、端子代号、导线号，导线的型号规格，以及电缆敷设方式等内容。

知识链接

名 词 解 释

(1) 项目。

在图上通常用一个图形符号表示的基本件、部件、组件、功能单元设备，系统等。如：继电器、电阻器、发电机、开关设备等都可以称为项目。

(2) 项目代号。

用来识别图、图表、表格和设备上的项目种类并提供项目的层次关系，实际位置等信号的一种特定的代码，如用KM表示交流接触器，SB表示按钮开关，TA表示电流互感器。

在接线图中完整的项目代号包括4个代号段，即高层代号、位置代号、种类代号和端子代号。

项目代号分解如下：

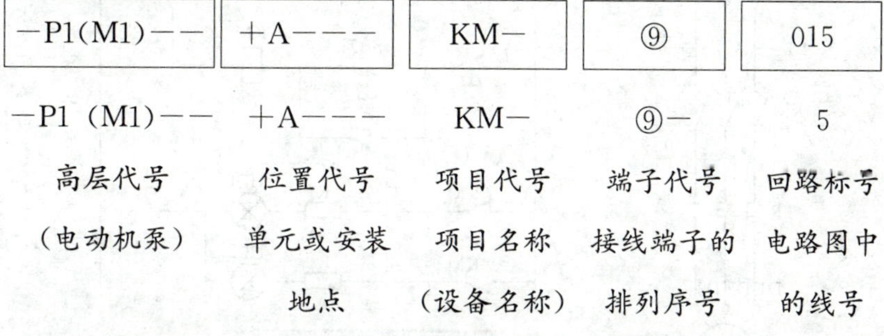

(3) 高层代号。

系统或设备中任何较高层次（对给予代号的项目而言）的项目代号。如石化企业生产装置中的泵、电动机、起动器和控制设备的泵装置。

(4) 种类代号。

主要用以识别项目种类的代号。

种类代号中项目的种类同项目在电路中的功能无关，如各种接触器都可视为同一种类的项目。

组件可以按其在给定电路中的作用分类，如可根据开关在电力电路（作断路器）或控制电路（作选择器）中的不同作用而赋予不同的项目种类字母代码。

(5) 位置代号。

项目在组件，设备系统或建筑物中的实际位置的代号。

第二节　通用的电动机基本接线图

图 6-7 为各种工厂中驱动不同用途的泵、风机、压缩机等生产机动设备的三相交流 380V 异步电动机电气原理基本接线图，这种图也可称之原理接线展开图。

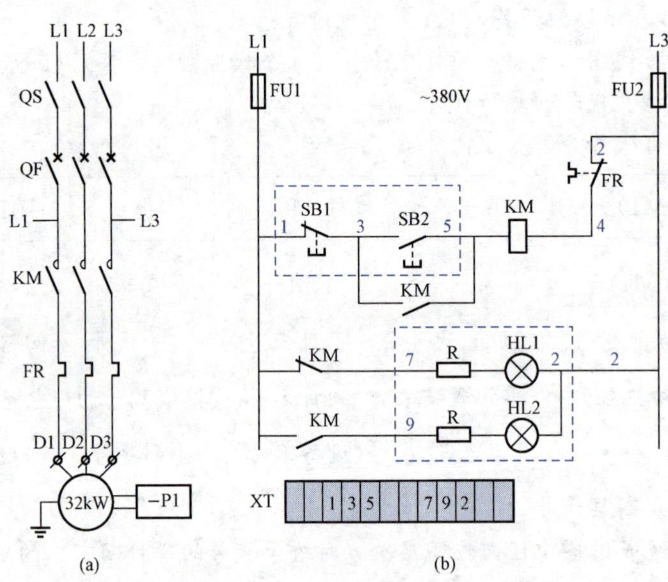

图 6-7　三相交流 380V 异步电动机电气原理基本接线图
(a) 主回路（系统图）；(b) 控制线路（二次接线图）

主回路和控制回路中的电气设备，按现场实际需要选型安装的。如电气设备的安装地点，主回路、继电保护、控制器件，一般安装在变配电所的低压配电盘上，操作器件、监视信号，安装在机前或生产装置操作室（集中控制室）的控制操作屏（台）上。

图 6-7 所示电路中的主电路控制电路，三相刀闸 QS、空气断路器 QF、交流接触器 KM、热继电器 EH、接线端子 XT，安装在低压配电盘上，主回路设备之间的连接采用铜或铝母线。

电气设备安装地址与接线示意如图 6-8 所示。电动机安装在泵与电动机的基座上，控制按钮 SB1、SB2 安装在机前，方便操作的位置，信号灯安装在操作室的操作屏台上。

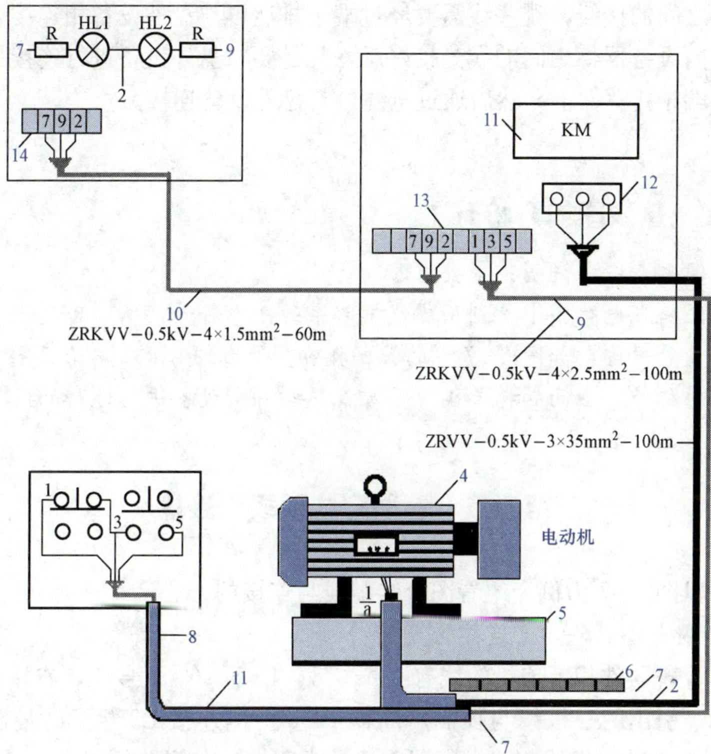

图 6-8　电气设备安装地址与接线示意

1—动力电缆芯线；2—动力电缆；3—动力电缆保护管；4—电动机；5—基础；6—红砖；7—砂子；8—控制电缆保护管；9—控制电缆；10—控制电缆；11—回填土；12—热继电器；13、14—端子排

低压配电盘上的设备，控制线路与配电盘以外的设备，如控制按钮的连接要经过接线端子排 XT。实际接（配）线时，要敷设两条控制电缆和一条电力电缆。

（1）从低压配电盘到机前控制按钮一条控制电缆（ZRKVV-0.5kV-4×1.5mm²-100m）。

（2）从低压配电盘到生产装置控制屏一条控制电缆（ZRKVV-0.5kV-4×

1.5mm^2-60m)。

(3) 从低压配电盘到电动机前敷设一条电力电缆 (ZRVV-0.5kV-3×35mm^2-100m)。

电缆敷设后并经认真校线，然后按电路图的标号接线。将安装在三处的电气设备按图 6-7 所示的电路图，连接成完整的控制线路。

图 6-7 中的线条，线条表示的就是导线。要弄清哪些线是低压配电盘内设备器件之间的接线，哪些线需要经过端子排后再与盘外设备相连接。

将盘内设备器件之间的线连接好后，凡是要与盘外设备进行连接的线，都要先引至端子排 XT 上，然后通过电缆再与盘外设备连接。

接线图的分析方法

(1) 看图上说明技术要求。

(2) 在电路图中看到用虚线框起来的图形符号，所示出的设备是配电盘外设备，如图 6-7 中的控制按钮 SB1、SB2，在端子排图形中给出的标号，上面的标号 1、3、5 就是与外部设备进行连接的线号。

第三节　看图分线配线与连接

下面以图 6-7 为例介绍看图分线配线与连接的方法。

1. 盘内设备器件相互连接的线

盘内设备器件相互连接的线有 1、2、3、4、5、6、7 号线，看接触器 KM 电源侧端子引出的一根线与控制熔断器 FU2 上侧连接 L3 相上。控制熔断器 FU2 下侧引出的一根线与热继电器 EH 的常闭接点一侧端子相连接 (2 号线)，从这个常闭触点的另一侧端子引出的一根线与接触器 KM 线圈的两个线头中的任意一个端子连接，这根线是 4 号线。从线圈的另一个线头端子引出的一根线就是 5 号线。看接触器 KM 电源侧 R 相端子引出的一根线与控制熔断器 FU1 的上侧连接，这根线是 L1 号线。(也可称 1 号线)。

2. 引至端子排的线

图 6-7 电路图中，有哪些导线需要先引到端子排上后，再与外部器件相连接，有经验的师傅，当看到原理接线图时一眼就能看出盘上设备需要与外部设备相连接的线，有 1、3、5、2、7、9 号线。

图 6-7 中虚线框内的部分，线号为 1、3、5、2、7、9，其中 1、3、5 号

线，去电动机前的控制按钮的线。2、7、9 号线是去控制室信号灯的线。

·从盘上熔断器 FU1 下侧引出的一根线先接到端子排 1 上。

·从接触器 KM 辅助常开触点引出两根线：线的两头分别先穿上写有 5 的端子号。一根与接触器 KM 线圈的 5 号线相连接。另一根线接到端子排写有 5 的端子上，这时就会看到动合触点端子上为两个线头，如果这个 5 号线头压在线圈端子上，同样看到线圈这个端子上有两个线头。接触器 KM 辅助动合触点的另一侧引出的一根线（两头分别穿上写有 3 的端子号）接到端子排 3 上，到此完成了由配电盘上设备到端子排上的 1、3、5 号线的连接。

第四节 外部设备的连接

下面以图 6 - 8 为例介绍外部设备的连接方法。

1. 主回路电缆的连接

低压盘到电动机前敷设一条 3 芯的电力电缆。如果是 4 芯电缆其中一芯为保护接地。选用三芯线电缆时不用校线，将变电所内的一头分别与热继电器负载侧端子相连后，电缆的另一端与电机机绕组引出线端子相连接。

2. 控制电缆走向

低压盘到机前按钮，敷设二条 4 芯的控制电缆，先将电缆芯线校出，同一根线的两端穿上相同的端子号，打开控制按钮的盖，穿进电缆。

(1) 将穿有 1 的端子号的线头，接在停止按钮 SB1 的常闭触点一侧端子上。

(2) 将穿有 5 的端子号的线头，接在停止按钮 SB2 的常开触点一侧端子上。

(3) 将停止按钮的另一侧端子和起动按钮的另一侧端子，先用导线连接后，把穿有 3 号端子号的线头，接到其中任意一个端子上即可。

(4) 信号灯的连接：先将电缆的芯线校出穿好线号，从控制熔断器 FU1 下侧再引出一根线（1 号线）引到接触器 KM 的辅助触点上，首先确定接触器上的一对动合，一对动断作为信号触点使用，将两个触点的一侧用线并联。

动合触点的另一侧端子引出的 9 号线，接到端子排 9 上，动断触点的另一侧引出的 7 号线接到端子排 7 上。控制熔断器 FU2 下侧再引出一根线（2 号线），与端子排上的 2 连接。

在端子排 2 上引出的一根线，通过电缆接到操作室控制屏上的端子排 2 上，把操作室控制屏上两个信号灯的一侧用线并联（平时按这种接法称之跨接）。然后用线与端子排 2 连接好，再与电缆芯线 2 号线连接。

由端子排 7 和 9 引出的（两根）线，分别与电缆芯线中的 7 号线和 9 号线连接，电缆芯线 7 号线和 9 号线的分别接到操作室控制屏端子排 7 号端子和 9

号端子上。从操作室控制屏端子排 7 号端子引出的一根线接到绿色信号灯 HL1 的电阻 R 上。从操作室控制屏端子排 9 号端子引出的一根线接到接到红色信号灯 HL2 的电阻 R 上。到目前这台电动机的接线全部完成。

第五节　接线图不同的表达形式

图 6-7 电路原理展开图也可画成另一种实际接线的形式，这就是平常所说的实际接线图，如图 6-9 所示。这种图用于简单的电路中是明显直观的。能够看清线路的走向，方便接线，虽然具有直观的优点，但对于回路设备较多，构成复杂的线路时会显得图面上都是线条，重复交叉，零乱，容易看花眼也难看懂的。

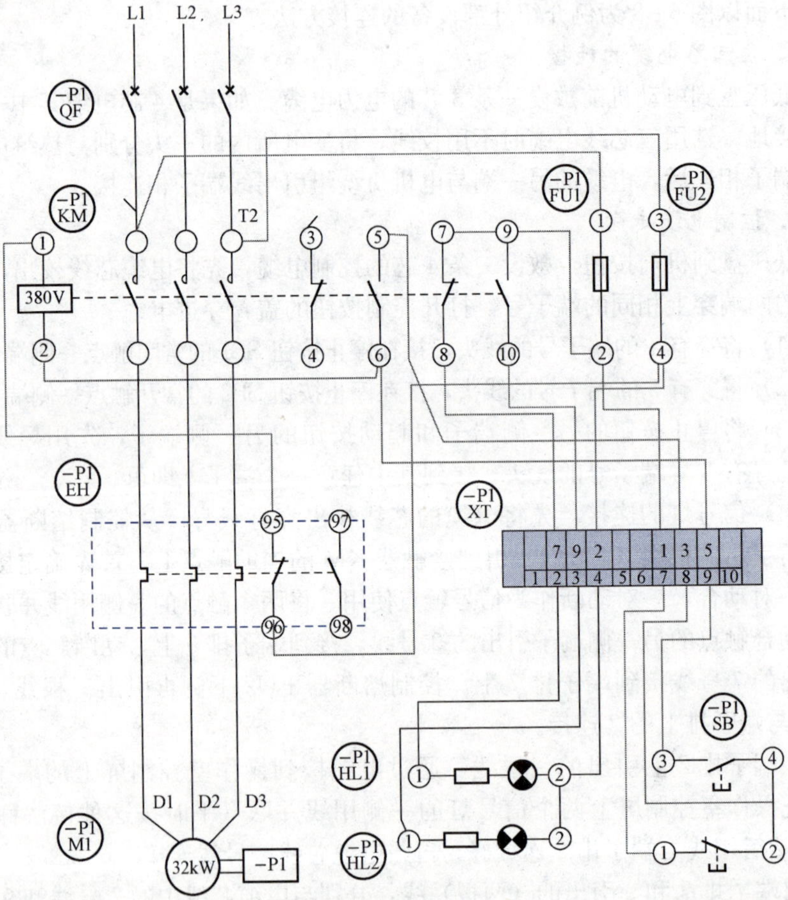

图 6-9　实际接线图

图 6 - 9 可以画成另一种接线图，如图 6 - 10 所示，即采用中断线表示的互连接线图，这种接线图也称配线图，使用相对编号法，不具体画出各电气元件之间的连线而是采用中断线和用文字，数字符号表示导线的来龙去脉。

只要能认识元件名称，触点的性质，排列编号，不用理解其电路工作原理就可进行接线（配线）。

知识链接

相对编号的方法

在 A 的设备上编 B 的号，在 B 的设备上编 A 的号。如图 6 - 10 中，按钮 SB1（停止按钮）常闭触点①边上的-P1：＋A：XT：①-1 不是按钮开关 SB1 的编号，而是另台设备元件的编号，即表示从这台设备上的这个端子引出的线，要接到哪台设备上的哪个触点（线圈）端子上。

-P1：TA：XT：①-1，表示由停止按钮常闭触点的一侧①端子引出的线要与低压配电盘＋A 上的端子排 XT 的第一号端子连接。

看端子排上第一个端子边上的-P1：SB：①-1，表示由端子排①引出的线接到停止按钮 SB1 一侧端子①上（连接）。

从中看出-P1-SB：①-1 和-P1＋A：XT：①-1 是一根线，在线的两端（线头）分别穿上写有 1 的端子号。一端接在端子排（1）上，另一端（头）接在停止按钮端子①上，其他依此类推，直到把线接完。

图 6 - 11 所示为采用回路标号的配线图这也是常用的一种配线图，能够看懂控制原理接线图就能按此图进行接线。图 6 - 11 中的接触器 KM 线圈端子②下斜线所指的数字 5 是电路图中的回路标号。

看图中接触器 KM 线圈端子②下有数字 5，接触器 KM 辅助触点端子⑥下也有数字 5，这是一根导线，表示导线一头接在接触器 KM 线圈端子②上，导线的另一头接到辅助触点端子⑥上。

看接触器 KM 辅助触点端子⑥下数字 5，端子排⑨上有 5，这又是一条导线，表示用一根导线一头接在辅助触点端子⑥上，导线的另一头接到端子排⑨上。其他依此类推，直到把线接完。

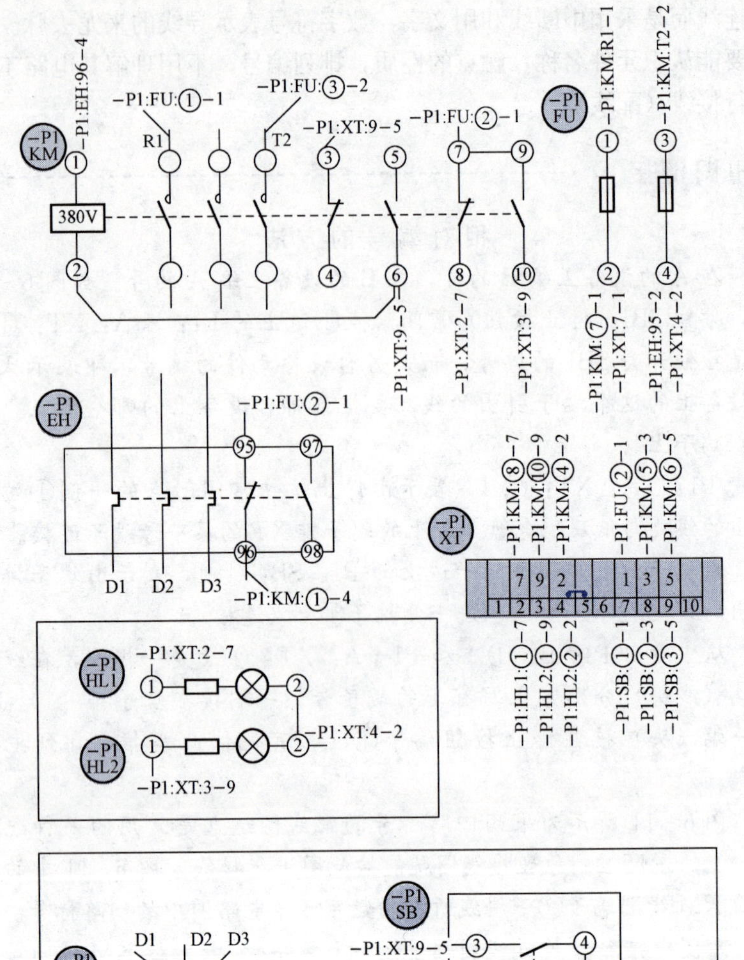

图 6-10　采用中断线表示线路走向的接线图

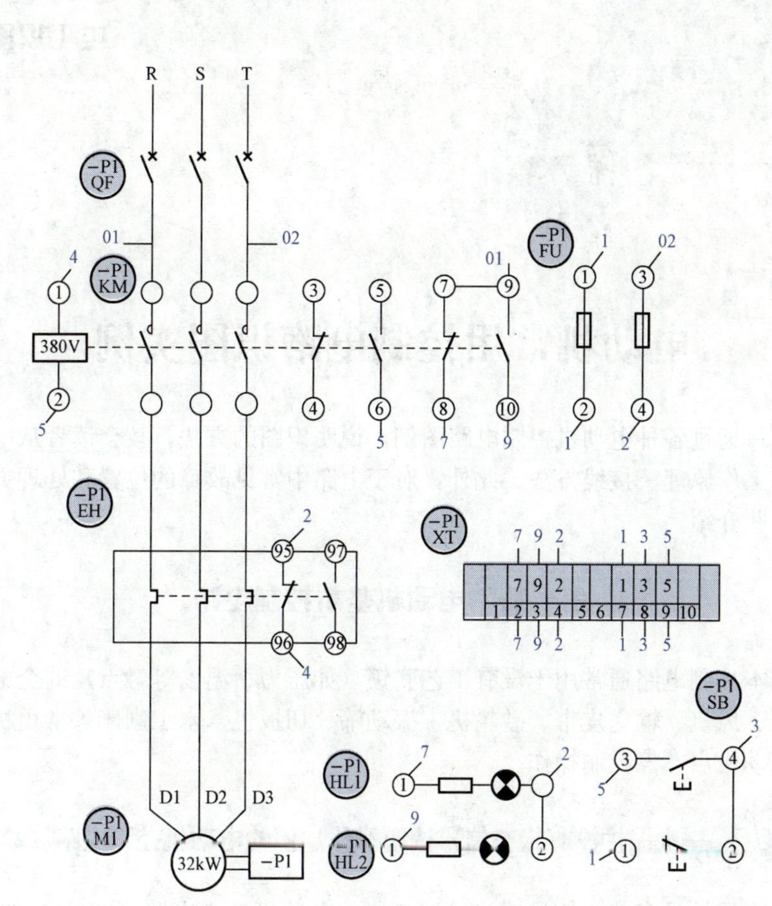

图 6 - 11　采用回路标号的配线图

电动机常用控制电路识图实例

本章通过各种电动机控制电路图例，说明识图的方法，教会读者从电路图中看出工作原理、接线方法。此外，对于电路中常见故障的位置和处理方法也作了一些介绍。

第一节　电动机基本控制电路

基本控制电路通常用于没有工艺联锁（如压力、温度等触点）的全电压起动的泵、风机、输送皮带、砂轮机、振动筛、切扳机、木工刨床等常用机械设备的电动机启、停控制操作。

 一次保护没有状态信号按钮操作启停的电动机控制电路（220V）

一次保护没有状态信号按钮操作启停的电动机控制电路（220V）如图 7-1 所示。由这个电路图画出的实物接线图如图 7-2 所示。它是电动机最基本的控制电路之一。该电路适用于配电盘（箱）安装在机械设备前，并且能够通过盘上的按钮开关启，停电动机操作的场所。

（1）回路送电操作顺序。

1）合上三相隔离开关 QS；

2）合上主回路断路器 QF；

3）合上控制回路熔断器 FU。

（2）起动运转。

按下起动按钮 SB2，电源 L1 相→控制回路熔断器 FU→1 号线→停止按钮 SB1 动断触点→3 号线→起动按钮 SB2 动合触点（按下时闭合）→5 号线→接触器 KM 线圈→4 号线→热继电器 KR 的动断触点→2 号线→电源 N 极。构成

220V 电路。

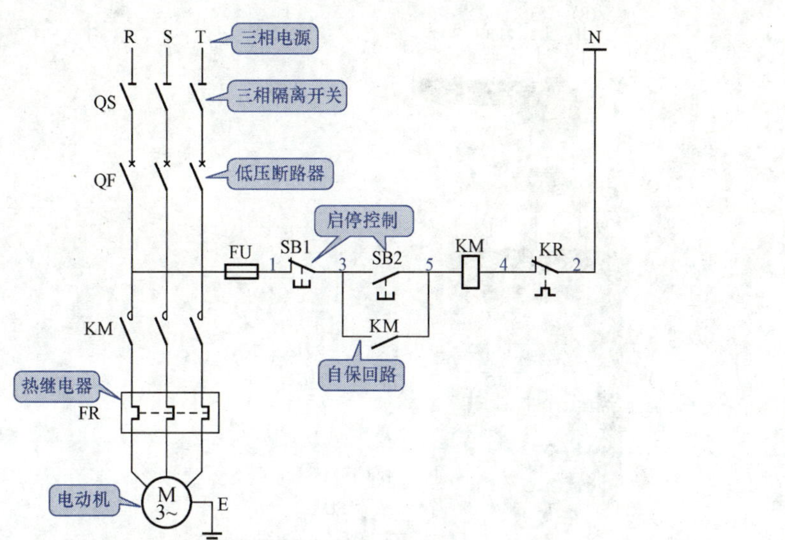

图 7-1 一次保护没有状态信号按钮操作启停的电动机控制电路（220V）

接触器 KM 线圈获得 220V 电压动作，动合触点 KM 闭合自保，维持接触器 KM 的工作状态，接触器 KM 三个主触点同时闭合，电动机 M 绕组获得三相 380V 交流电源，电动机 M 运转，驱动机械设备工作。

（3）接触器 KM 自保电路工作原理。

按下起动按钮 SB2 时，其动合触点闭合，松手 SB2 的动合触点断开，但由于接触器 KM 的动合触点闭合，电源 L1 相→控制回路熔断器 FU→1 号线→停止按钮 SB1 动断触点→3 号线→接触器 KM 闭合的动合触点→5 号线→接触器 KM 线圈→4 号线→热继电器 KR 的动断触点→2 号线→电源 N 极。维持了接触器 KM 的工作状态。

（4）正常停机。

按下停止按钮 SB1，停止按钮 SB1 动断触点断开，切断接触器 KM 线圈电路，接触器 KM 线圈断电，接触器 KM 释放，接触器 KM 三个主触点同时断开，电动机 M 绕组脱离三相 380V 交流电源，停止转动，驱动的机械设备停止运行。

注意：在电路图中，R、S、T 表示电源相序，L1、L2、L3 同样是表示相序，见图 7-3。

（5）过负荷停机。

电动机 M 过负荷，一般是指机械设备运转中发生部件损坏而卡住机械设备不能转动，而使电动机 M 的工作电流超过电动机的额定值，电流超过电动

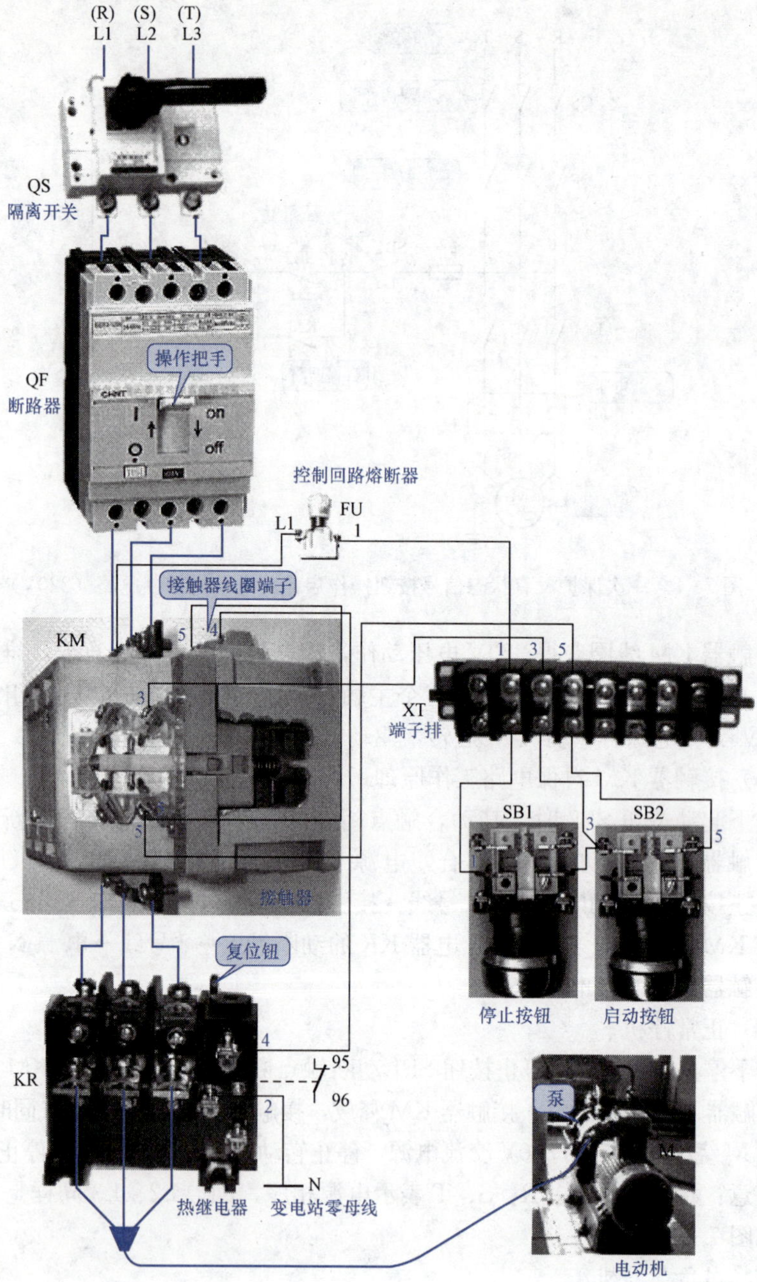

图 7-2 按钮操作无状态信号的电动机控制电路（220V）实物接线图

机额定值的运行状态称之过负荷。

主回路中的热继电器 KR 动作，热继电器 KR 的动断触点断开，切断接触器 KM 线圈电路，接触器 KM 线圈断电，接触器 KM 释放，接触器 KM 的三个主触点同时断开，电动机 M 绕组脱离三相 380V 交流电源，停止转动，所拖动的机械设备停止运行。

2 一次保护有状态信号按钮操作的电动机控制电路（220V）

一次保护有状态信号按钮操作的电动机控制电路（220V）如图 7-3 所示。是机械设备常用的控制电路之一，由图可以看出电路中的设备有三相隔离开关 QS、主电路断路器 QF、交流接触器 KM、热继电器 KR、交流接触器 KM 线圈工作电压为交流 220V。图 7-3 中的 N 表示是从变压器二次（0.4kV）绕组中性点引出的线，也称工作零线或中性线。

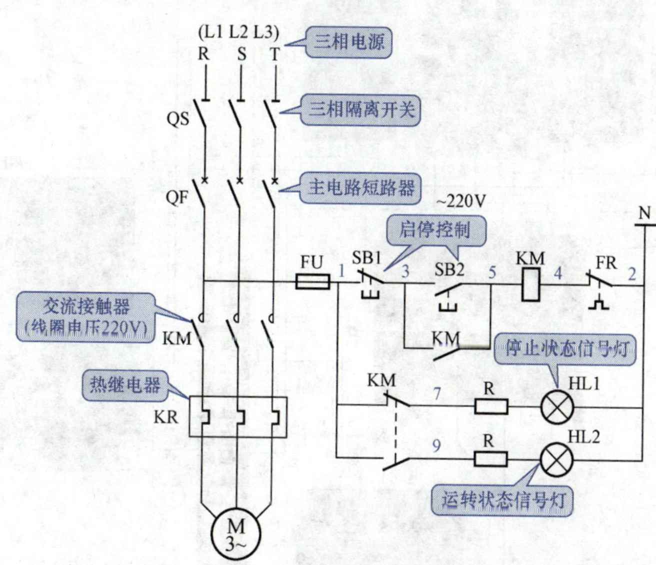

图 7-3 一次保护有状态信号按钮操作的电动机控制电路（220V）

图 7-3 所示电路的直观的电动机回路实物连接图如图 7-4 所示。CJ20—63 接触器外形如图 7-5 所示。按下起动按钮 SB2，电动机 M 运转。按下停止按钮 SB1，电动机停止转动。

（1）回路送电操作顺序。

1）合上三相隔离开关 QS；

2）合上主回路断路器 QF；

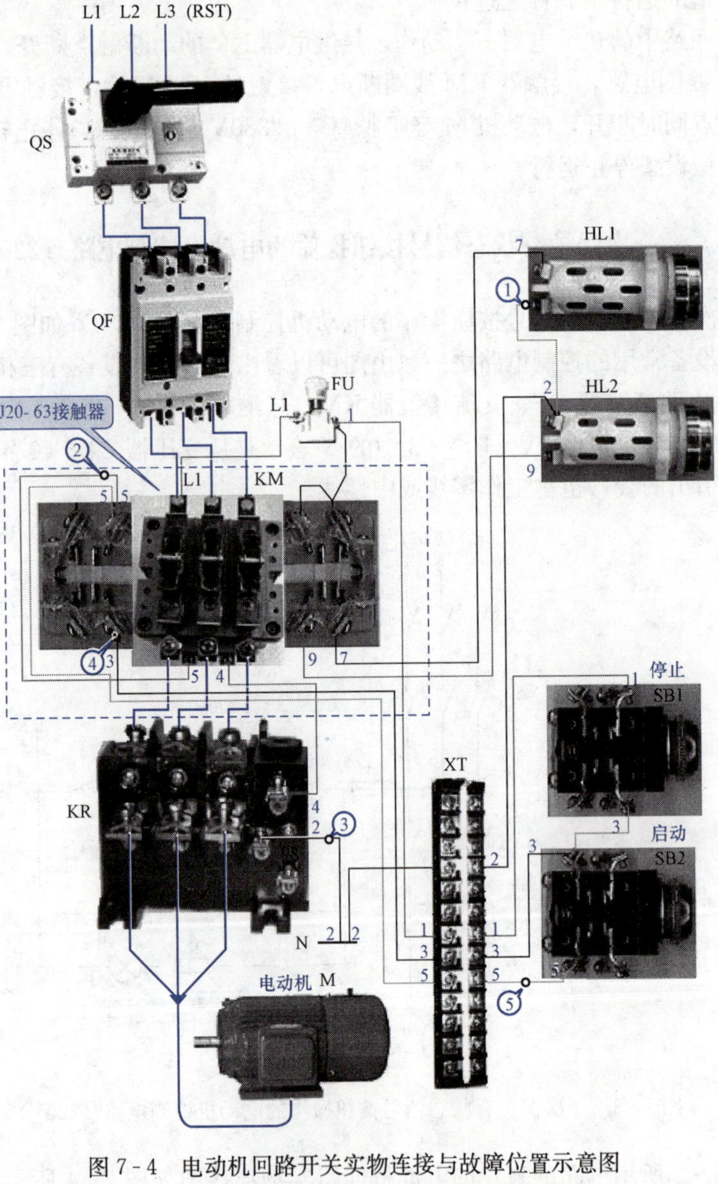

图 7-4　电动机回路开关实物连接与故障位置示意图

QS—三相隔离开关；QF—主回路断路器；FU—控制回路熔断器；KM—接触器；
KR—热继电器；SB1—停止按钮；SB2—起动按钮；XT—端子排；
M—电动机与泵；HL1—红色信号灯；HL2—绿色信号灯

3）合上控制回路熔断器 FU。

（2）起动运转。

说明

（1）隔离开关 QS 在合位；断路器 QF 在合位，控制保险 FU 在合位。按起动 SB2，电动机运转。按停止 SB1，电动机停止。

（2）4 号、5 号线与接触器线圈端子标志 A1、A2 连接。

注：图 7-4 是分解表达的，能够清楚的看到触点的实际状态。但是，本图看不到线圈，只能看到线圈的接线端子 A1、A2。把接触器拆开后就看到了线圈，如图 7-5 所示。

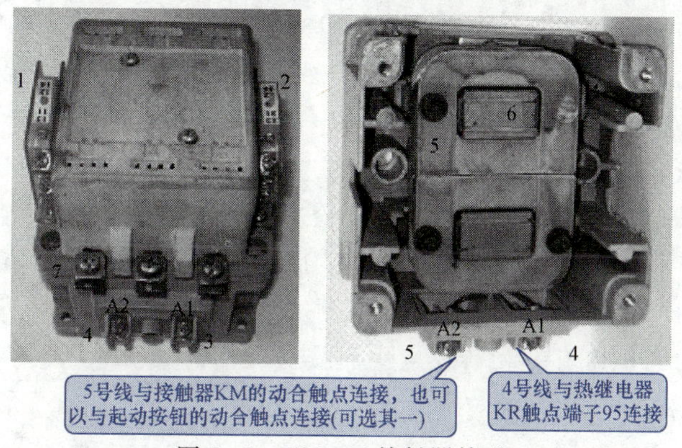

图 7-5　CJ20-63 接触器外形

1、2—接触器辅助触点（为看清触点改变分解的形式，见图 7-2 中的接触器 KM）；3—接触器线圈 A1 端子；4—接触器线圈 A2 端子；5—接触器线圈；6—静铁芯；7—接触器主电路接线端子

按下起动按钮 SB2，电源 L1 相→控制回路熔断器 FU→1 号线→停止按钮 SB1 常闭触点→3 号线→起动按钮 SB2 常开触点（按下时闭合）→5 号线→接触器 KM 线圈→4 号线→热继电器 KR 的动断触点→2 号线→电源 N 极。构成 220V 电路。

接触器 KM 线圈得到交流 220V 的工作电压动作，接触器 KM 动合触点闭合（将起动按钮 SB2 常开触点短接）自保，维持接触器 KM 的工作状态。接触器 KM 三个主触点同时闭合，电动机绕组获得三相 380V 交流电源，电动机 M 起动运转，驱动机械设备工作。

（3）正常停机。

按下停止按钮 SB1 常闭触点断开，切断接触器 KM 线圈电路，接触器 KM 线圈断电，接触器 KM 释放，接触器 KM 的三个主触点同时断开，电动机 M 绕组脱离三相 380V 交流电源，停止转动，驱动的机械设备停止运行。

（4）过负荷停机。

电动机 M 过负荷，一般是指机械设备运转中发生部件损坏而卡住机械设

备不能转动，而使电动机的工作电流超过电动机的额定值，电流超过电动机额定值的运行状态称之过负荷。

主回路中的热继电器 KR 动作，热继电器 KR 的动断触点断开，切断接触器 KM 线圈电路，接触器 KM 线圈断电释放，接触器 KM 的三个主触点同时断开，电动机绕组脱离三相 380V 交流电源，停止转动，拖动的机械设备停止工作。

检修技巧▶

(1) 热继电器 KR 动作后，一般按下列顺序检查处理。

用 500V 的兆欧表在接触器 KM 下侧，分别检测去电动机的三相电缆 R 相→S 相为 0，R 相→T 相间为无穷大，S 相→T 相间为无穷大，说明电缆或电动机绕组 T 相断线，这时，应打开电动机接线盒进行检查，电动机出线接头良好时，用 500V 的兆欧表进行检测，三相为 0 值，说明电动机绕组是好的，否则为电动机绕组中断线。

如果电动机绕组是好的，就要检测三相电缆中有无断线，方法是停电后，将接触器 KM 下侧三相用 1A 的保险丝短接，将电动机 M 接线盒内的电缆拆下来，用兆欧表进行检测两相为 0 值，一相为无穷大，说明电缆内有一相断线（中间接头处断时接上），没有接头的应更换电缆。

(2) 常见故障现象与故障点。

1）合上控制回路熔断器 FU 后，信号灯 HL1 不亮，图 7-4 中①→所指向的位置，信号灯 HL1 端子上的 2 号线头脱落或断线。用验电笔检测信号灯 7 号线有电，看信号灯另一侧端子上的 2 号线头断，用验电笔接触信号灯这一端子有电，说明信号灯是好的。停电把断的 2 号线接上。合上控制回路熔断器 FU，灯亮故障排除。

2）按起动按钮 SB2，接触器不动作，电动机不运转。原因是图 7-4 中②→所指向的位置，接触器 KM 上动合触点上的 5 号线断，图 7-4 中⑤→所指向的位置，起动按钮 SB2 上动合触点上的 5 号线断，或 KM 动合触点上的 5 号线断。检查出故障点，重新接好。

3）按起动按钮 SB2 时，电动机 M 起动运转，松开时电动机停，接触器不能自保的故障。原因是图 7-4 中④→所指向的位置，接触器 KM 动合触点上的 3 号线断，如果没有断线就是动合触点接触不良或接触不是上，查出断线接好，触点损坏，将 3 号和 5 号线改接到备用的动合触点上。

4）合上控制回路熔断器 FU 后，信号灯 HL1 亮，按起动按钮 SB2，接触器不动作，电动机不运转。原因是图 7-4 中③→所指向的位置，热继电器 KR 上的 2 号线断，接触器 KM 线圈少一相电源，接触器 KM 不会动作。

3 一次保护有状态信号按钮操作的电动机控制电路（380V）

一次保护有状态信号按钮操作的电动机控制电路（380V）如图 7-6 所示。与图 7-3 所示的 220V 控制电路相比较，主电路中开关电器相同，但因其控制电路的电源为 380V，电路中增加了一只熔断器。根据图 7-6 电路画出的实物接线图如图 7-7 所示。

（1）电路送电操作顺序：

1）合上主回路隔离开关 QS。

2）合上主回路断路器 QF。

3）合上控制回路熔断器 FU1、FU2，电源 R 相→控制回路熔断器 FU1→1 号线→接触器 KM 的动断触点→7 号线→绿色信号灯 HL1→2 号线→控制回路熔断器 FU2→电源 T 相。绿色信号灯 HL1 得电灯亮，表示电动机停运状态，同时表示电动机处于热备用状态，可随时起动电动机。

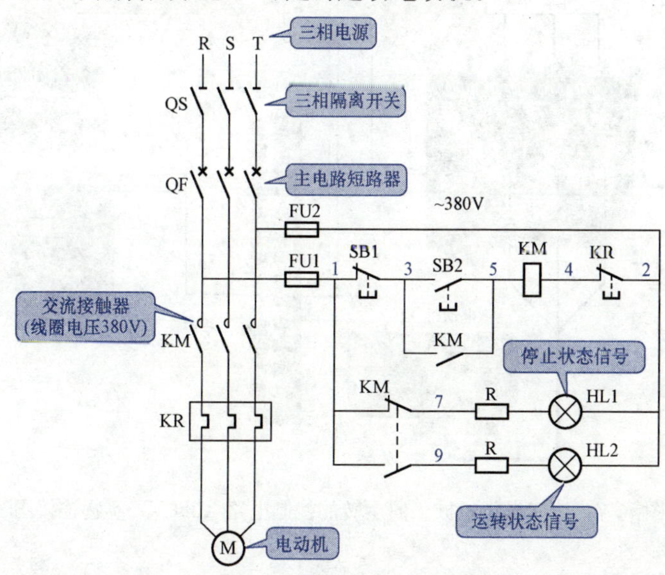

图 7-6 一次保护有状态信号按钮操作的电动机控制电路（380V）

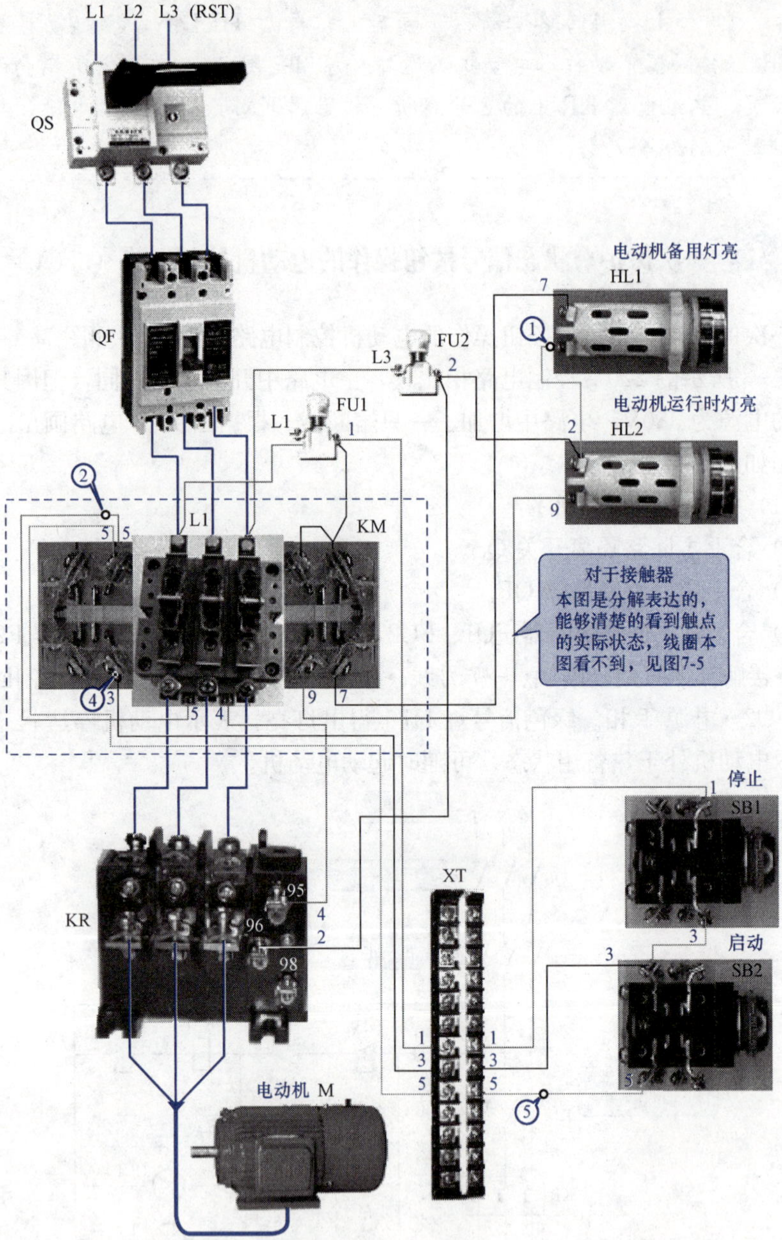

L1 L2 L3 (RST)

QS

QF

电动机备用灯亮

HL1

电动机运行时灯亮

HL2

FU1

FU2

KM

KR

XT

停止

SB1

启动

SB2

电动机 M

对于接触器

本图是分解表达的，能够清楚的看到触点的实际状态，线圈本图看不到，见图7-5

图 7-7　按钮操作机械正向运转的控制电路（380V）实物连接图

说明

(1) 隔离开关 QS 在合位；断路器 QF 在合位，控制保险 FU1、FU2 在合位。按起动 SB2，电动机运转。按停止 SB1，电动机停止。

(2) 4 号、5 号线与接触器线圈端子标志 A1、A2 连接。

(3) 热断电器 KR 的 95、96 是动断触点，95、98 是动合触点。

(2) 起动运转。

按下起动按钮 SB2，电源 R 相→控制回路熔断器 FU1→1 号线→停止按钮 SB1 动断触点→起动按钮 SB2 动合触点（按下时闭合）→5 号线→端子排 5 号线→接触器 KM 线圈→4 号线→热继电器 KR 的动断触点→2 号线→控制回路熔断器 FU2→电源 T 相。

电路接通，接触器 KM 线圈获得 380V 电压动作，动合触点 KM 闭合自保，维持接触器 KM 的工作状态，接触器 KM 三个主触点同时闭合，电动机绕组获三相 380V 交流电源，电动机 M 起动运转，所驱动的机械设备工作。

(3) 接触器 KM 自保电路工作原理。

按下起动按钮 SB2 时，按钮的动合触点闭合，松手动合触点断开，但由于接触器 KM 的动合触点闭合，电源 R 相→控制回路熔断器 FU1→1 号线→停止按钮 SB1 动断触点→3 号线→接触器 KM 闭合的动合触点→5 号线→接触器 KM 线圈→4 号线→热继电器 KR 的动断触点→2 号线→控制回路熔断器 FU2→电源 T 相。维持了接触器 KM 的工作状态。

(4) 正常停机。

按下停止按钮 SB1，停止按钮 SB1 动断触点断开，切断接触器 KM 线圈电路，接触器 KM 线圈断电，接触器 KM 释放，接触器 KM 三个主触点同时断开，电动机 M 绕组脱离三相 380V 交流电源，停止转动，驱动的机械设备停止运行。

接触器 KM 的动断触点复归接通状态。绿色信号灯 HL2 得电灯亮，表示电动机 M 停运，同时表示电动机 M 处于热备用状态。

(5) 过负荷停机。

电动机 M 过负荷，一般是指机械设备运转中发生部件损坏而卡住机械设备不能转动，而使电动机 M 的工作电流超过电动机的额定值，电流超过电动机额定值的运行状态称之过负荷。

主回路中的热继电器 KR 动作，热继电器 KR 的动断触点断开，切断接触器 KM 线圈电路，接触器 KM 线圈断电，接触器 KM 释放，接触器 KM 的三个主触点同时断开，电动机 M 绕组脱离三相 380V 交流电源，停止转动，所拖动的机械设备停止运行。

检修操作技巧

(1) 短路，接地故障。

电动机的负荷电缆发生短路，接地故障时，主电路中的三相断路器 QF 自动跳闸，主触点断开，切断主电路，电动机断电停止转动。兆欧表查明故障处理后，重新合上断路器 QF。

(2) 电动机（机械设备）退出热备用状态的操作。

电动机或机械设备检修时，值班电工接到电动机或机械设备检修工作票后，要做安全措施。一般按下列顺序进行：

1) 确认电动机或机械设备在停位。

2) 检查交流接触器 KM 在断开位置。

3) 拉开三相隔离开关 QS。

4) 取下控制回路熔断器 FU1、FU2。

5) 在三相隔离开关 QS 的操作把手上挂“禁止合闸、有人工作”标示牌。

4 一次保护有点动有信号按钮操作的电动机控制电路（220V）

一次保护有点动有信号按钮操作的电动机控制电路（220V）如图 7-8 所示。

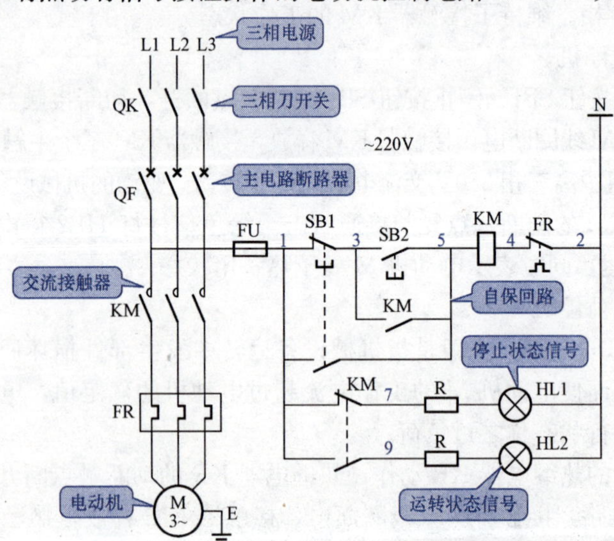

图 7-8　一次保护有点动有信号按钮操作的电动机控制电路（220V）

（1）送电操作。

1）合上三相刀开关 QK；

2）合上断路器 QF；

3）主电路送电后，合上控制回路熔断器 FU。

电源 L1 相→控制回路熔断器 FU→1 号线→接触器 KM 动断触点→7 号线→信号灯 HL1→2 号线→电源 N 极。信号灯 HL1 得电，亮灯表示电动机热备用状态。

（2）起动电动机。

按下起动按钮 SB2，电源 L1 相→控制回路熔断器 FU→1 号线→停止按钮 SB1 动断触点→3 号线→起动按钮 SB2 动合触点（按下时闭合）→5 号线→接触器 KM 线圈→4 号线→继电器 FR 的动断触点→2 号线→电源 N 极。

接触器 KM 线圈得电动作，接触器 KM 动合触点闭合（将起动按钮 SB2 动合触点短接）自保，维持接触器 KM 的工作状态。三个主触点同时闭合，电动机 M 绕组获得三相 380V 交流电源，电动机 M 起动运转，驱动机械设备工作。

接触器 KM 动合触点闭合，电源 L1 相→控制回路熔断器 FU→1 号线→接触器 KM 动合触点→9 号线→信号灯 HL2→2 号线→电源 N 极。信号灯 HL2 得电，灯亮表示机械（电动机）运转状态。

（3）点动操作。

按下停止按钮 SB1，动断触点断开，切断正常起动回路电源。按到停止按钮 SB1 下的动合触点闭合时，电源 L1 相→控制回路熔断器 FU→1 号线→停止按钮 SB1 下的动合触点（按下时接通）→5 号线→接触器 KM 线圈→4 号线→热继电器 FR 的动断触点→2 号线→电源 N 极。接触器 KM 线圈得到交流 220V 的工作电压动作，接触器 KM 三个主触点同时闭合，电动机 M 绕组获得三相 380V 交流电源，电动机起动运转，驱动机械设备工作。

手离开停止按钮 SB1 动合触点断开，接触器 KM 线圈断电释放，接触器 KM 的三个主触点同时断开，电动机 M 绕组脱离三相 380V 交流电源，停止转动，机械设备停止工作。

（4）正常停机。

按下停止按钮 SB1，动断触点 SB1 断开，切断接触器 KM 线圈控制电路，接触器 KM 线圈断电释放，接触器 KM 的三个主触点同时断开，电动机 M 绕组脱离三相 380V 交流电源，停止转动，机械设备停止工作。

（5）过负荷停机。

电动机过负荷时，负荷电流达到热继电器 FR 的整定值时，主电路中的热继电器 FR 动作，动断触点 FR 断开，切断接触器 KM 线圈电路，接触器 KM 线圈断电释放，接触器 KM 的 3 个主触点同时断开，电动机绕组脱离三相

380V 交流电源停止转动，机械设备停止工作。

5 一次保护有点动有信号按钮操作的电动机控制电路（380V）

一次保护有点动有信号按钮操作的电动机控制电路（380V）如图 7-9 所示。

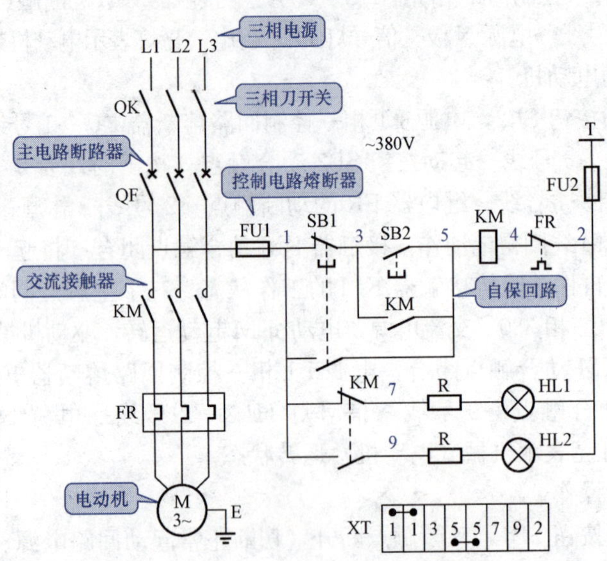

图 7-9　有信号灯可点动按钮操作的电动机控制电路（380V）

（1）送电操作。

1）合上三相刀开关 QK；

2）合上断路器 QF；

3）主电路送电后，合上控制回路熔断器 FU1、FU2。

电源 L1 相→控制回路熔断器 FU1→1 号线→接触器 KM 动断触点→7 号线→信号灯 HL1→2 号线→控制回路熔断器 FU2→电源 L3 相。信号灯 HL1 得电，亮灯表示电动机热备用状态。

（2）起动电动机。

按下起动按钮 SB2，电源 L1 相→控制回路熔断器 FU1→1 号线→停止按钮 SB1 动断触点→3 号线→起动按钮 SB2 动合触点（按下时闭合）→5 号线→接触器 KM 线圈→4 号线→热继电器 FR 的动断触点→2 号线→控制回路熔断器 FU2→电源 L3 相。

接触器 KM 线圈得电动作，接触器 KM 动合触点闭合（将起动按钮 SB2 动合触点短接）自保，维持接触器 KM 的工作状态。接触器 KM 的三个主触点同时闭合，电动机 M 绕组获得三相 380V 交流电源，电动机 M 起动运转，驱动机械设备工作。

电源 L1 相→控制回路熔断器 FU1→1 号线→闭合的接触器 KM 动合触点→9 号线→信号灯 HL1→2 号线→控制回路熔断器 FU2→电源 L3 相。信号灯 HL1 得电，亮灯表示电动机热备用状态。

（3）点动操作（间断运转）。

按下停止按钮 SB1，动断触点断开，切断正常起动回路电源。按到停止按钮 SB1 下的动合触点闭合时，电源 L1 相→控制回路熔断器 FU1→1 号线→停止按钮 SB1 下的动合触点（按下时接通）→5 号线→接触器 KM 线圈→4 号线→热继电器 KR 的动断触点→2 号线→控制回路熔断器 FU2→电源 L3 相。构成 380V 回路，接触器 KM 线圈得到交流 380V 的工作电压动作，接触器 KM 三个主触点同时闭合，电动机 M 绕组获得三相 380V 交流电源，电动机 M 起动运转，驱动机械设备工作。

手离开停止按钮 SB1 动合触点断开，因为没有自保回路，接触器 KM 线圈断电释放，接触器 KM 的三个主触点同时断开，电动机 M 绕组脱离三相 380V 交流电源，停止转动，机械设备停止工作。

（4）正常停机。

按下停止按钮 SB1，动断触点 SB1 断开，切断接触器 KM 线圈控制电路，接触器 KM 线圈断电释放，接触器 KM 的三个主触点同时断开，电动机 M 绕组脱离三相 380V 交流电源，停止转动，机械设备停止工作。

（5）过负荷停机。

电动机过负荷时，负荷电流达到热继电器 KR 的整定值时，主电路中的热继电器 FR 动作，动断触点 KR 断开，切断接触器 KM 线圈电路，接触器 KM 线圈断电释放，接触器 KM 的 3 个主触点同时断开，电动机绕组脱离三相 380V 交流电源停止转动，机械设备停止工作。

知识链接

热继电器 KR 动作的复位

热继电器 KR 动作后，用表检查电动机线路没有问题，机械维修人员检查发现属于机械器件故障，处理后可以运行，电工按下热继电器 FR 的复位钮。热继电器 KR 复位，其动断触点 KR 复位接通，控制电路接通，这时通知操作人员可以起动机械设备。

一次保护有状态信号单电流表按钮操作的电动机控制电路（380V）

一次保护有状态信号单电流表按钮操作的电动机控制电路（380V）如图 7-10 所示，实物连接图如图 7-11 所示。

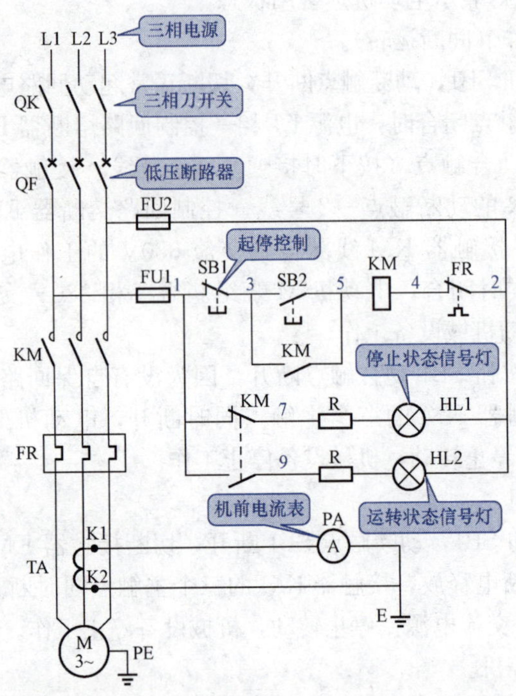

图 7-10　一次保护有状态信号单电流表按钮操作的电动机控制电路（380V）

（1）回路送电操作顺序。

1）合上三相刀开关 QK；

2）合上断路器 QF；

3）合上控制回路熔断器 FU1、FU2。

电源 L1 相→控制回路熔断器 FU1→1 号线→接触器 KM 动断触点→7 号线→信号灯 HL1→2 号线→控制回路熔断器 FU2→电源 L3 相，信号灯 HL1 得电，亮灯表示电动机热备用状态。

（2）起动电动机。

按下起动按钮 SB2，电源 L1 相→控制回路熔断器 FU1→1 号线→停止按钮 SB1 动断触点→3 号线→起动按钮 SB2 动合触点（按下时闭合）→5 号线→接触器 KM 线圈→4 号线→继电器 KR 的动断触点→2 号线→控制回路熔断器 FU2→电源 L3

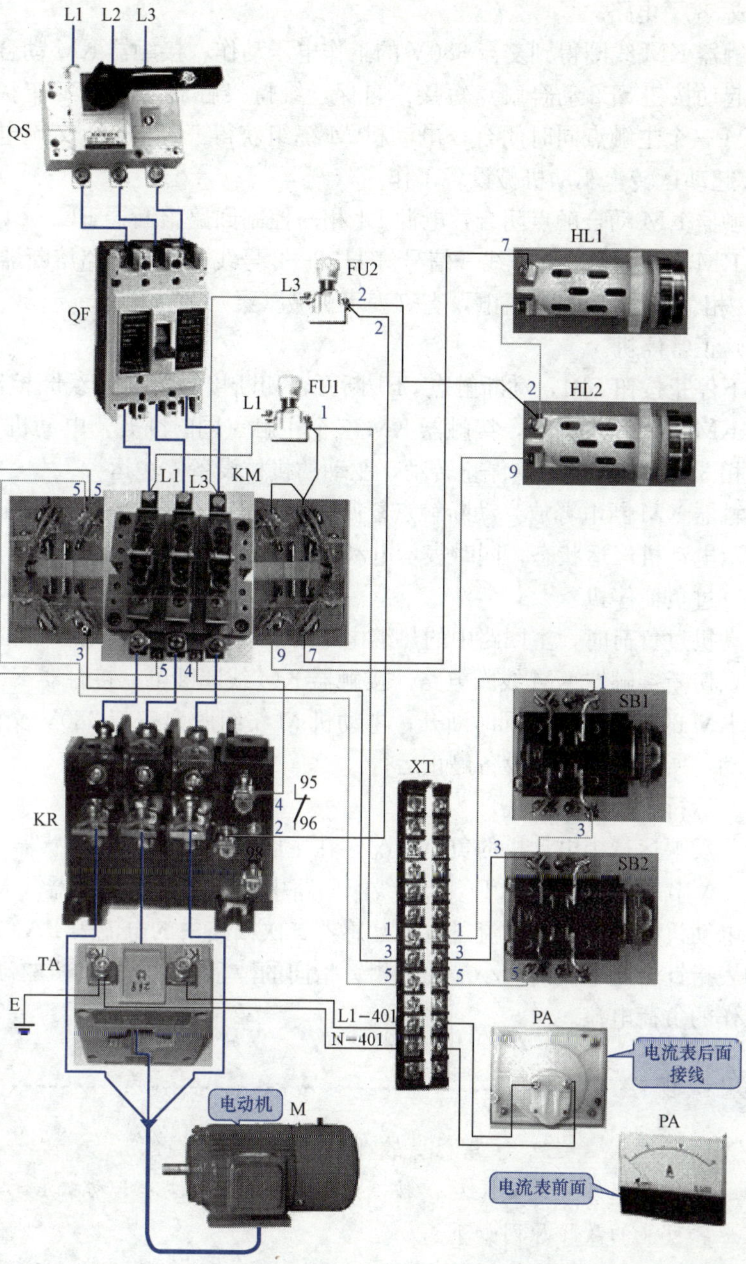

图 7-11　一次保护有状态信号单电流表按钮操作的
电动机控制电路（380V）实物连接图

相，构成380V电路。

接触器KM线圈得到交流380V的工作电压动作，接触器KM动合触点闭合（将起动按钮SB2动合触点短接）自保，维持接触器KM的工作状态。接触器KM三个主触点同时闭合，电动机M绕组获得三相380V交流电源，电动机M起动运转，驱动机械设备工作。

接触器KM动合触点闭合，电源L1相→控制回路熔断器FU1→1号线→接触器KM动合触点→9号线→信号灯HL2→2号线→控制回路熔断器FU2→电源L3相。信号灯HL2得电，亮灯表示机械（泵）运转状态。

(3) 正常停机。

按下停止按钮SB1，动断触点SB1断开，切断接触器KM线圈控制电路，接触器KM线圈断电释放，接触器KM三个主触点同时断开，电动机M绕组脱离三相380V交流电源，停止转动，驱动的机械设备停止运行。

接触器KM断电释放，动断触点复归接通状态。绿色信号灯HL1得电灯亮，表示电动机停运状态，同时表示电动机处于热备用状态。

(4) 过负荷停机。

电动机过负荷时，主回路中的热继电器FR动作，热继电器FR的动断触点断开，切断接触器KM线圈电路，接触器KM线圈断电，接触器KM释放，接触器KM的三个主触点同时断开，电动机M绕组脱离三相380V交流电源，停止转动，所拖动的机械设备停止运行。

(5) 运行中负荷的监视。

为了反映运行中电动机的负荷情况，在主电路中安装电流互感器TA，将电流表PA串入电流互感器TA二次线圈回路中，通过电流互感器TA的感应作用，电动机的工作电流，流过电流互感器二次回路中的电流表PA线圈，电流表的表指针会随电流的大小摆动，指针指向的数字，就是电动机驱动的机械设备工作的负荷电流。

知识链接

常见故障现象

(1) 合上刀开关QK后，按下起动按钮SB2时，电动机M没有反应。可能的故障原因如下。

1) 刀开关QK的L1相过热，接触不良。现象停止状态信号灯HL1不亮。

2）接触器KM线圈一侧4号线断线。

3）控制回路熔断器FU1熔断。

4）控制回路熔断器FU1下面的端子上的1号线线断。

5）热继电器KR的动断触点至L3相电源的2号线断线。

(2) 合上刀闸开关QK后，按下起动按钮SB2时，电动机M起动运转，手离开起动按钮SB2电动机M就停下来。可能的故障原因如下。

1）热继电器FR发热元件严重的老化。

2）接触器KM的动合触点与起动按钮SB2动合触点并联的线，其中一个线头脱落或断线。

(3) 合上刀闸开关QK后，停止信号灯不亮，按下起动按钮SB2时，电动机M起动运转，运转信号灯不亮。可能的故障原因如下。

1）接触器KM动断触点上的1号线断或动断触点接触不良，停止信号灯不亮。

2）接触器KM动合触点上的7号线断或动合触点接触不良；停止信号灯不亮。

3）停止信号灯不亮，运转信号灯均不亮，2号线断线。

7 一次保护无状态信号单电流表按钮操作的电动机控制电路(380V)

一次保护无状态信号单电流表按钮操作的电动机控制电路（380V）如图7-12所示，实物连接图如图7-13所示。

(1) 回路送电操作顺序。

1）合上三相刀开关QK；

2）合上断路器QF；

3）合上控制回路熔断器FU1、FU2。

(2) 起动电动机。

按下起动按钮SB2，电源L1相→控制回路熔断器FU1→1号线→停止按钮SB1动断触点→3号线→起动按钮SB2动合触点（按下时闭合）→5号线→接触器KM线圈→4号线→继电器KR的动断触点→2号线→控制回路熔断器FU2→电源L3相，构成380V电路。

接触器KM线圈得到交流380V的工作电压动作，接触器KM动合触点闭合（将起动按钮SB2动合触点短接）自保，维持接触器KM的工作状态。接触器KM三个主触点同时闭合，电动机M绕组获得三相380V交流电源，电动机M起动运转，驱动机械设备工作。

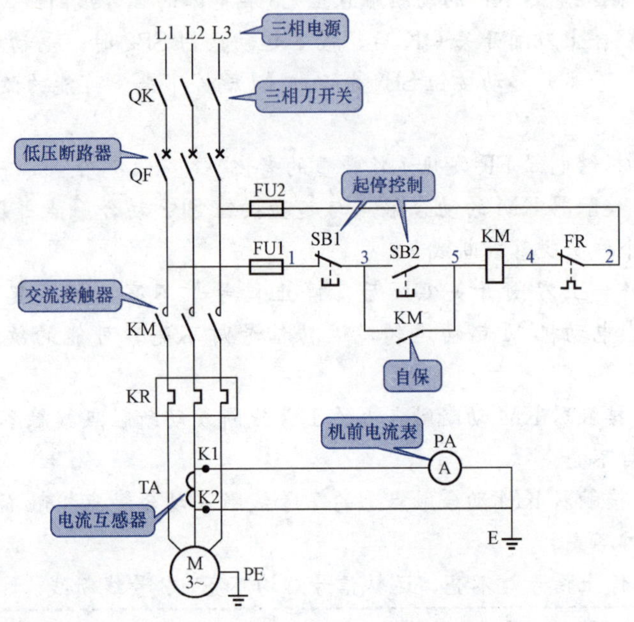

图7-12　一次保护无状态信号单电流表按钮操作的电动机控制电路（380V）

（3）正常停机。

按下停止按钮SB1，动断触点SB1断开，切断接触器KM线圈控制电路，接触器KM线圈断电释放，接触器KM三个主触点同时断开，电动机M绕组脱离三相380V交流电源，停止转动，驱动的机械设备停止运行。

过负荷停机和运行中的负荷监视与前述示例相同，不再赘述。

一次保护无状态信号单电流表按钮操作的电动机控制电路(220V)

一次保护无状态信号单电流表按钮操作的电动机控制电路（220V）如图7-14所示，实物连接如图7-15所示。

（1）回路送电操作顺序。

1）合上三相刀开关QK；

2）合上断路器QF；

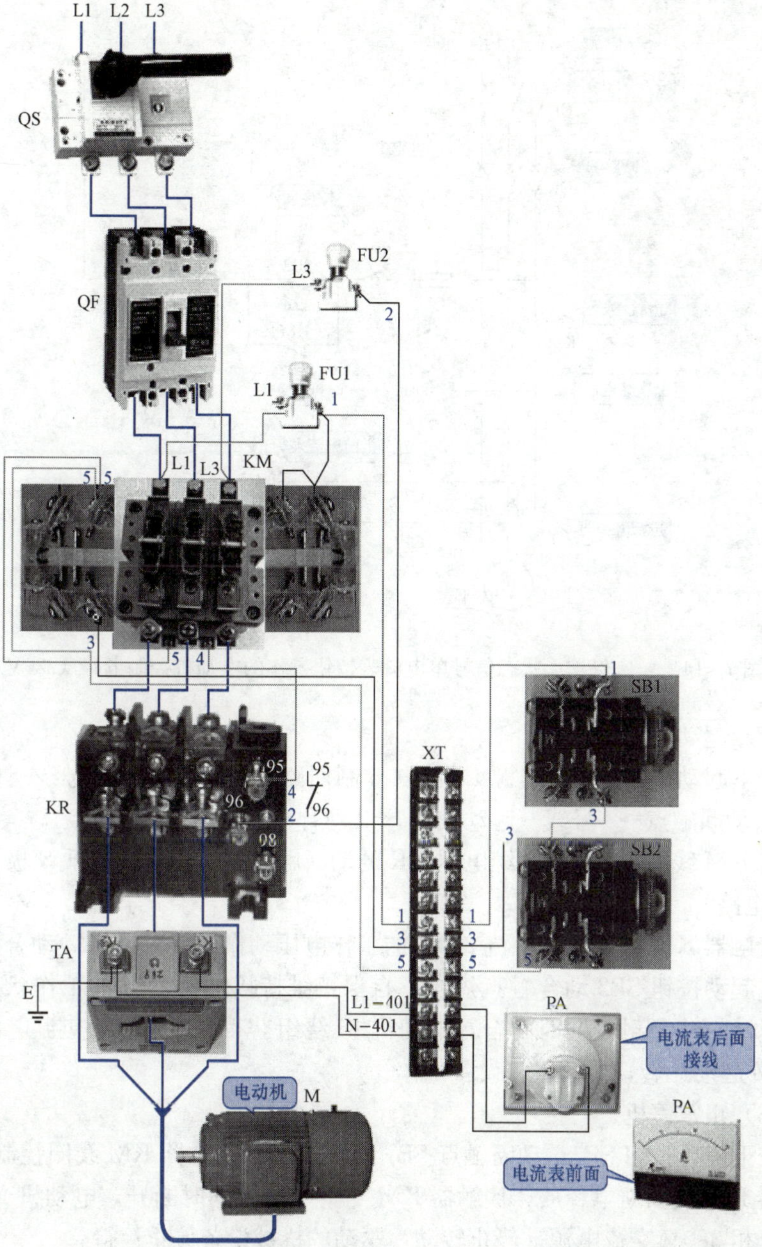

图 7-13　一次保护无状态信号单电流表按钮操作的电动机 380V 控制电路连接图

3）合上控制回路熔断器 FU。

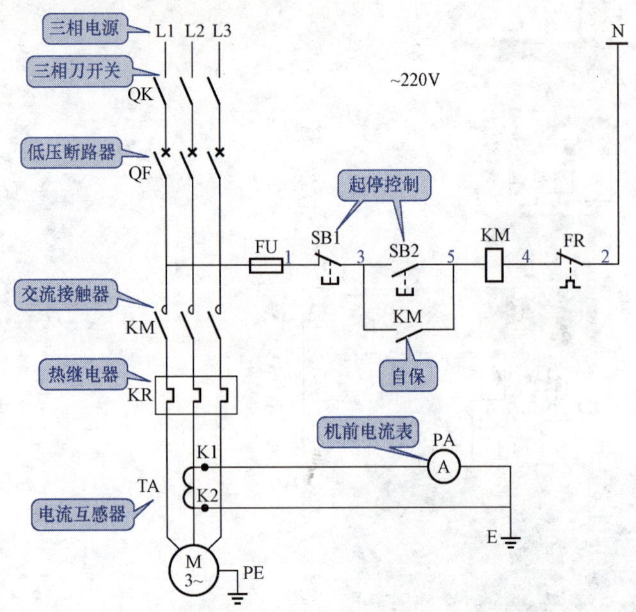

图 7 - 14　一次保护无状态信号单电流表按钮操作的电动机控制电路（220V）

（2）起动电动机。

按下起动按钮 SB2，电源 L1 相→控制回路熔断器 FU1→1 号线→停止按钮 SB1 动断触点→3 号线→起动按钮 SB2 动合触点（按下时闭合）→5 号线→接触器 KM 线圈→4 号线→继电器 KR 的动断触点→2 号线→电源 N 极，构成 220V 电路。

接触器 KM 线圈得到交流 220V 的工作电压动作，接触器 KM 动合触点闭合（将起动按钮 SB2 动合触点短接）自保，维持接触器 KM 的工作状态。接触器 KM 三个主触点同时闭合，电动机 M 绕组获得三相 380V 交流电源，电动机 M 起动运转，驱动机械设备工作。

（3）正常停机。

按下停止按钮 SB1，动断触点 SB1 断开，切断接触器 KM 线圈控制电路，接触器 KM 线圈断电释放，接触器 KM 三个主触点同时断开，电动机 M 绕组脱离三相 380V 交流电源，停止转动，驱动的机械设备停止运行。

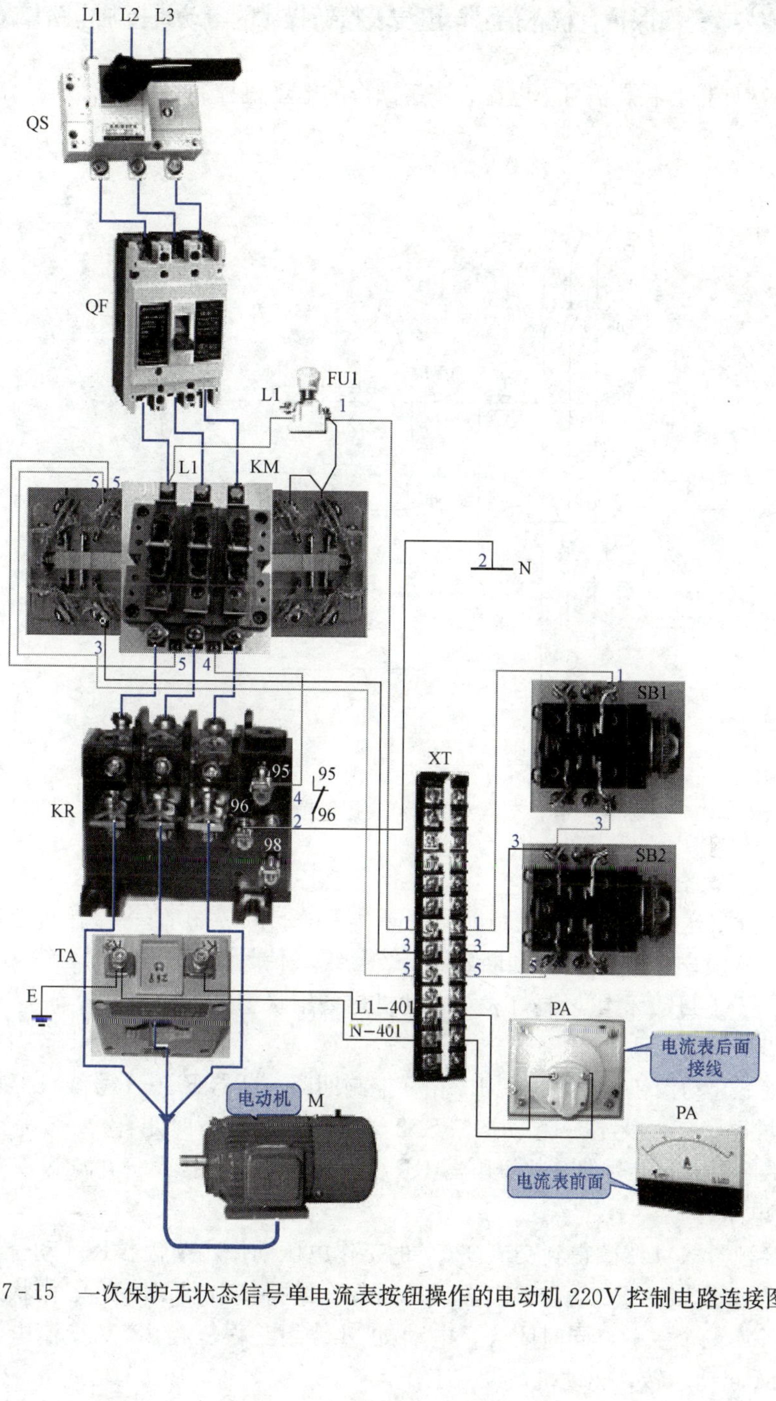

图 7-15　一次保护无状态信号单电流表按钮操作的电动机 220V 控制电路连接图

9 一次保护有状态信号单电流表按钮操作的电动机控制电路(220V)

一次保护有状态信号单电流表按钮操作的电动机控制电路（220V）如图7-16所示。

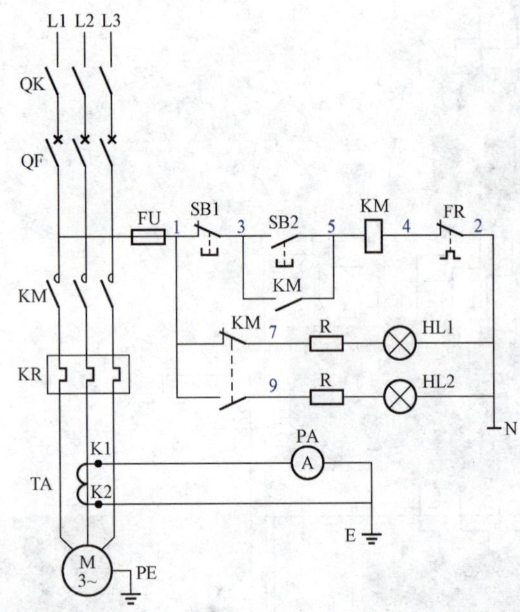

图7-16　一次保护有状态信号单电流表按钮操作的电动机控制电路（220V）

（1）回路送电。

主电路送电后，合上控制回路熔断器FU。电源L1相→控制回路熔断器FU→1号线→接触器KM动断触点→7号线→信号灯HL1→2号线→电源N极。信号灯HL1得电，亮灯表示电动机热备用状态。

（2）起动电动机。

按下起动按钮SB2，电源L1相→控制回路熔断器FU→1号线→停止按钮SB1动断触点→3号线→起动按钮SB2动合触点（按下时闭合）→5号线→接触器KM线圈→4号线→热继电器KR的动断触点→2号线→电源N极。构成220V电路。

接触器KM线圈得到交流220V的工作电压动作，接触器KM动合触点闭合（将起动按钮SB2动合触点短接）自保，维持接触器KM的工作状态。接触器KM三个主触点同时闭合，电动机M绕组获得三相380V交流电源，电动机M起动运转，驱动机械设备工作。

接触器 KM 动合触点闭合，电源 L1 相→控制回路熔断器 FU→1 号线→接触器 KM 动合触点→9 号线→信号灯 HL2→2 号线→电源 N 极。信号灯 HL2 得电，亮灯表示机械（泵）运转状态。

（3）正常停机。

按下停止按钮 SB1，动断触点 SB1 断开，切断接触器 KM 线圈电路，接触器 KM 线圈断电，接触器 KM 释放，其三个主触点同时断开，电动机 M 绕组脱离三相 380V 交流电源，停止转动，驱动的机械设备停止运行。

接触器 KM 断电释放，动断触点复归接通状态。绿色信号灯 HL1 得电灯亮，表示电动机停运，同时表示电动机（机械设备）处于热备用状态。

（4）过负荷停机。

电动机过负荷时，负荷电流达到热继电器 KR 的整定值时，主电路中的热继电器 KR 动作，动断触点 FR 断开，切断接触器 KM 控制电路，KM 线圈断电释放，三个主触点同时断开，电动机 M 绕组脱离三相交流电源停止转动，机械设备停止工作。

知识链接

电动机运行中电流表没有电流指示时，可能的故障原因。

电动机运行中电流表没有电流指示，可能的故障原因有以下两个。

（1）电流互感器二次回路断线。

（2）电流表 PA 表针卡住或电流表 PA 线圈烧毁。

10 二次保护双电流表按钮操作的电动机控制电路（220V）

为在两个位置监视电动机的运行负荷电流，这一回路装有两只电流表，二次保护双电流表按钮操作的电动机 220V 控制电路如图 7-17 所示。

（1）送电。

主电路送电后，合上控制回路熔断器 FU。

电源 L1 相→控制回路熔断器 FU→1 号线→接触器 KM 动断触点→7 号线→信号灯 HL1→2 号线→电源 N 极。信号灯 HL1 得电，亮灯表示电动机热备用状态。

（2）电动机的起动。

按下起动按钮 SB2，电源 L1 相→控制回路熔断器 FU1→1 号线→停止按钮 SB1 动断触点→3 号线→起动按钮 SB2 动合触点（按下时闭合）→5 号线→

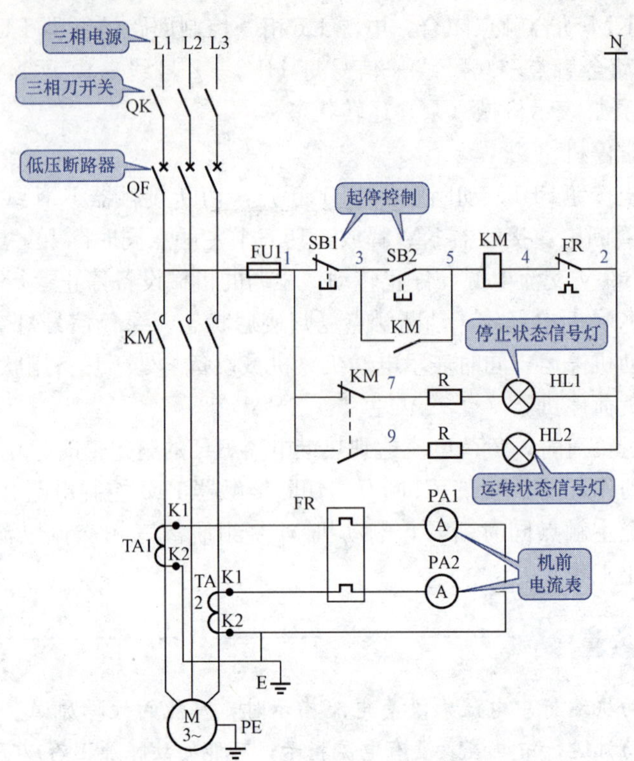

图 7 - 17　二次保护双电流表按钮操作的电动机控制电路（220V）

接触器 KM 线圈→4 号线→热继电器 FR 的动断触点→2 号线→电源 N 极。

接触器 KM 线圈得到 220V 的交流电压而动作，接触器 KM 动合触点闭合（将起动按钮 SB2 动合触点短接）自保，维持接触器 KM 的工作状态。

接触器 KM 三个主触点同时闭合，电动机 M 绕组获得按 L1、L2、L3 相序排列的三相 380V 交流电源，电动机起动运转，所驱动的机械设备运行。

接触器 KM 动合触点闭合，电源 L1 相→控制回路熔断器 FU1→1 号线→闭合的接触器 KM 动合触点→9 号线→红色信号灯 HL2 得电灯亮，表示电动机 M 运行状态。

（3）正常停机。

按下停止按钮 SB1，动断触点 SB1 断开，切断接触器 KM 线圈电路，接触器 KM 线圈断电释放，三个主触点同时断开，电动机绕组脱离三相 380V 交流电源停止转动，驱动的机械设备停止运行。

接触器 KM 断电释放，动断触点复归接通状态，绿色信号灯 HL1 得电灯亮，表示电动机 M 停运，同时表示电动机 M 处于热备用状态。

（4）过负荷停机。

电动机过负荷时，电流互感器二次回路中的热继电器 FR 动作，热继电器 FR 的动断触点断开，切断接触器 KM 线圈控制电路，接触器 KM 断电释放，三个主触点同时断开，电动机绕组脱离三相 380V 交流电源，停止转动，所拖动的机械设备停止运行。

（5）运行中负荷的监视。

为了反映运行中电动机的负荷情况，在主电路中安装电流互感器 TA1、TA2，安装位置如图 3-47 所示。将电流表 PA 串入电流互感器二次线圈回路中，通过电流互感器的感应作用，电动机的工作电流，流过电流互感器二次回路中的电流表 PA 线圈，电流表的表指针会随电流的大小摆动，指针指向的数字，就是电动机驱动的机械设备工作的负荷电流。

知识链接

常见故障现象

（1）合上刀闸开关 QK 后，按下起动按钮 SB2 时，电动机 M 没有反应。可能的故障原因如下。

1）控制回路熔断器 FU1 熔断；

2）控制回路熔断器 FU1 下面的端子上的（1 号线）线头断了；

3）接触器 KM 线圈上的 4 号线断线。

（2）合上控制回路熔断器 FU1 后，停止信号灯不亮，按下起动按钮 SB2 时，电动机 M 起动运转，运转信号灯不亮。可能的故障原因如下。

1）停止信号灯不亮，接触器 KM 动断触点上的 1 号线断或动断触点接触不良。

2）运行信号灯不亮，接触器 KM 动合触点 7 号线断或动合触点接触不良。

3）停止信号灯不亮，运转信号灯均不亮，信号灯 2 号线断线。

（3）按下起动按钮 SB2 时，电动机 M 起动运转，手离开起动按钮 SB2 电动机 M 就停下来可能的故障原因如下。

1）热继电器 KR 发热元件严重的老化。

2）接触器 KM 动合触点与起动按钮 SB2 动合触点并联的线，3 号线的线头脱落或断线。

11 二次保护有状态信号双电流表按钮操作的电动机控制电路(380V)

二次保护有状态信号双电流表按钮操作的电动机控制电路（380V）如图7-18所示。

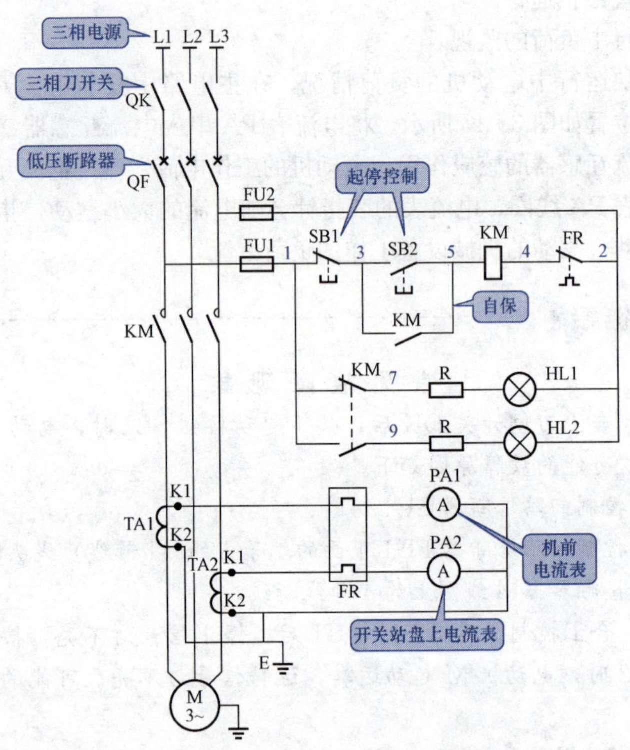

图7-18 二次保护有状态信号双电流表按钮操作的电动机控制电路（380V）

（1）回路送电。

回路送电后，电源L1相→控制回路熔断器FU1→1号线→接触器KM动断触点→7号线→信号灯HL1→2号线→控制回路熔断器FU2→电源L3相。信号灯HL1得电，亮灯表示电动机热备用状态。

（2）起动运转。

按下起动按钮SB2，电源L1相→控制回路熔断器FU1→1号线→停止按钮SB1动断触点→3号线→起动按钮SB2动合触点（按下时闭合）→5号线→接触器KM线圈→4号线→热继电器KR的动断触点→2号线→控制回路熔断器FU2→电源L3相。

接触器KM线圈得到380V的交流电压而动作，接触器KM动合触点闭合

（将起动按钮 SB2 动合触点短接）自保，维持接触器 KM 的工作状态。接触器 KM 三个主触点同时闭合，电动机 M 绕组获得按 L1、L2、L3 相序排列的三相 380V 交流电源，电动机 M 起动运转，所驱动的机械设备运行。

接触器 KM 动合触点闭合→9 号线→红色信号灯 HL2 得电灯亮，表示电动机 M 运行状态。

按下停止按钮 SB1，动断触点 SB1 断开，切断接触器 KM 线圈控制电路，接触器 KM 线圈断电释放，三个主触点同时断开，电动机 M 绕组脱离三相 380V 交流电源停止转动，驱动的机械设备停止运行。

接触器 KM 的动断触点复归接通状态。绿色信号灯 HL1 得电灯亮，表示电动机 M 停运，同时表示电动机 M 处于热备用状态。

12 二次保护有三只电流表的电动机控制电路（220V）

二次保护有三只电流表的电动机控制电路（220V）如图 7-19 所示。

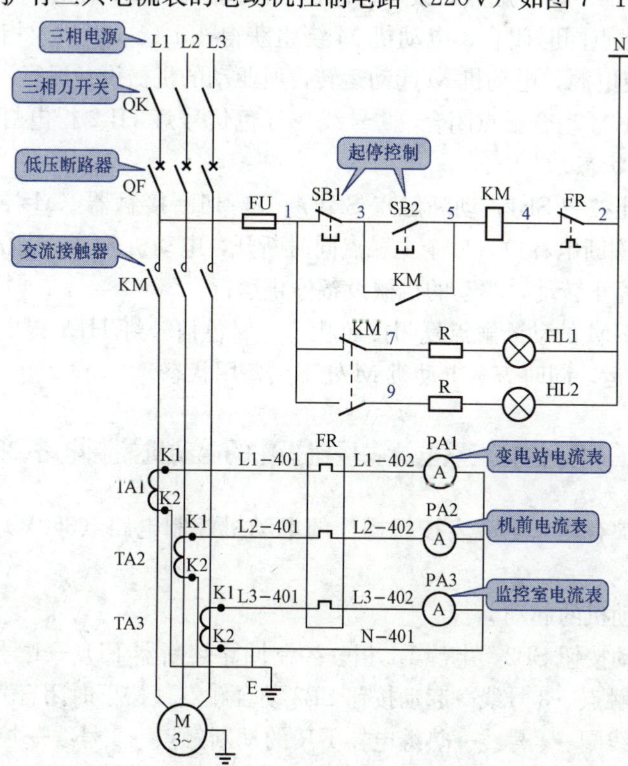

图 7-19　二次保护有三只电流表的电动机控制电路（220V）

(1) 回路送电操作顺序。

1) 合上三相刀开关 QK;

2) 合上断路器 QF;

3) 合上控制回路熔断器 FU。

电源 L1 相→控制回路熔断器 FU→1 号线→接触器 KM 动断触点→7 号线→信号灯 HL1→2 号线→电源 N 极。信号灯 HL1 得电,亮灯表示电动机热备用状态。

(2) 起动与停止。

按下起动按钮 SB2,电源 L1 相→控制回路熔断器 FU1→1 号线→停止按钮 SB1 动断触点→3 号线→起动按钮 SB2 动合触点(按下时闭合)→5 号线→接触器 KM 线圈→4 号线→热继电器 FR 的动断触点→2 号线→电源 N 极。

接触器 KM 线圈得到 220V 的交流电压而动作,接触器 KM 动合触点闭合(将起动按钮 SB2 动合触点短接)自保,维持接触器 KM 的工作状态。接触器 KM 三个主触点同时闭合,电动机 M 绕组获得按 L1、L2、L3 相序排列的三相 380V 交流电源,电动机 M 起动运转,所驱动的机械设备运行。

接触器 KM 动合触点闭合→9 号线→红色信号灯 HL2 得电灯亮,表示电动机 M 运行状态。

按下停止按钮 SB1,动断触点 SB1 断开,切断接触器 KM 控制电路,接触器 KM 线圈断电释放,三个主触点同时断开,电动机 M 绕组脱离三相 380V 交流电源,停止转动,驱动的机械设备停止运行。

接触器 KM 的动断触点复归接通状态。绿色信号灯 HL1 得电灯亮,表示电动机 M 停运,同时表示电动机 M 处于热备用状态。

13 二次保护有三只电流表按钮操作的电动机控制电路(380V)

二次保护有三只电流表按钮操作的电动机控制电路(380V)如图 7－20 所示。

(1) 电动机的起动。

按下起动按钮 SB2,电源 L1 相→控制回路熔断器 FU1→1 号线→停止按钮 SB1 动断触点→3 号线→起动按钮 SB2 动合触点(按下时闭合)→5 号线→接触器 KM 线圈→4 号线→热继电器 KR 的动断触点→2 号线→控制回路熔断器 FU2→电源 L3 相。

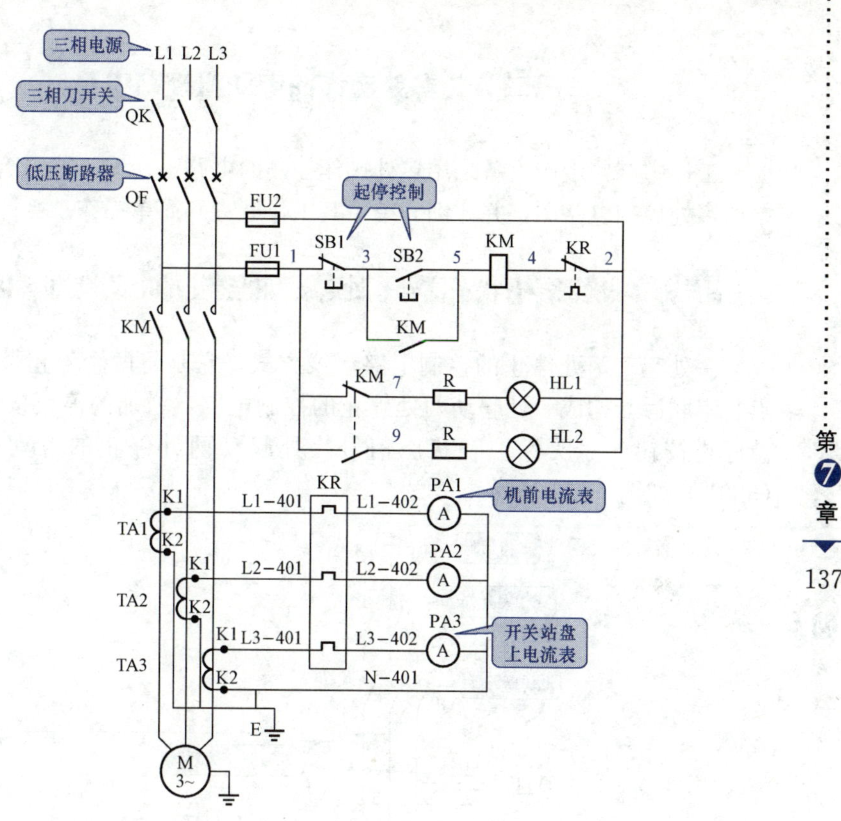

图 7-20　二次保护有三只电流表的电动机控制电路（380V）

接触器 KM 线圈得到 380V 的交流电压而动作，接触器 KM 动合触点闭合（将起动按钮 SB2 动合触点短接）自保，维持接触器 KM 的工作状态。三个主触点同时闭合，电动机 M 绕组获得按 L1、L2、L3 相序排列的三相 380V 交流电源，电动机 M 起动运转，所驱动的机械设备运行。

接触器 KM 动合触点闭合→9 号线→红色信号灯 HL2 得电灯亮，表示电动机 M 运行状态。

（2）正常停机。

按下停止按钮 SB1，动断触点 SB1 断开，切断接触器 KM 控制电路，接触器 KM 线圈断电释放，接触器 KM 三个主触点同时断开，电动机 M 绕组脱离三相 380V 交流电源停止转动，驱动的机械设备停止运行。

接触器 KM 的动断触点复归接通状态。绿色信号灯 HL1 得电灯亮，表示电动机 M 停运，同时表示电动机 M 处于热备用状态。

第二节　多处操作的电动机控制电路

工厂中有些生产设备采用多处操作控制的电路，在这一节中给出了几种简单的多处控制电路图，并详细介绍了其工作原理和简单操作。

14 一次保护有状态信号一处起动两处停止的电动机控制电路(380V)

一处起动两处停止的控制电路接线方式，它是将两个停止按钮（动断触点）串联后，构成一处起动两处停止的控制电路，增加的停止按钮 SBE 称紧急停止按钮。一次保护有状态信号一处起动两处停止的电动机控制电路（380V）如图 7-21 所示。

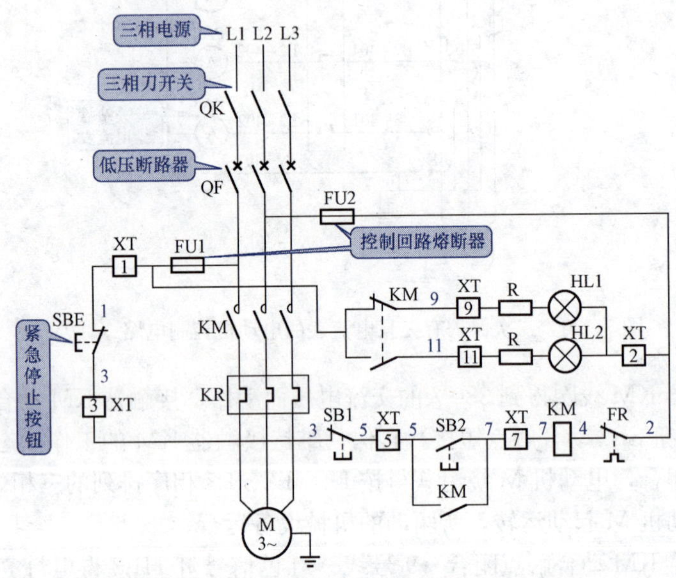

图 7-21　一次保护有状态信号一处起动两处停止的电动机控制电路（380V）

回路送电后，电源 L1 相→控制回路熔断器 FU1→1 号线→接触器 KM 动断触点→9 号线→端子排 XT 上的 9 号端子→信号灯 HL1→端子排 XT 上的 2 号端子→2 号线→控制回路熔断器 FU2→电源 L2 相。信号灯 HL1 得电灯亮，表示电动机具备起动条件。

（1）集中控制室起动电动机。

按下起动按钮 SB2，电源 L1 相→控制回路熔断器 FU1→1 号线→端子排

XT 上的 1 号端子→1 号线→紧急停止按钮 SBE 动断触点→3 号线→端子排 XT 上的 3 号端子→3 号线→停止按钮 SB1 动断触点→5 号线→端子排 XT 上的 5 号端子→5 号线→起动按钮 SB2 动合触点（按下时闭合中）→7 号线→端子排 XT 上的 7 号端子→7 号线→接触器 KM 线圈→4 号线→热继电器 KR 的动断触点→2 号线→控制回路熔断器 FU2→电源 L2 相。电路接通，接触器 KM 线圈获得 380V 的电压动作，接触器 KM 动合触点闭合自保，维持接触器 KM 的工作状态。

接触器 KM 三个主触点同时闭合，电动机 M 绕组获得按 L1、L2、L3 排列的三相 380V 交流电源，电动机 M 起动运转，所驱动的机械设备工作。

接触器 KM 动合触点闭合，电源 L1 相→控制回路熔断器 FU1→1 号线→接触器 KM 动断触点→9 号线→端子排 XT 上的 9 号端子→信号灯 HL2→端子排 XT 上的 2 号端子→2 号线→控制回路熔断器 FU2→电源 L2 相。信号灯 HL2 得电灯亮，表示电动机运转。

（2）机前紧急停机。

为防止出现意外情况时能够及时停车，一般在机前安装紧急停车按钮 SB1，它的动断触点串入接触器 KM 线圈电路中。

需要停机时，只要按一下紧急停车按钮 SBE 动断触点断开，切断接触器 KM 线圈控制电路，接触器 KM 断电释放，三个主触点同时断开，电动机 M 绕组脱离三相 380V 交流电源停止转动，被拖动的机械设备停止运行，以保护设备安全。

（3）控制室停止电动机的操作。

按下停止按钮 SB1 动断的触点断开，切断接触器 KM 线圈控制电路，接触器 KM 断电释放，三个主触点同时断开，电动机 M 绕组脱离三相 380V 交流电源，停止转动，所驱动的机械设备停止运行。

（4）电动机过负荷停机。

过负荷时，主回路中的热继电器 KR 动作，热继电器 KR 的动断触点断开，切断接触器 KM 线圈控制电路，接触器 KM 断电释放，三个主触点同时断开，电动机 M 绕组脱离三相 380V 交流电源，停止转动，所拖动的机械设备停止运行。

一次保护有状态信号一处起动两处停止的电动机控制电路（220V）

一次保护有状态信号一处起动两处停止的电动机控制电路（220V）如图 7 - 22 所示，该电路采用转换开关 SA 作为机前紧急停机用的开关。

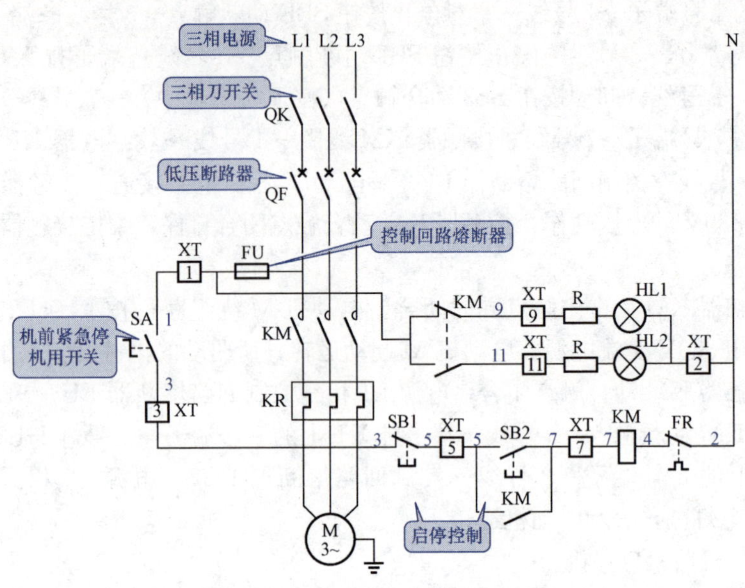

图 7 - 22　一次保护有状态信号一处起动两处停止的电动机控制电路（220V）

(1) 集中控制室的操作。

按下起动按钮 SB2，电源 L1 相→控制回路熔断器 FU1→1 号线→紧急停止开关 SA 闭合的触点→3 号线→停止按钮 SB1 动断触点→5 号线→起动按钮 SB2 动合触点（此时闭合中）→7 号线→接触器 KM 线圈→4 号线→热继电器 KR 的动断触点→2 号线→电源 N 极，接触器 KM 线圈获得 220V 电源动作，动合触点 KM 自保，维持接触器 KM 的工作状态。

接触器 KM 三个主触点同时闭合，电动机 M 绕组获得 L1、L2、L3 三相 380V 交流电源，电动机 M 起动运转，所驱动的机械设备运行。

接触器 KM 动合触点闭合，电源 L1 相→控制回路熔断器 FU1→1 号线→接触器 KM 动断触点→11 号线→端子排 XT 上的 11 号端子→信号灯 HL2→端子排 XT 上的 2 号端子→2 号线→电源 N 极。信号灯 HL2 得电灯亮，表示电动机运转。

(2) 正常停机。

按下停止按钮 SB1，停止按钮 SB1 动断触点断开，切断接触器 KM 线圈控制电路，接触器 KM 线圈断电释放，三个主触点同时断开，电动机 M 绕组脱离三相 380V 交流电源停止转动，驱动的机械设备停止运行。

(3) 紧急停止。

出现意外情况时，需要紧急停止时，只要断开转换开关 SA，它的触点断

开，切断接触器 KM 线圈控制电路，接触器 KM 线圈断电释放，三个主触点同时断开，电动机 M 绕组脱离三相 380V 交流电源停止转动，所拖动的机械设备停止运行。

（4）过负荷停机。

过负荷时，主回路中的热继电器 FR 动作，热继电器 KR 的动断触点断开，切断接触器 KM 控制电路，接触器 KM 线圈断电释放，三个主触点同时断开，电动机 M 绕组脱离三相 380V 交流电源，停止转动，所拖动的机械设备停止运行。

16 一次保护无状态信号一处起动两处停止的电动机控制电路（220V）

一次保护无状态信号一处起动两处停止的电动机控制电路（220V）如图 7-23 所示。

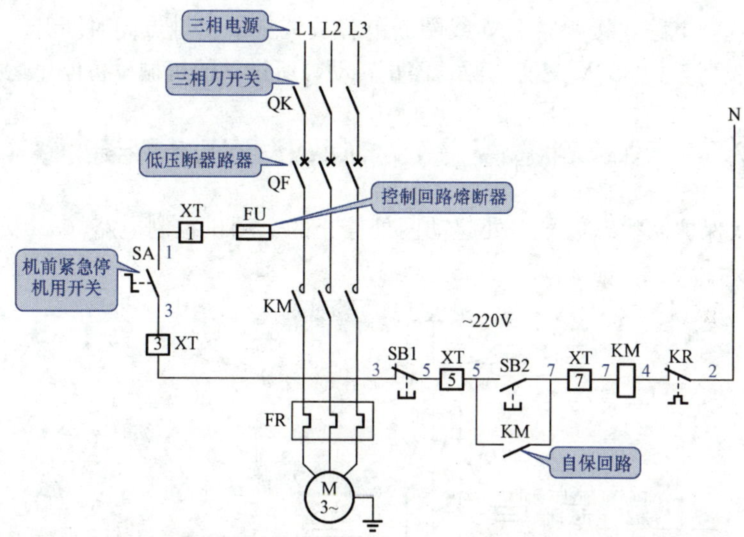

图 7-23 一次保护无状态信号一处起动两处停止的电动机控制电路（220V）

（1）正常起动。

按下起动按钮 SB2，电源 L1 相→控制回路熔断器 FU→1 号线→紧急停止开关 SA 闭合的触点→3 号线→停止按钮 SB1 动断触点→5 号线→起动按钮 SB2 动合触点（此时闭合中）→7 号线→接触器 KM 线圈→4 号线→热继电器 FR 的动断触点→2 号线→电源 N 极，接触器 KM 线圈获得 220V 电源动作，动合触点 KM 自保，维持接触器 KM 的工作状态。

接触器 KM 三个主触点同时闭合，电动机 M 绕组获得 L1、L2、L3 三相 380V 交流电源，电动机 M 起动运转，所驱动的机械设备运行。

（2）正常停机。

按下停止按钮 SB1，停止按钮 SB1 动断触点断开，切断接触器 KM 线圈控制电路，接触器 KM 线圈断电释放，三个主触点同时断开，电动机 M 绕组脱离三相 380V 交流电源停止转动，驱动的机械设备停止运行。

（3）紧急停止。

出现意外情况时，需要紧急停止时，只要断开转换开关 SA，它的触点断开，切断接触器 KM 线圈控制电路，接触器 KM 线圈断电释放，三个主触点同时断开，电动机 M 绕组脱离三相 380V 交流电源停止转动，所拖动的机械设备停止运行。

（4）过负荷停机。

主回路中的热继电器 FR 动作，热继电器 FR 的动断触点断开，切断接触器 KM 控制电路，接触器 KM 线圈断电释放，三个主触点同时断开，电动机 M 绕组脱离三相 380V 交流电源，停止转动，所拖动的机械设备停止运行。

17 一次保护无状态信号一处起动两处停止的电动机控制电路（380V）

一次保护无状态信号一处起动两处停止的电动机控制电路（380V）如图 7-24所示。

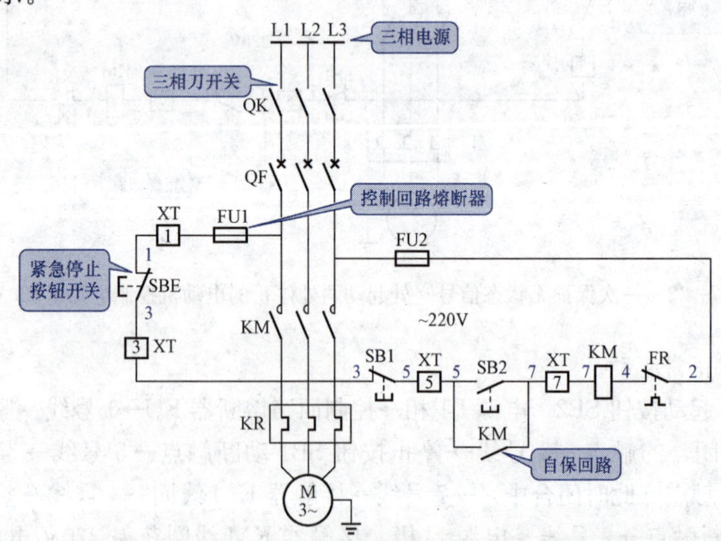

图 7-24　一次保护无状态信号一处起动两处停止的电动机控制电路（380V）

(1) 控制室起动。

按下起动按钮 SB2，电源 L1 相→控制回路熔断器 FU1→1 号线→端子排 XT 上的 1 号端子→1 号线→紧急停止按钮 SBE 动断触点→3 号线→端子排 XT 上的 3 号端子→3 号线→停止按钮 SB1 动断触点→5 号线→端子排 XT 上的 5 号端子→5 号线→起动按钮 SB2 动合触点（按下时闭合中）→7 号线→端子排 XT 上的 7 号端子→7 号线→接触器 KM 线圈→4 号线→热继电器 KR 的动断触点→2 号线→控制回路熔断器 FU2→电源 L2 相。电路接通，接触器 KM 线圈获得 380V 的电压动作，接触器 KM 动合触点闭合自保，维持接触器 KM 的工作状态。

接触器 KM 三个主触点同时闭合，电动机 M 绕组获得按 L1、L2、L3 排列的三相 380V 交流电源，电动机 M 起动运转，所驱动的机械设备工作。

(2) 机前紧急停机。

为防止出现意外情况时能够及时停车，一般在机前安装紧急停车按钮 SB1，它的动断触点串入接触器 KM 线圈电路中。

需要停机时，只要按一下紧急停车按钮 SBE 动断触点断开，切断接触器 KM 线圈控制电路，接触器 KM 断电释放，三个主触点同时断开，电动机 M 绕组脱离三相 380V 交流电源停止转动，被拖动的机械设备停止运行，以保护设备安全。

(3) 控制室停机。

按下停止按钮 SB1 动断的触点断开，切断接触器 KM 线圈控制电路，接触器 KM 断电释放，三个主触点同时断开，电动机 M 绕组脱离三相 380V 交流电源，停止转动，所驱动的机械设备停止运行。

(4) 过负荷停机。

电动机 M 过负荷，主回路中的热继电器 KR 动作，热继电器 KR 的动断触点断开，切断接触器 KM 线圈控制电路，接触器 KM 断电释放，三个主触点同时断开，电动机 M 绕组脱离三相 380V 交流电源，停止转动，所拖动的机械设备停止运行。

18 一次保护有状态信号单电流表一处起动两处停止的电动机控制电路（380V）

一次保护有状态信号单电流表一处起动两处停止的电动机控制电路（380V）如图 7-25 所示。

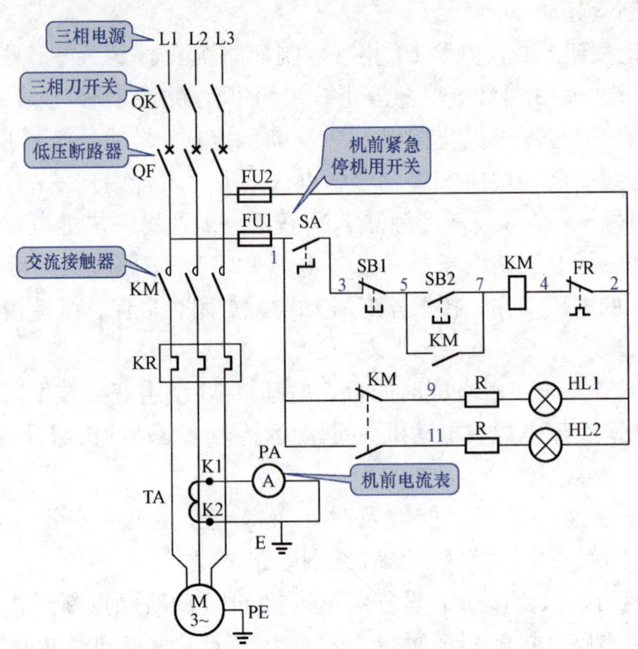

图 7-25 一次保护有状态信号单电流表一处起动两处停止的电动机控制电路（380V）

(1) 控制室起动。

按下起动按钮 SB2，电源 L1 相→控制回路熔断器 FU1→1 号线→紧急停止开关 SA 闭合的触点→3 号线→停止按钮 SB1 动断触点→5 号线→起动按钮 SB2 动合触点（此时闭合中）→7 号线→接触器 KM 线圈→4 号线→热继电器 FR 的动断触点→2 号线→控制回路熔断器 FU2→电源 L3 相。电路接通，接触器 KM 线圈获得 380V 电源动作，动合触点 KM 自保，维持接触器 KM 的工作状态。

接触器 KM 三个主触点同时闭合，电动机 M 绕组获得 L1、L2、L3 三相 380V 交流电源，电动机 M 起动运转，所驱动的机械设备运行。

接触器 KM 动合触点闭合→11 号线→信号灯 HL2→2 号线→信号灯 HL2 得电，灯亮表示电动机 M 运行。

(2) 机前停止。

按下停止按钮 SB1。停止按钮 SB1 动断触点断开，切断接触器 KM 控制电路，接触器 KM 线圈断电释放，三个主触点同时断开，电动机 M 绕组脱离三相 380V 交流电源，停止转动，驱动的机械设备停止运行。

(3) 紧急停止。

出现意外情况时，需要紧急停止时，只要断开转换开关 SA，它的触点断开，切断接触器 KM 线圈控制电路，接触器 KM 断电释放，三个主触点同时断开，电动机 M 绕组脱离三相 380V 交流电源停止转动，所拖动的机械设备停止运行，可以保护设备安全。

(4) 过负荷停机。

主回路中的热继电器 KR 动作，热继电器 KR 的动断触点断开，切断接触器 KM 线圈控制电路，接触器 KM 断电释放，三个主触点同时断开，电动机 M 绕组脱离三相 380V 交流电源，停止转动，所拖动的机械设备停止运行。

19 一次保护有状态信号单电流表的一起两停电动机控制电路（220V）

一次保护有状态信号单电流表的一起两停电动机控制电路（220V）如图 7-26 所示。

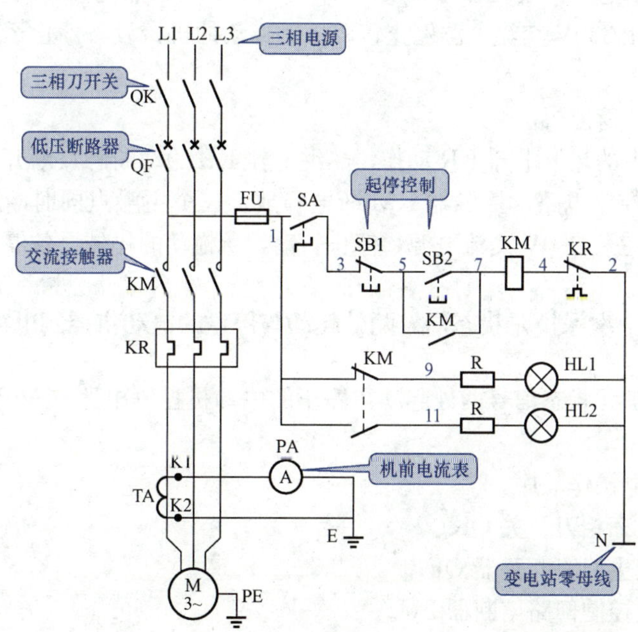

图 7-26 一次保护有状态信号单电流表的一起两停电动机控制电路（220V）

(1) 机前起动。

按下起动按钮 SB2，电源 L1 相→控制回路熔断器 FU→1 号线→紧急停车控制开关 SA 触点→3 号线→停止按钮 SB1 动断触点→5 号线→起动按钮 SB2

动合触点（此时闭合中）→7 号线→接触器 KM 线圈→4 号线→热继电器 KR 的动断触点→2 号线→电源 N 极。电路接通，接触器 KM 线圈获得 220V 电源动作，动合触点 KM 闭合自保，维持接触器 KM 的工作状态。

接触器 KM 的三个主触点同时闭合，电动机 M 绕组获得三相 380V 交流电源，电动机 M 起动运转，所驱动的机械设备运行。

接触器 KM 动合触点闭合→11 号线→信号灯 HL2→2 号线→信号灯 HL2 得电，灯亮表示电动机 M 运行。

（2）机前停止。

按下停止按钮 SB1，停止按钮 SB1 动断触点断开，切断接触器 KM 线圈控制电路，接触器 KM 断电释放，三个主触点同时断开，电动机 M 绕组脱离三相 380V 交流电源停止转动，驱动的机械设备停止运行。

（3）紧急停止。

出现意外情况时，断开紧急控制开关 SA，它的触点断开，切断接触器 KM 线圈控制电路，接触器 KM 断电释放，三个主触点同时断开，电动机 M 绕组脱离三相 380V 交流电源停止转动，所拖动的机械设备停止运行，可以保护设备安全。

（4）过负荷停机。

主回路中的热继电器 KR 动作，热继电器 KR 的动断触点断开，切断接触器 KM 线圈控制电路，接触器 KM 断电释放，三个主触点同时断开，电动机 M 绕组脱离三相 380V 交流电源，停止转动，所拖动的机械设备停止运行。

20 一次保护无状态信号两处起动与停止的电动机控制电路（220V）

一次保护无状态信号两处起动与停止的电动机控制电路（220V）如图 7-27 所示。

（1）送电操作顺序。

1）合上三相刀开关 QK；

2）合上主回路断路器 QF；

3）合上控制回路熔断器 FU。

（2）机前起动。

按下机前起动按钮 SB2，电源 L2 相→控制回路熔断器 FU→1 号线→停止按钮 SB1 动断触点→3 号线→停止按钮 SB3 动断触点→5 号线→起动按钮 SB2 动合触点（按下时闭合）→7 号线→接触器 KM 线圈→4 号线→热继电器 FR 的动断触点→2 号线→电源 N 极。

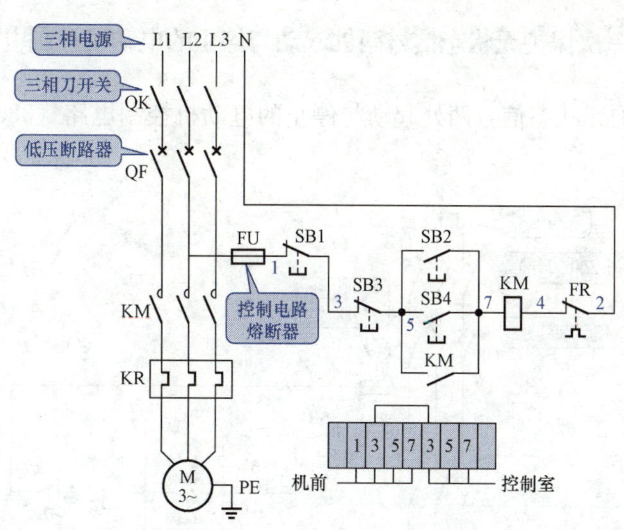

图 7 - 27　无状态信号两处起动与停止的电动机控制电路（220V）

电路接通，接触器 KM 线圈获电动作，动合触点 KM 闭合自保，维持接触器 KM 工作状态，接触器 KM 三个主触点，同时闭合，电动机 M 绕组获得 L1、L2、L3 三相 380V 交流电源，电动机 M 起动运转，所驱动的机械设备运行。

（3）操作室盘前起动。按下盘上起动按钮 SB4，电源 L2 相→控制回路熔断器 FU→1 号线→停止按钮 SB1 动断触点→3 号线→停止按钮 SB3 动断触点→5 号线→起动按钮 SB4 动合触点（按下时闭合）→7 号线→接触器 KM 线圈→4 号线→热继电器 KR 的动断触点→2 号线→电源 N 极。

电路接通，接触器 KM 线圈获电动作，动合触点 KM 闭合自保，维持接触器 KM 的工作状态。接触器 KM 的三个主触点，同时闭合，电动机 M 绕组获得三相 380V 交流电源，电动机 M 起动运转，所驱动的机械设备运行。

（4）正常停机。

按下停止按钮 SB1 或 SB3，停止按钮 SB1 或 SB3 的动断触点断开，切断接触器 KM 线圈控制电路，接触器 KM 断电释放，三个主触点同时断开，电动机 M 绕组脱离三相 380V 交流电源，停止转动，所驱动的机械设备停止运行。

（5）电动机过负荷停机。

电动机过负荷时，主回路中的热继电器 FR 动作，热继电器 FR 的动断触点断开，切断接触器 KM 线圈控制电路，接触器 KM 断电释放，三个主触点同时断开，电动机 M 绕组脱离三相 380V 交流电源停止转动，所拖动的机械设备停止运行。

 一次保护无状态信号两处起动与停止的电动机控制电路（380V）

一次保护无状态信号两处起动与停止的电动机控制电路（380V）如图 7-28 所示。

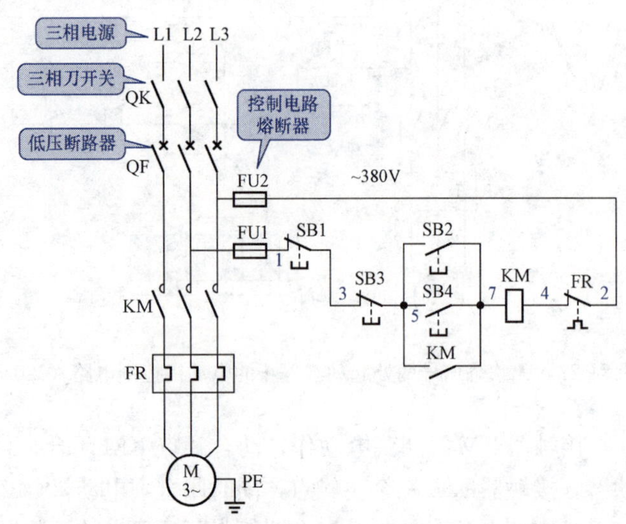

图 7-28 一次保护无状态信号两处起动与停止的电动机控制电路（380V）

（1）送电操作顺序。

1）合上三相刀开关 QK；

2）合上主回路断路器 QF；

3）合上控制回路熔断器 FU1、FU2。

（2）机前起动。

按下机前起动按钮 SB2，电源 L2 相→控制回路熔断器 FU1→1 号线→停止按钮 SB1 动断触点→3 号线→停止按钮 SB3 动断触点→5 号线→起动按钮 SB2 动合触点（按下时闭合）→7 号线→接触器 KM 线圈→4 号线→热继电器 FR 的动断触点→2 号线→控制回路熔断器 FU2→电源 L3 相。

电路接通，接触器 KM 线圈获电动作，动合触点 KM 闭合自保，维持接触器 KM 工作状态，接触器 KM 三个主触点同时闭合，电动机 M 绕组获得三相 380V 交流电源，电动机 M 起动运转，所驱动的机械设备运行。

（3）操作室起动。

按下盘上起动按钮 SB4，电源 L2 相→控制回路熔断器 FU1→1 号线→停止按钮 SB1 动断触点→3 号线→停止按钮 SB3 动断触点→5 号线→起动按钮

SB4 动合触点（按下时闭合）→7 号线→接触器 KM 线圈→4 号线→热继电器 KR 的动断触点→2 号线→控制回路熔断器 FU2→电源 L3 相。电路接通，接触器 KM 线圈获电动作，动合触点 KM 闭合自保，维持接触器 KM 的工作状态。接触器 KM 的三个主触点同时闭合，电动机绕组获得三相 380V 交流电源，电动机 M 起动运转，所驱动的机械设备运行。

（4）停止运转。

按下停止按钮 SB1 或 SB3，停止按钮 SB1 或 SB3 的动断触点断开，切断接触器 KM 线圈控制电路，接触器 KM 断电释放，三个主触点同时断开，电动机 M 绕组脱离三相 380V 交流电源，停止转动，所驱动的机械设备停止运行。

（5）过负荷停机。

过负荷时，主回路中的热继电器 KR 动作，热继电器 KR 的动断触点断开，切断接触器 KM 线圈控制电路，接触器 KM 断电释放，三个主触点同时断开，电动机 M 绕组脱离三相 380V 交流电源，停止转动，所拖动的机械设备停止运行。

 22 一次保护有两只电流表的两处起动与停止的电动机控制电路(380V)

一次保护有两只电流表的两处起动与停止的电动机控制电路（380V）如图 7-29 所示 。

（1）送电操作顺序。

1）合上三相刀开关 QK；

2）合上主回路断路器 QF；

3）合上控制回路熔断器 FU1、FU2。

（2）机前起动。

按下机前起动按钮 SB2，电源 L1 相→控制回路熔断器 FU1→1 号线→停止按钮 SB1 动断触点→3 号线→停止按钮 SB3 动断触点→5 号线→起动按钮 SB2 动合触点（按下时闭合）→7 号线→接触器 KM 线圈→4 号线→热继电器 KR 的动断触点→2 号线→控制回路熔断器 FU2→电源 L3 相。

电路接通，接触器 KM 线圈获电动作，动合触点 KM 闭合自保，维持接触器 KM 工作状态，接触器 KM 三个主触点同时闭合，电动机 M 绕组获得三相 380V 交流电源，电动机 M 起动运转，所驱动的机械设备运行。

（3）操作室起动。

按下操作室起动按钮 SB4，电源 L1 相→控制回路熔断器 FU1→1 号线→

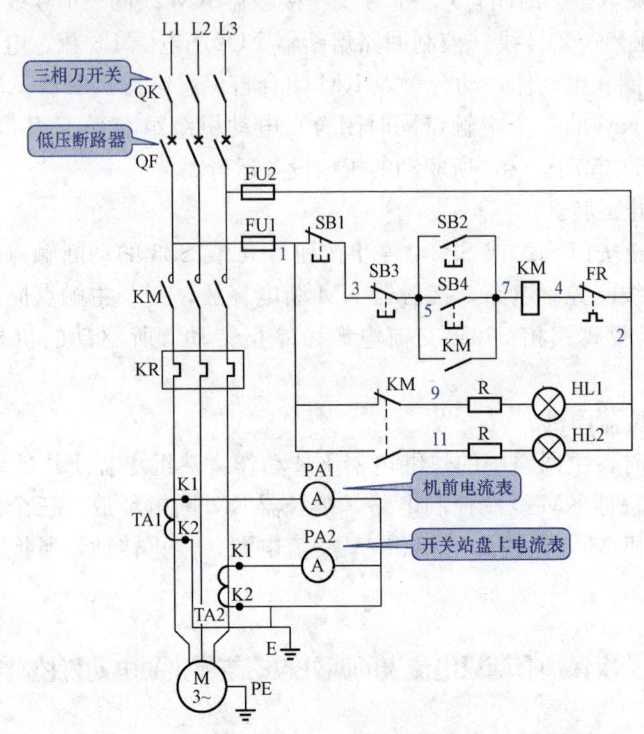

图 7-29　一次保护有状态信号双电流表两起两停电动机控制电路（380V）

停止按钮 SB1 动断触点→3 号线→停止按钮 SB3 动断触点→5 号线→起动按钮 SB4 动合触点（按下时闭合）→7 号线→接触器 KM 线圈→4 号线→热继电器 KR 的动断触点→2 号线→控制回路熔断器 FU2→电源 L3 相。

电路接通，接触器 KM 线圈获电动作，动合触点 KM 闭合自保，维持接触器 KM 的工作状态。接触器 KM 的三个主触点同时闭合，电动机 M 绕组获得三相 380V 交流电源起动运转，所驱动的机械设备运行。

（4）负荷电流指示。

为了监视电动机的运行负荷，电流表 PA1、PA2 分别串入电流互感器 TA1、TA2 二次回路中。这样的接线，可以在两处分别监视电动机运行的负荷情况。电动机运行中，电动机负荷电流流过电流表 PA1、PA2，表针所指示的数值就是电动机的负荷电流。

（5）正常停机。

正常停机时，按下停止按钮 SB1 或 SB3，电动机停止运转。

（6）过负荷停机。

电动机过负荷时，主回路中的热继电器 KR 动作，热继电器 KR 的动断触点断开，切断接触器 KM 线圈控制电路，接触器 KM 断电释放，三个主触点同时断开，电动机 M 绕组脱离三相 380V 交流电源，停止转动，所拖动的机械设备停止运行。

23 二次保护有状态信号双电流表的两起两停电动机控制电路（380V）

二次保护有状态信号双电流表的两起两停电动机控制电路（380V）如图 7 - 30所示。

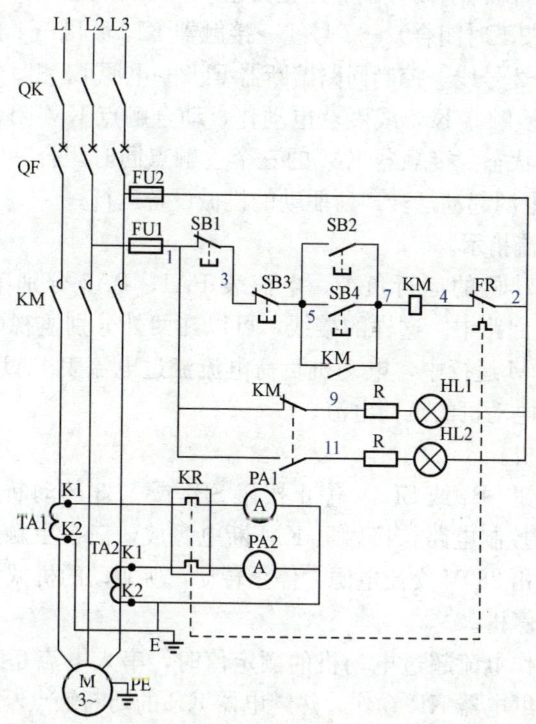

图 7 - 30 二次保护有信号灯两只电流表的两起两停电动机控制电路（380V）

（1）送电操作顺序。

1）合上三相刀开关 QK；

2）合上主回路断路器 QF；

3）合上控制回路熔断器 FU1、FU2。

（2）机前起动。

按下机前起动按钮 SB2，电源 L2 相→控制回路熔断器 FU1→1 号线→停

止按钮 SB1 动断触点→3 号线→停止按钮 SB3 动断触点→5 号线→起动按钮 SB2 动合触点（按下时闭合）→7 号线→接触器 KM 线圈→4 号线→热继电器 KR 的动断触点→2 号线→控制回路熔断器 FU2→电源 L3 相。

电路接通，接触器 KM 线圈获电动作，动合触点 KM 闭合自保，维持接触器 KM 工作状态，接触器 KM 三个主触点同时闭合，电动机 M 绕组获得三相 380V 交流电源，电动机 M 起动运转，所驱动的机械设备运行。

（3）操作室起动。

按下操作室起动按钮 SB4，电源 L2 相→控制回路熔断器 FU1→1 号线→停止按钮 SB1 动断触点→3 号线→停止按钮 SB3 动断触点→5 号线→起动按钮 SB4 动合触点（按下时闭合）→7 号线→接触器 KM 线圈→4 号线→热继电器 FR 的动断触点→2 号线→控制回路熔断器 FU2→电源 L3 相。

电路接通，接触器 KM 线圈获电动作，动合触点 KM 闭合自保，维持接触器 KM 的工作状态。接触器 KM 的三个主触点同时闭合，电动机绕组获得三相 380V 交流电源起动运转，所驱动的机械设备运行。

（4）负荷电流指示。

为了监视电动机的运行负荷，电流表 PA1、PA2 分别串入电流互感器 TA1、TA2 二次回路中。这样的接线，可以在两处分别监视电动机运行的负荷情况。电动机 M 运行中，电动机负荷电流流过电流表 PA1、PA2，表针所指示的数值就是电动机的负荷电流。

（5）正常停机。

按下停止按钮 SB1 或 SB3，停止按钮 SB1 或 SB3 的动断触点断开，切断接触器 KM 线圈控制电路，接触器 KM 断电释放，三个主触点同时断开，电动机绕组脱离三相 380V 交流电源，停止转动，所驱动的机械设备停止运行。

（6）过负荷停机。

电动机的工作电流超过电动机的额定值时，串入电流互感器 TA1、TA2 二次回路中的热继电器 KR 动作，热继电器 KR 的动断触点断开，切断接触器 KM 控制电路，接触器 KM 断电释放，三个主触点同时断开，电动机 M 绕组脱离三相 380V 交流电源停止转动，所拖动的机械设备停止运行。

第三节　三相电动机正反转控制电路

电动机正反转控制电路的应用十分广泛，本节给出了可用于不同机械设备所用的正反转控制电路，并详细讲解。

24 采用倒顺开关控制的三相电动机正反转控制电路

倒顺开关控制的三相电动机正反转接线示意如图 7-31 所示，按图 7-31 所示的三相电动机正反转接线图接线后，倒顺开关的操作把柄在中间位置，不接通电源。

（1）将倒顺开关的操作把柄切换到顺（正向）位置。

倒顺开关的触点：L1→D1 接通；L2→D2 接通；L3→D3 接通，电动机正方向运转。

（2）将倒顺开关的操作把柄切换到顺（反向）位置。

倒顺开关的触点：L3→D3 接通；L2→D1 接通；L1→D2 接通，从图中看出 L1、L2 相序的改变，电动机反转，打开倒顺开关，看到的内部情况，如图 7-31（b）所示。

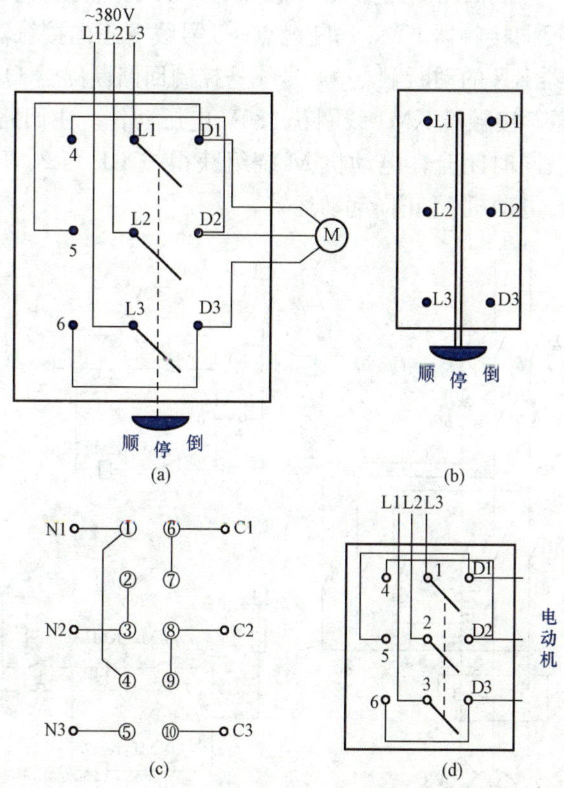

图 7-31　倒顺开关控制的三相电动机正反转接线示意

倒顺开关使用说明书中提供的 KO3、HY2 型倒顺开关接线端子如图 7－31（c）所示，开关可用于低压交流三相三线制变换相序之用。

 转换开关操作的电动机正反转控制电路

转换开关操作的电动机正反转控制电路如图 7－32 所示。

1. 380V

（1）送电。

合上主电路中隔离开关 QS，断路器 QF。合上控制回路断路器 QF1，通过操作改变转换开关 SA 的位置，达到控制电动机的正反转。

（2）正向运转。

电动机 M 正向运转，转换开关 SA 切换到正向位置，触点 1、2 接通。

电源 L1 相→控制回路断路器 QF1 触点→1 号线→转换开关 SA 触点 1、2 接通→3 号线→反向接触器 KM2 动断触点→5 号线→正向接触器 KM1 线圈→4 号线→热继电器 KR 的动断触点→2 号线→控制回路断路器 QF1 触点→电源 L3 相。电路接通，接触器 KM1 线圈获 380V 电压动作。主回路中正向接触器 KM1 三个主触点同时闭合，电动机 M 绕组获得按 L1、L2、L3 排列的三相 380V 交流电源，电动机 M 正向起动运转。

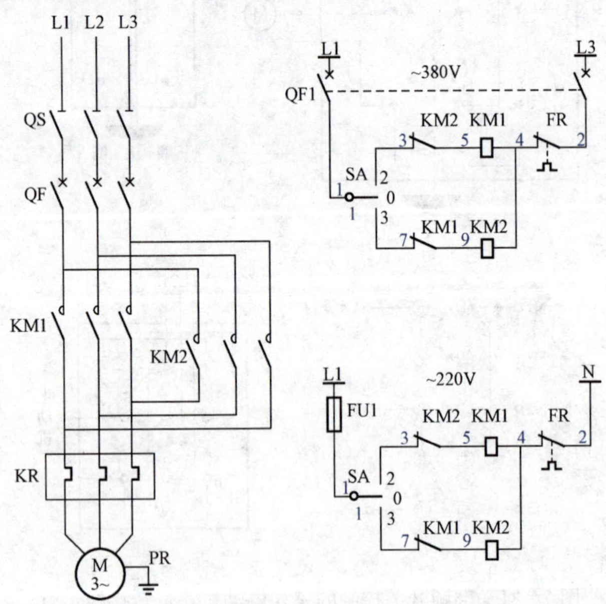

图 7－32　转换开关操作的电动机正反转控制电路

断开转换开关SA其触点1、2断开，正向接触器KM1线圈断电释放，三个主触点断开，电动机M断电停止运转。

(3) 反向运转。

电动机M反向运转，转换开关SA切换到反向位置，触点1、3接通。

电源L1相→控制回路断路器QF1触点→1号线→转换开关SA触点1、3接通→7号线→正向接触器KM1动断触点→9号线→反向接触器KM2线圈→4号线→热继电器KR的动断触点→2号线→控制回路断路器QF1触点→电源L3相。电路接通，接触器KM2线圈获380V电压动作。

主回路中反向接触器KM2三个主触点同时闭合，电动机M绕组获得按L3、L2、L1排列的三相380V交流电源，电动机M反向起动运转。

断开转换开关SA其触点1、3断开，反向接触器KM2线圈断电释放，三个主触点同时断开，电动机M断电停止运转。

2. 220V

(1) 送电。

合上主电路中隔离开关QS，断路器QF。合上控制回路熔断器FU1，控制电路有电，通过操作改变转换开关SA的位置，达到控制电动机的正反转。

(2) 正向运转。

电动机正向运转，转换开关SA切换到正向位置，触点1、2接通。

电源L1相→控制回路熔断器FU1→1号线→转换开关SA触点1、2接通→3号线→反向接触器KM2动断触点→5号线→正向接触器KM1线圈→4号线→热继电器KR的动断触点→2号线→电源N极。电路接通，接触器KM1线圈获220V电压动作，主回路中正向接触器KM1三个主触点同时闭合，电动机M绕组获得按L1、L2、L3排列的三相380V交流电源，电动机正向运转。

断开转换开关SA其触点1、2断开，正向接触器KM1线圈断电释放，三个主触点同时断开，电动机M断电停止正向运转。

(3) 反向运转。

电动机反向运转，转换开关SA切换到反向位置，触点1、3接通。

电源L1相→控制回路熔断器FU1→1号线→转换开关SA触点1、3接通→7号线→正向接触器KM2动断触点→9号线→反向接触器KM2线圈→4号线→热继电器KR的动断触点→2号线→电源N极。电路接通，反向接触器KM2线圈获220V电压动作，主回路中反向接触器KM2三个主触点同时闭合，电动机M绕组获得按L3、L2、L1排列的三相380V交流电源，相序改变电动机反向运转。

断开转换开关 SA 其触点 1、3 断开，反向接触器 KM2 线圈断电释放，接触器 KM2 的三个主触点断开，电动机 M 断电停止运转。

 万能转换开关操作电动机的正反转控制电路（380V）

万能转换开关操作电动机的正反转控制电路（380V）如图 7－33 所示。

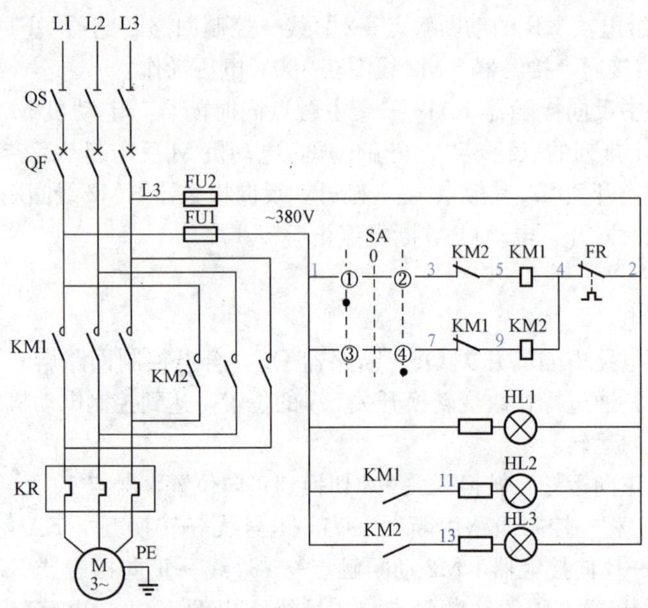

图 7－33　万能转换开关操作电动机的正反转控制电路（380V）

（1）送电。

合上主电路中的隔离开关 QS、断路器 QF，控制回路熔断器 FU1、FU2 后，电源信号灯 HL1 得电，灯亮，表示电动机回路送电。

（2）正向运转。

万能转换开关 SA 切换到正向位置，触点 1、2 接通。电源 L1 相→控制回路熔断器 FU1→1 号线→万能转换开关 SA 切换到正向位置，触点 1、2 接通→3 号线→反向接触器 KM2 动断触点→5 号线→正向接触器 KM1 线圈→4 号线→热继电器 KR 的动断触点→2 号线→控制回路熔断器 FU2→电源 L3 相。电路接通，接触器 KM1 线圈获 380V 电压动作。

主回路中正向接触器 KM1 三个主触点同时闭合，电动机 M 绕组获得按 L1、L2、L3 排列的三相 380V 交流电源，电动机 M 正向起动运转。接触器

KM1 动合触点闭合→11 号线→信号灯 HL2 得电灯亮，表示电动机 M 正向运转。

将万能转换开关 SA 切换到“0”位，其触点 1、2 断开，正向接触器 KM1 线圈断电释放，三个主触点同时断开，电动机 M 断电停止正向运转。

(3) 反向运转。

万能转换开关 SA 切换到反向位置，触点 3、4 接通，电源 L1 相→控制回路熔断器 FU1→1 号线→万能转换开关 SA 切换到反向位置，触点 3、4 接通→7 号线→正向接触器 KM1 动断触点→9 号线→反向接触器 KM2 线圈→4 号线→热继电器 KR 的动断触点→2 号线→控制回路熔断器 FU2→电源 L3 相。电路接通，接触器 KM2 线圈获 380V 电压动作，主回路中反向接触器 KM2 三个主触点同时闭合，电动机 M 绕组获得按 L3、L2、L1 排列的三相 380V 交流电源，电动机 M 反向起动运转。

接触器 KM2 动合触点闭合→13 号线→信号灯 HL2 得电灯亮，表示电动机 M 正向运转。

将万能转换开关 SA 切换到“0”位，其触点 3、4 断开，正向接触器 KM2 线圈断电释放，三个主触点断开，电动机 M 断电停止反向运转。

(4) 过负荷停机。

电动机过负荷时，主回路中的热继电器 FR 动作，热继电器 FR 的动断触点断开。

电动机正方向运转时，切断接触器 KM1 线圈电路，接触器 KM1 线圈断电，接触器 KM1 释放，接触器 KM1 的三个主触点同时断开，电动机 M 绕组脱离三相 380V 交流电源，正方向转动停止，所拖动的机械设备停止工作。

电动机反方向运转时，切断接触器 KM2 线圈电路，接触器 KM2 线圈断电，接触器 KM2 释放，接触器 KM2 的三个主触点同时断开，电动机 M 绕组脱离三相 380V 交流电源，反方向转动停止，所拖动的机械设备停止工作。

27 万能转换开关操作电动机的正反转控制电路（220V）

万能转换开关操作电动机正反转控制电路（220V）如图 7-34 所示。

(1) 送电。

合上主电路中的隔离开关 QS、断路器 QF，控制回路熔断器 FU 后，电源信号灯 HL1 得电，灯亮，表示电动机回路送电。

(2) 正向运转。

万能转换开关 SA 切换到正向位置，触点 1、2 接通。电源 L1 相→控制回路熔断器 FU→1 号线→万能转换开关 SA 切换到正向位置，触点 1、2 接通→3 号线→反向接触器 KM2 动断触点→5 号线→正向接触器 KM1 线圈→4 号线→热继电器 FR 的动断触点→2 号线→电源 N 极。电路接通，接触器 KM1 线圈获 220V 电压动作。

主回路中正向接触器 KM1 三个主触点同时闭合，电动机 M 绕组获得按 L1、L2、L3 排列的三相 380V 交流电源，电动机 M 正向起动运转。

接触器 KM1 动合触点闭合→11 号线→信号灯 HL2 得电灯亮，表示电动机 M 正向运转。

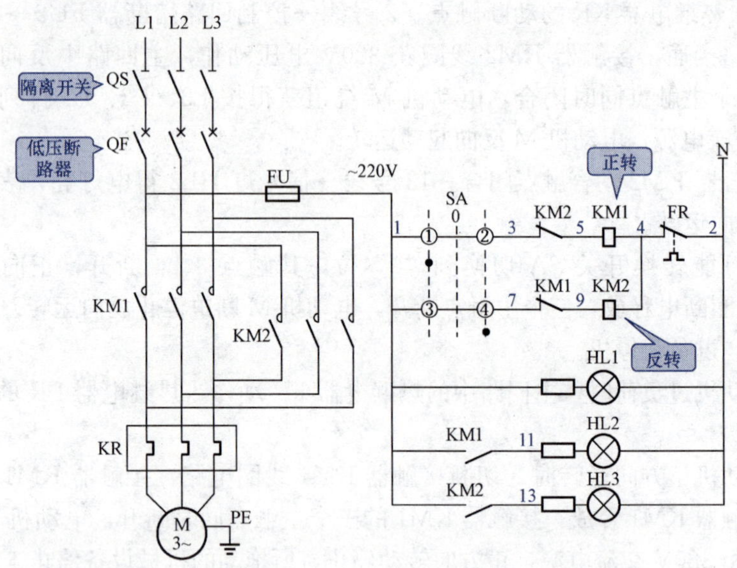

图 7-34 万能转换开关操作电动机正反转控制电路（220V）

将万能转换开关 SA 切换到“0”位，其触点 1、2 断开，正向接触器 KM1 线圈断电释放，接触器 KM1 的三个主触点断开，电动机 M 断电停止正向运转。

（3）反向运转。

万能转换开关 SA 切换到正向位置，触点 3、4 接通，电源 L1 相→控制回路熔断器 FU→1 号线→万能转换开关 SA 正向位置，触点 3、4 接通→7 号线→正向接触器 KM1 动断触点→9 号线→反向接触器 KM2 线圈→4 号线→热继电器 FR 的动断触点→2 号线→电源 N 极。电路接通，接触器 KM2 线圈获 220V 电压动作。

主回路中正向接触器 KM2 三个主触点同时闭合，电动机 M 绕组获得按

L3、L2、L1 排列的三相 380V 交流电源，电动机 M 正向起动运转。接触器 KM2 动合触点闭合→13 号线→信号灯 HL2 得电灯亮，表示电动机 M 反向运转。

将万能转换开关 SA 切换到“0”位，其触点 3、4 断开，正向接触器 KM2 线圈断电释放，接触器 KM2 的三个主触点断开，电动机 M 断电停止反向运转。

（4）过负荷停机。

电动机过负荷时，主回路中的热继电器 KR 动作，热继电器 FR 的动断触点断开。

电动机正方向运转时，切断接触器 KM1 线圈电路，接触器 KM1 线圈断电，接触器 KM1 释放，接触器 KM1 的三个主触点同时断开，电动机 M 绕组脱离三相 380V 交流电源，正方向转动停止，所拖动的机械设备停止工作。

电动机反方向运转时，切断接触器 KM2 线圈电路，接触器 KM2 线圈断电，接触器 KM2 释放，接触器 KM2 的三个主触点同时断开，电动机 M 绕组脱离三相 380V 交流电源，反方向转动停止，所拖动的机械设备停止工作。

28 按钮点动操作的电动机正反转控制电路（220V）

按钮点动操作的电动机正反转控制电路（220V）如图 7-35 所示。

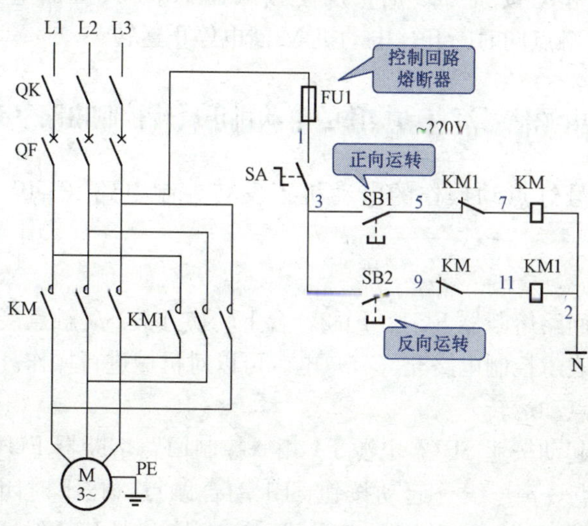

图 7-35 点动操作的电动机正反转 220V 控制电路

（1）送电。

合上主电路中的刀开关 QK、断路器 QF，控制回路熔断器 FU1。合上转换开关 SA 触点接通，就可以操作电动机的起动与停止。

（2）正向点动运转。

按下正向起动按钮 SB1，电源 L1 相→控制回路熔断器 FU1→1 号线→转换开关 SA 触点→3 号线→起动按钮 SB1 动合触点（按下时闭合中）→5 号线→反向接触器 KM1 动断触点→7 号线→正向接触器 KM 线圈→2 号线→电源 N 极。电路接通，接触器 KM 线圈获 220V 电压动作，主回路中正向接触器 KM 三个主触点同时闭合，电动机 M 绕组获得按 L1、L2、L3 排列的三相 380V 交流电源，电动机 M 正向起动运转。

当手离开起动按钮 SB1 时，正向接触器 KM 线圈断电释放，三个主触点同时断开，电动机断电停止运转。

（3）反向点动运转。

按下反向点动按钮 SB2，电源 L1 相→操作保险 FU1→1 号线→转换开关 SA 触点→3 号线→起动按钮 SB2 动合触点（按下时闭合）→9 号线→正向接触器 KM 动断触点→11 号线→反向接触器 KM1 线圈→2 号线→2 号线→电源 N 极。电路接通，接触器 KM1 线圈获 220V 电压动作，主回路中反向接触器 KM1 三个主触点同时闭合，电动机 M 绕组获得按 L3、L2、L1 排列的三相 380V 交流电源，由于电动机 M 绕组相序的改变，电动机 M 反向运转。

当手离开起动按钮 SB2 时，反向接触器 KM1 线圈断电释放，接触器 KM1 的三个主触点同时断开，电动机 M 断电停止运转。

29 有电源信号灯点动操作的电动机正反转控制电路（380V）

有电源信号灯点动操作的电动机正反转控制电路（380V）如图 7 - 36 所示。

（1）送电。

合上控制回路熔断器 FU1、FU2，合上转换开关 SA 触点接通，电源信号灯 HL 灯亮，表示控制电路充（有）电。可以对机械进行操作。

（2）正向点动运转。

按下正向起动按钮 SB1，电源 L1 相→控制回路熔断器 FU1→1 号线→转换开关 SA 触点→3 号线→起动按钮 SB1 动合触点（按下时闭合中）→5 号线→反向接触器 KM1 动断触点→7 号线→正向接触器 KM 线圈→2 号线→控制回路熔断器 FU2→电源 L3 相。电路接通，接触器 KM 线圈获 380V 电压动作，主回路中正向接触器 KM 三个主触点同时闭合，电动机 M 绕组获得按 L1、L2、L3 排列的三相 380V 交流电源，电动机 M 正向点动运转。

当手离开起动按钮 SB1 时，动合触点 SB1 断开，切断正向接触器 KM 控制电路，接触器 KM 线圈断电释放，接触器 KM 的三个主触点断开，电动机 M 断电停止运转。

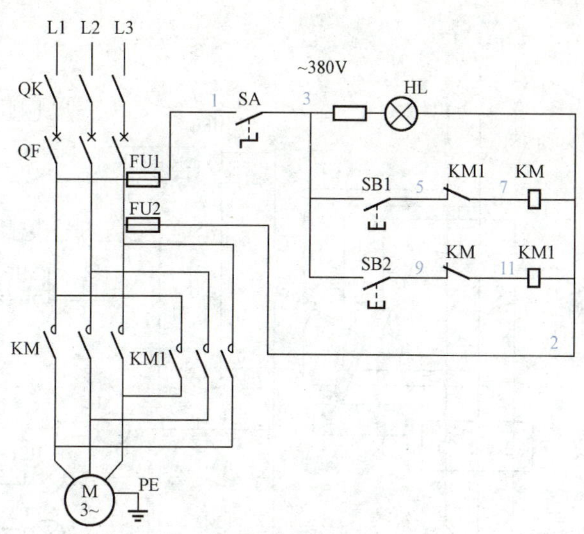

图 7 - 36　有电源信号点动操作的电动机正反转 380V 控制电路

（3）电动机反向点动运转。

按下反向起动按钮 SB2，电源 L1 相→控制回路熔断器 FU1→1 号线→转换开关 SA 触点→3 号线→起动按钮 SB2 动合触点（按下时闭合）→9 号线→正向接触器 KM 动断触点→11 号线→反向接触器 KM1 线圈→2 号线→控制回路熔断器 FU2→电源 L3 相。电路接通，接触器 KM1 线圈获 380V 电压动作，反向接触器 KM1 三个主触点同时闭合，电动机 M 绕组获得按 L3、L2、L1 排列的二相 380V 交流电源，由于电动机 M 绕组相序的改变，电动机 M 反向运转。

当手离开起动按钮 SB2 时，动合触点 SB2 断开，反向接触器 KM1 线圈断电释放，接触器 KM1 的三个主触点断开，电动机断电停止运转。

30　一次保护一组（起停）按钮操作的电动机正反转控制电路（220V）

一些生产单位由于生产要求，需要改变电动机的旋转方向，由于这种改变方向的操作不是频繁的，故常采用下列所示控制电路与接线图。采用这种线路省去一组起动按钮，增加一个转换开关 SA（下称选择开关），接线简单，故障容易查找处理。

一次保护一组（起停）按钮操作的电动机正反转控制电路（220V）如图7-37所示。

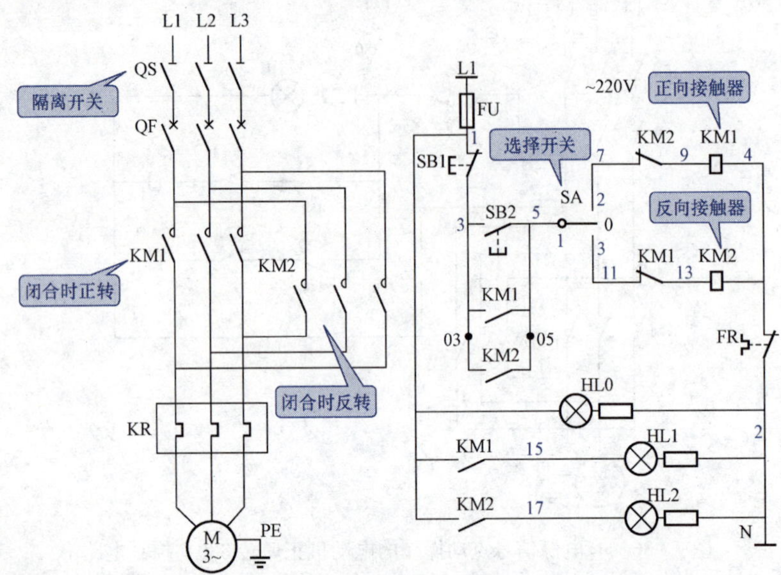

图7-37 一次保护一组（起停）按钮操作的电动机正反转控制电路（220V）

（1）送电。

合上隔离开关QS，合上断路器QF，合上控制回路熔断器FU。

（2）正向起动运转。

选择开关SA已切换到正向运转位置，按下起动按钮SB2。电源L1相→控制回路熔断器FU→1号线→停止按钮SB1的动断触点→3号线→起动按钮SB2动合触点（按下时闭合）→5号线→选择开关SA接通的1、2触点→7号线→反向接触器KM2的动断触点→9号线→正向接触器KM1线圈→4号线→热继电器KR的动断触点→2号线→电源N极。

接触器KM1线圈获得220V电源动作，动合触点KM1闭合自保，维持接触器KM1工作状态，正向接触器KM1三个主触点同时闭合，电动机M获得按L1、L2、L3排列的三相380V交流电源，电动机正向起动运转。

动断触点KM1断开，将反向接触器KM2控制电路切断，11号线断电，防止反向接触器KM2起动。

动合触点KM1闭合→15号线→信号灯HL1得电，灯亮表示电动机正向

运转。

(3) 停止正向运转。

按下停止按钮 SB1，切断接触器 KM1 的控制电路，接触器 KM1 断电释放，接触器 KM1 主触点断开，电动机 M 断电，停止正方向运转。

(4) 反向起动运转。

选择开关 SA 已切换到反向运转位置，按下起动按钮 SB2，电源 L1 相→控制回路熔断器 FU→1 号线→停止按钮 SB1 动断触点→3 号线→起动按钮 SB2 动合触点（按下时闭合）→5 号线→选择开关 SA 接通的 1、3 触点→11 号线→正向接触器 KM1 动断触点→13 号线→反向接触器 KM2 线圈→4 号线→热继电器 KR 的动断触点→2 号线→电源 N 极。电路接通，接触器 KM2 线圈获得 220V 电源动作，动合触点 KM2 闭合自保，维持接触器 KM2 工作状态，反向接触器 KM2 三个主触点同时闭合，电动机绕组获得按 L3、L2、L1 排列的三相 380V 交流电源，电动机 M 反向起动运转。

动合触点 KM2 闭合→17 号线→信号灯 HL2 得电，灯亮表示电动机反向运转。

(5) 停止反向运转。

按下停止按钮 SB1，切断接触器 KM2 的控制电路，接触器 KM2 断电释放，三个主触点断开，电动机 M 断电，停止正方向运转。

(6) 过负荷停机。

电动机过负荷时，负荷电流达到热继电器 KR 的整定值时，热继电器 KR 动作，动断触点 KR 断开，切断接触器 KM1 或 KM2 线圈控制电路，接触器断电释放，接触器 KM1 或 KM2 的三个主触点同时断开，电动机 M 绕组脱离三相 380V 交流电源停止转动，机械设备停止工作。

31 一次保护一组（起停）按钮操作有信号灯电动机正反转控制电路(380V)

一次保护一组（起停）按钮操作有信号灯电动机正反转控制电路（380V）如图 7-38 所示。

(1) 正向起动运转。

将选择开关 SA 切换到正向运转位置，按下起动按钮 SB2，电源 L1 相→控制回路熔断器 FU1→1 号线→停止按钮 SB1 的动断触点→3 号线→起动按钮 SB2 动合触点（按下时闭合）→5 号线→选择开关 SA 接通的 1、2 触点→7 号

线→反向接触器 KM2 的动断触点→9 号线→正向接触器 KM1 线圈→4 号线→热继电器 KR 的动断触点→2 号线→控制回路熔断器 FU2→电源 L3 相。接触器 KM1 线圈获得 380V 电源动作，动合触点 KM1 闭合自保，维持接触器 KM1 工作状态，正向接触器 KM1 三个主触点同时闭合，电动机 M 获得按 L1、L2、L3 排列的三相 380V 交流电源，电动机正向起动运转。

动断点触点 KM1 断开，将反向接触器 KM2 控制电路切断，11 号线断电，防止反向接触器 KM2 起动。

动合触点 KM1 闭合→15 号线→信号灯 HL1 得电，灯亮表示电动机正向运转状态。

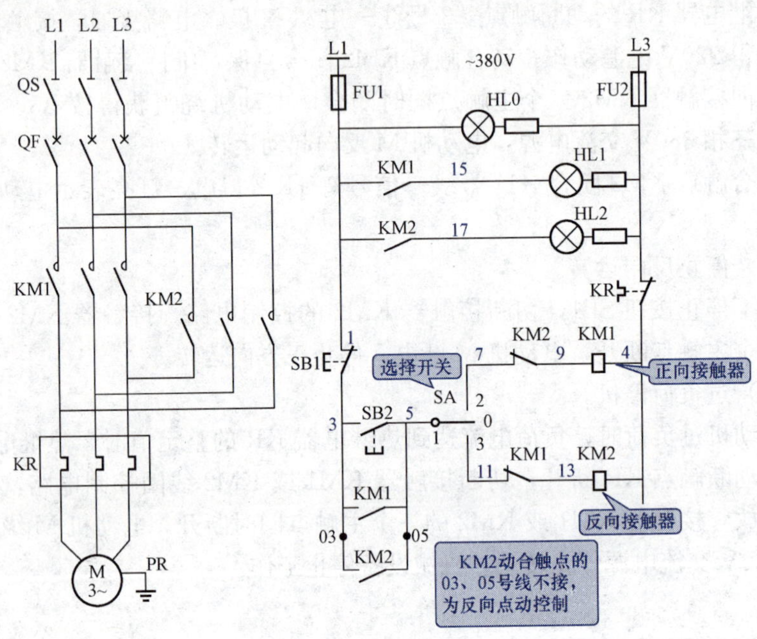

图 7-38　一次保护一组（起停）按钮操作有信号灯电动机正反转 380V 控制电路

（2）停止正方向运转。

按下停止按钮 SB1，切断接触器 KM1 的控制电路，接触器 KM1 断电释放，接触器 KM1 主触点断开，电动机 M 断电，停止正方向运转。

（3）反向起动运转。

将选择开关 SA 切换到反向运转（位置），按下起动按钮 SB2，电源 L1 相→控制回路熔断器 FU1→1 号线→停止按钮 SB1 动断触点→3 号线→起动按钮 SB2 动合触点（按下时闭合）→5 号线→选择开关 SA 接通的 1、3 触点→

11 号线→正向接触器 KM1 动断触点→13 号线→反向接触器 KM2 线圈→4 号线→热继电器 KR 的动断触点→2 号线→控制回路熔断器 FU2→电源 L3 相。电路接通，接触器 KM2 线圈获得 380V 电源动作。

动合触点 KM2 闭合自保，维持接触器 KM2 工作状态，反向接触器 KM2 三个主触点同时闭合，电动机 M 绕组获得按 L3、L2、L1 排列的三相 380V 交流电源，电动机反向起动运转。

动合触点 KM2 闭合→17 号线→信号灯 HL2 得电，灯亮表示电动机反向运转状态。

(4) 停止反方向运转。

按下停止按钮 SB1，切断接触器 KM2 的控制电路，接触器 KM2 断电释放，接触器 KM1 主触点断开，电动机 M 断电，停止反方向运转。

(5) 过负荷停机。

电动机过负荷时，热继电器 KR 动作，动断触点 FR 断开，切断运行中接触器 KM1 或 KM2 线圈电路，接触器 KM1 或 KM2 线圈断电释放，接触器 KM1 或 KM2 的三个主触点同时断开，电动机 M 绕组脱离三相 380V 交流电源停止转动，机械设备停止工作。

32 二次保护有信号灯一组（起停）按钮操作的电动机正反转控制电路（380V）

二次保护有信号灯一组（起停）按钮操作的电动机正反转控制电路（380V）如图 7-39 所示。

(1) 送电。

合上隔离开关 QS，合上断路器 QF，合上控制回路熔断器 FU1、FU2。

(2) 正向起动运转。

选择开关 SA 已切换到正向运转位置，按下起动按钮 SB2，电源 L1 相→控制回路熔断器 FU1→1 号线→停止按钮 SB1 的动断触点→3 号线→起动按钮 SB2 动合触点（按下时闭合）→5 号线→选择开关 SA 接通的 1、2 触点→7 号线→反向接触器 KM2 的动断触点→9 号线→正向接触器 KM1 线圈→4 号线→热继电器 FR 的动断触点→2 号线→控制回路熔断器 FU2→电源 L3 相。接触器 KM1 线圈获得 380V 电源动作，动合触点 KM1 闭合自保，维持接触器 KM1 工作状态，正向接触器 KM1 三个主触点同时闭合，电动机 M 获得按 L1、L2、L3 排列的三相 380V 交流电源，电动机正向起动运转。

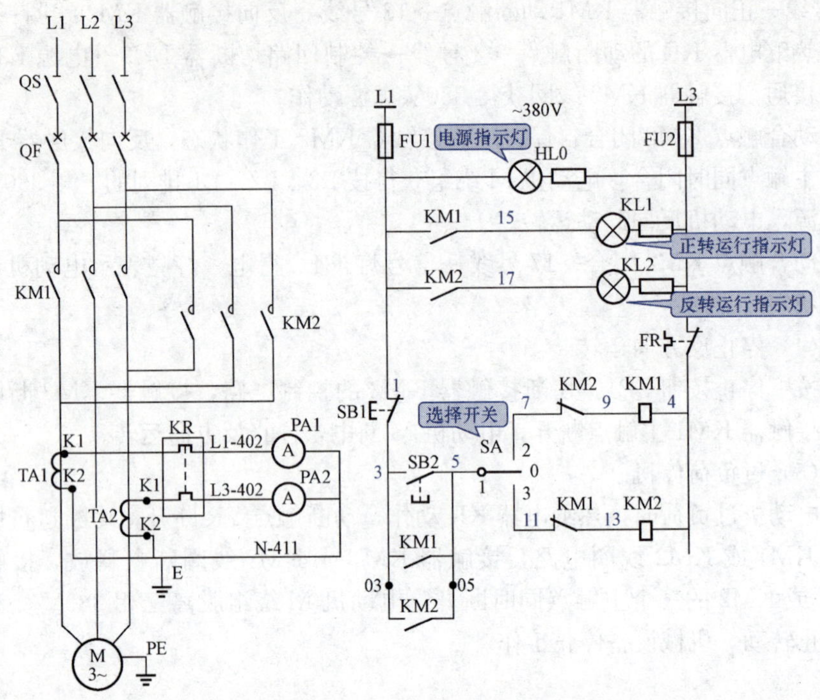

图 7-39　二次保护一组（起停）按钮操作的电动机正反转控制电路（380V）

动断点触点 KM1 断开，将反向接触器 KM2 控制电路切断，11 号线断电，防止反向接触器 KM2 起动。

动合触点 KM1 闭合→15 号线→信号灯 HL1 得电，灯亮表示电动机正方向运转状态。

(3) 停止正向运转。

按下停止按钮 SB1，切断接触器 KM1 的控制电路，接触器 KM1 断电释放，接触器 KM1 主触点断开，电动机 M 断电，停止正方向运转运。

(4) 反向起动运转。

将选择开关 SA 切换到反向运转位置，按下起动按钮 SB2，电源 L1 相→控制回路熔断器 FU1→1 号线→停止按钮 SB1 动断触点→3 号线→起动按钮 SB2 动合触点（按下时闭合）→5 号线→选择开关 SA 接通的 1、3 触点→11 号线→正向接触器 KM1 动断触点→13 号线→反向接触器 KM2 线圈→4 号线→热继电器 KR 的动断触点→2 号线→控制回路熔断器 FU2→电源 L3 相。电路接通，接触器 KM2 线圈获得 380V 电源动作。

动合触点 KM2 闭合自保，维持接触器 KM2 工作状态，反向接触器 KM2

三个主触点同时闭合，电动机 M 绕组获得按 L3、L2、L1 排列的三相 380V 交流电源，相序改变，电动机反向起动运转。动断点触点 KM2 断开，将正向接触器 KM1 控制电路切断，7 号线断电，防止正向接触器 KM1 起动。

动合触点 KM2 闭合→17 号线→信号灯 HL2 得电，灯亮表示电动机反方向运转状态。

（5）停止反向运转。

按下停止按钮 SB1，切断接触器 KM2 的控制电路，接触器 KM2 断电释放，三个主触点同时断开，电动机 M 断电，停止反方向运转。

（6）负荷电流指示。

为了监视电动机的运行负荷，电流表 PA1、PA2 分别串入电流互感器 TA1、TA2 二次回路中。这样的接线，可以在两处分别监视电动机运行的负荷情况。电动机 M 运行中，电动机负荷电流流过电流表 PA1、PA2 表针所指示的数值就是电动机的负荷电流。

（7）过负荷停机。

电动机过负荷时，负荷电流达到热继电器 KR 的整定值时，电流互感器 TA1、TA2 二次回路中的热继电器 KR 动作，动断触点 KR 断开，切断运行中接触器 KM1 或 KM2 线圈电路，接触器 KM1 或 KM2 线圈断电释放，接触器 KM1 或 KM2 的三个主触点同时断开，电动机 M 绕组脱离三相 380V 交流电源停止转动，机械设备停止工作。

33 按钮操作接触器触点联锁的正反转控制电路（380V）

按钮操作接触器触点联锁的正反转控制电路（380V）如图 7-40 所示。所谓接触器触点联锁，就是把正向接触器 KM1 的辅助动断触点串入反向接触器线圈 KM2 控制电路中，把反向接触器 KM2 的辅助动断触点串入正向接触器 KM1 线圈控制电路中，采用这样的接线方式称之接触器联锁即开关联锁。同时达到开关相互制约之目的。

（1）送电操作顺序。

1）合上三相隔离开关 QS；

2）合上断路器 QF；

3）合上控制回路熔断器 FU1、FU2。

（2）正向起动运转。

按下正向起动按钮 SB2，电源 L1 相→控制回路熔断器 FU1→1 号线→停止按钮 SB1 动断触点→3 号线→起动按钮 SB2 动合触点（按下时闭合中）→5

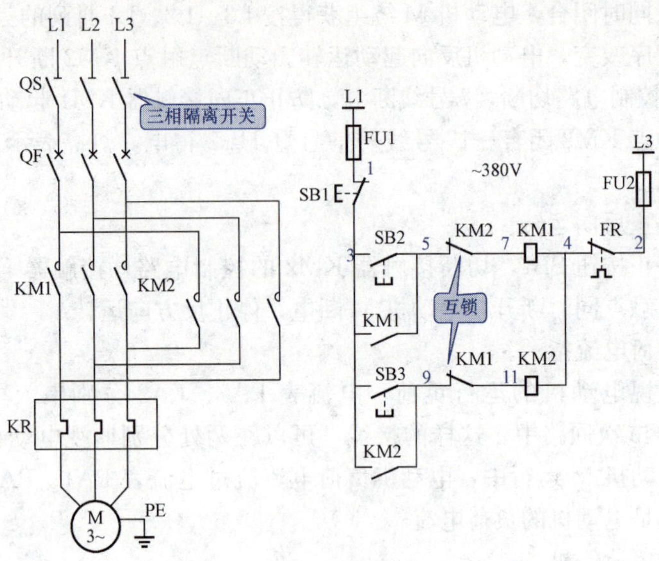

图 7-40　按钮操作接触器触点联锁的正反转控制电路（380V）

号线→反向接触器 KM2 动断触点→7 号线→正向接触器 KM1 线圈→4 号线→热继电器 KR 的动断触点→2 号线→控制回路熔断器 FU2→电源 L3 相。电路接通，接触器 KM1 线圈获电动作，接触器 KM1 动合触点闭合自保，维持接触器 KM1 的工作状态。

主回路中正向接触器 KM1 三个主触点同时闭合，电动机 M 绕组获得按 L1、L2、L3 排列的三相 380V 交流电源，电动机 M 正向起动运转。

(3) 正向运转停止。

电动机在正方向运转中，只要按下停止按钮 SB1，切断接触器的电路，接触器断电释放，接触器主触点断开，电动机 M 断电停止运转。

(4) 反向起动运转。

按下反向起动按钮 SB3。电源 L1 相→控制回路熔断器 FU1→1 号线→停止按钮 SB1 动断触点→3 号线→起动按钮 SB3 动合触点（按下时闭合）→9 号线→正向接触器 KM1 动断触点→11 号线→反向接触器 KM2 线圈→4 号线→热继电器 KR 动断触点→2 号线→控制回路熔断器 FU2→电源 L3 相。电路接通，接触器 KM2 线圈获电动作，接触器 KM2 动合触点闭合自保，维持接触器 KM2 的工作状态。图 7-40 主回路中，反向接触器 KM2 的三个主触点同时闭合，电动机 M 绕组获得按 L3、L2、L1 排列的三相 380V 交流电源，相序改变，电动机 M 反向运转。

（5）反向运转停止。

电动机在反方向运转中，只要按下停止按钮 SB1，切断接触器的电路，接触器断电释放，接触器主触点断开，电动机 M 断电停止运转。

（6）过负荷。

电动机过负荷时，负荷电流达到热继电器 FR 的整定值时，热继电器 KR 动作，动断触点断开，切断运行中接触器 KM1 或 KM2 线圈电路，接触器 KM1 或 KM2 线圈断电释放，接触器 KM1 或 KM2 的三个主触点同时断开，电动机 M 绕组脱离三相 380V 交流电源停止转动，机械设备停止工作。

34 按钮操作接触器触点联锁的正反转控制电路（220V）

按钮操作接触器触点联锁的正反转控制电路（220V）如图 7-41 所示。

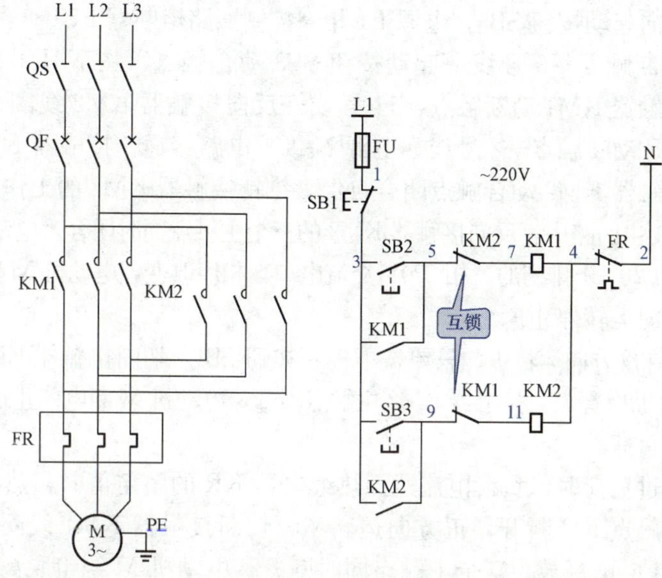

图 7-41 按钮操作接触器触点联锁的正反转 220V 控制电路

（1）送电操作顺序。

1）合上三相隔离开关 QS；

2）合上断路器 QF；

3）合上控制回路熔断器 FU。

（2）正向起动运转。

按下正向起动按钮 SB2，电源 L1 相→控制回路熔断器 FU→1 号线→停止

按钮 SB1 动断触点→3 号线→起动按钮 SB2 动合触点（按下时闭合中）→5 号线→反向接触器 KM2 动断触点→7 号线→正向接触器 KM1 线圈→4 号线→热继电器 KR 的动断触点→2 号线→电源 N 极。

电路接通，接触器 KM1 线圈获电动作，接触器 KM1 动合触点闭合自保，维持接触器 KM1 的工作状态。

主回路中正向接触器 KM1 三个主触点同时闭合，电动机 M 绕组获得按 L1、L2、L3 排列的三相 220V 交流电源，电动机 M 正向起动运转。

(3) 正向运转停止。

电动机在正方向运转中，只要按下停止按钮 SB1，切断接触器 KM1 的电路，接触器 KM1 断电释放，接触器 KM1 主触点断开，电动机 M 断电停止运转。

(4) 反向起动运转。

按下反向起动按钮 SB3，电源 L1 相→控制回路熔断器 FU→1 号线→停止按钮 SB1 动断触点→3 号线→起动按钮 SB3 动合触点（按下时闭合）→9 号线→正向接触器 KM1 动断触点→11 号线→反向接触器 KM2 线圈→4 号线→热继电器 KR 动断触点→2 号线→电源 N 极。电路接通，接触器 KM2 线圈获电动作，接触器 KM2 动合触点闭合自保，维持接触器 KM2 的工作状态。

图 7 - 41 主回路中，反向接触器 KM2 的三个主触点同时闭合，电动机 M 绕组获得按 L3、L2、L1 排列的三相 220V 交流电源，相序改变，电动机 M 反向运转。

(5) 反向运转停止。

电动机在反方向运转中，只要按下停止按钮 SB1，切断接触器 KM2 的电路，接触器 KM2 断电释放，接触器 KM2 主触点断开，电动机 M 断电停止运转。

(6) 过负荷。

电动机过负荷时，负荷电流达到热继电器 KR 的整定值时，热继电器 KR 动作，动断触点 KR 断开，正方向运转中，切断接触器 KM1 线圈控制电路，接触器 KM1 断电释放，三个主触点同时断开，电动机 M 绕组脱离三相 220V 交流电源，停止转动，机械设备停止工作。

反方向运转中，切断接触器 KM2 线圈控制电路，接触器 KM2 线圈断电释放，三个主触点同时断开，电动机 M 绕组脱离三相 380V 交流电源，停止转动，机械设备停止工作。

35 一次保护按钮操作无联锁的正反转控制电路（220V）

一次保护按钮操作无联锁的正反转控制电路（220V）如图 7 - 42 所示。

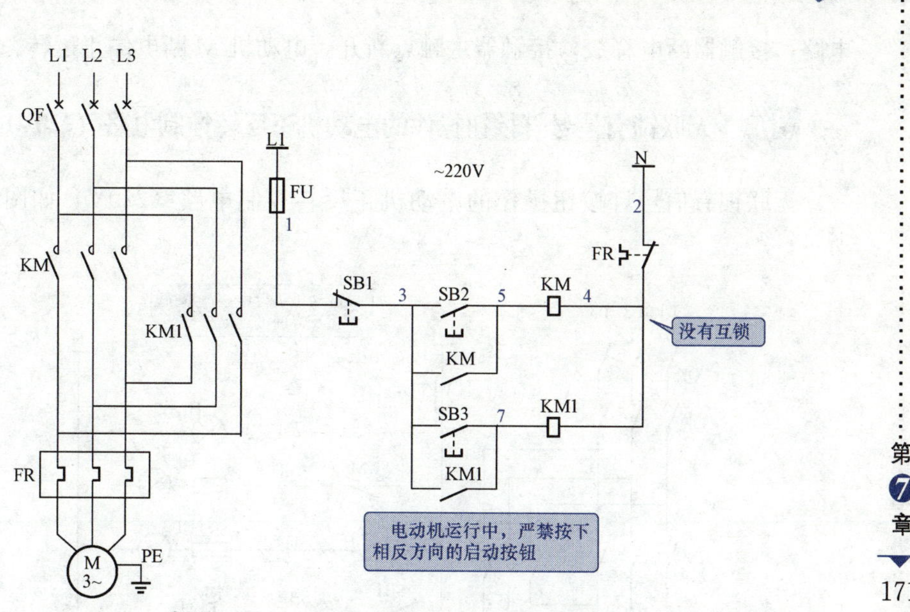

图 7-42　一次保护按钮操作无联锁的正反转控制电路（220V）

（1）正向起动运转。

按下正向起动按钮 SB2，电源 L1 相→控制回路熔断器 FU→1 号线→停止按钮 SB1 动断触点→3 号线→起动按钮 SB2 动合触点（按下时闭合中）→5 号线→正向接触器 KM 线圈→4 号线→热继电器 KR 的动断触点→2 号线→电源 N 极。电路接通，接触器 KM 线圈获电动作，接触器 KM 动合触点闭合自保，维持接触器 KM 的工作状态。

主回路中正向接触器 KM 的三个主触点同时闭合，电动机 M 绕组获得按 L1、L2、L3 排列的三相 380V 交流电源，电动机 M 正向运转。

（2）反向运转。

按下反向起动按钮 SB3，电源 L1 相→控制回路熔断器 FU→1 号线→停止按钮 SB1 动断触点→3 号线→起动按钮 SB3 动合触点（按下时闭合）→7 号线→反向接触器 KM1 线圈→4 号线→热继电器 KR 动断触点→2 号线→电源 N 极。电路接通，接触器 KM1 线圈获 220V 工作电压动作，接触器 KM1 动合触点闭合自保，维持接触器 KM1 的工作状态。

主回路中反向接触器 KM1 的三个主触点同时闭合，电动机 M 绕组获得按 L3、L2、L1 排列的三相 380V 交流电源，相序改变，电动机 M 反向运转。

（3）停止运转。

电动机在正方向或反方向运转中，只要按下停止按钮 SB1，切断接触器的电路，接触器断电释放，接触器主触点断开，电动机 M 断电停止运转。

 无联锁有信号灯按钮操作的电动机正反转控制电路（220V）

无联锁有信号灯按钮操作的电动机正反转控制电路（220V）如图 7 - 43 所示。

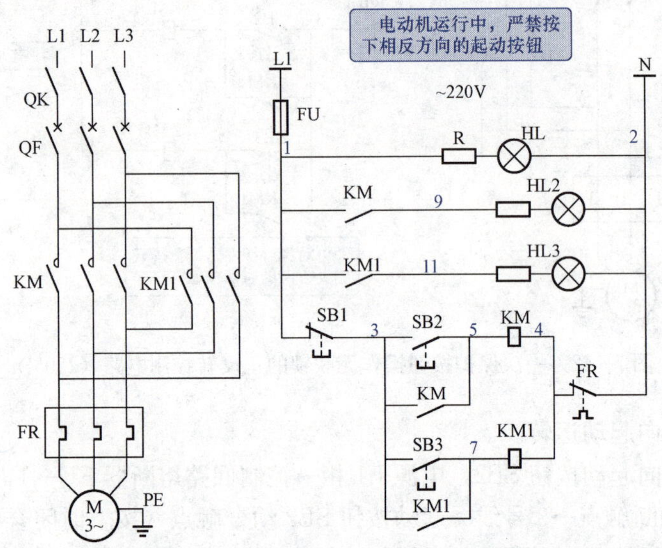

图 7 - 43　无联锁有信号灯按钮操作的电动机正反转控制电路（220V）

（1）正向起动运转。

按下正向起动按钮 SB2，电源 L1 相→控制回路熔断器 FU→1 号线→停止按钮 SB1 动断触点→3 号线→起动按钮 SB2 动合触点（按下时闭合中）→5 号线→正向接触器 KM 线圈→4 号线→热继电器 KR 的动断触点→2 号线→电源 N 极。电路接通，接触器 KM 线圈获电动作，接触器 KM 动合触点闭合自保，维持接触器 KM 的工作状态。

主回路中的正向接触器 KM 三个主触点同时闭合，电动机 M 绕组获得按 L1、L2、L3 排列的三相 380V 交流电源，电动机 M 正向起动运转。

接触器 KM 动合触点闭合→9 号线→信号灯 HL2 得电灯亮，表示电动机正向运转。

（2）反向运转。

按下反向起动按钮 SB3，电源 L1 相→控制回路熔断器 FU→1 号线→停止按钮 SB1 动断触点→3 号线→起动按钮 SB3 动合触点（按下时闭合）→7 号

线→反向接触器KM1线圈→4号线→热继电器KR动断触点→2号线→电源N极。电路接通，接触器KM1线圈获220V工作电压动作，接触器KM1动合触点闭合自保，维持接触器KM1的工作状态。

主回路中反向接触器KM1的三个主触点同时闭合，电动机M绕组获得按L3、L2、L1排列的三相380V交流电源，相序改变，电动机M反向运转。

接触器KM1动合触点闭合→11号线→信号灯HL3得电灯亮，表示电动机反向运转。

（3）停止运转。

电动机在正方向或反方向运转中，只要按下停止按钮SB1，切断接触器的电路，接触器断电释放，接触器主触点断开，电动机M断电停止运转。

（4）过负荷停机。

电动机过负荷时，热继电器KR动作，动断触点KR断开，切断运行中的接触器KM或KM1线圈控制电路，接触器KM、KM1断电释放，接触器KM、KM1的三个主触点同时断开，电动机M绕组脱离三相380V交流电源停止转动，机械设备停止工作。

37 按钮联锁操作的电动机正反转控制电路（380V）

按钮联锁操作的电动机正反转控制电路（380V）如图7-44所示。所谓按钮联锁，就是在电动机正反转控制电路中，正向控制按钮SB2的动断触点与反向接触器KM2线圈相接。反向控制按钮SB3的动断触点与正向接触器KM1线圈相接。

（1）送电操作顺序。

1）合上三相刀开关QK；

2）合上断路器QF；

3）合上控制回路熔断器FU1、FU2。

（2）正向起动运转。

按下正向起动按钮SB2，串入反向接触器KM2线圈电路中的按钮SB2动断触点先断开，切断反向接触器KM2线圈控制电路，使之不能得电。

按到正向起动按钮SB2，动合触点接通时，电源L1相→控制回路熔断器FU1→1号线→停止按钮SB1动断触点→3号线→按钮SB3动断触点→5号线→起动按钮SB2动合触点（按下时闭合）→7号线→正向接触器KM线圈→4号线→热继电器KR的动断触点→2号线→控制回路熔断器FU2→电源L3相。电路接通，接触器KM线圈获380V的工作电压动作，接触器KM动合触

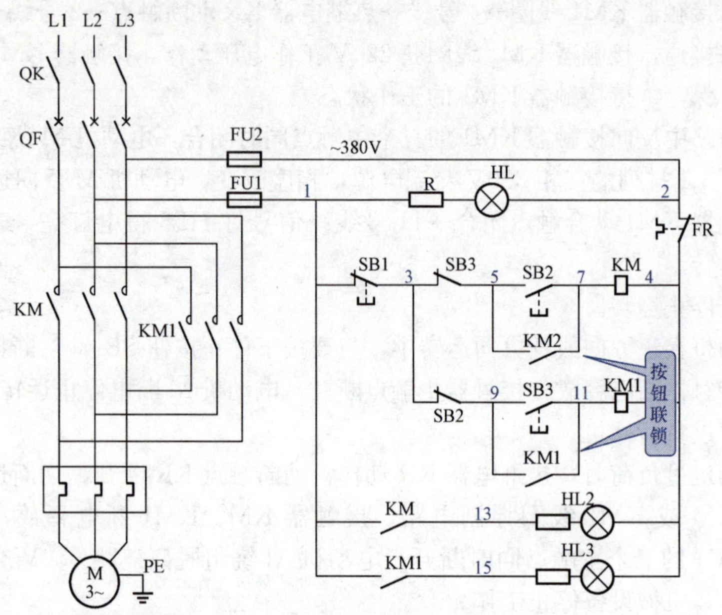

图 7-44　按钮联锁操作的电动机正反转控制电路（380V）

点闭合自保，维持接触器 KM1 工作状态。

主电路正向接触器 KM 三个主触点同时闭合，电动机 M 绕组获得按 L1、L2、L3 排列的三相 380V 交流电源，电动机 M 正向起动运转。

接触器 KM 动合触点闭合→15 号线→信号灯 HL2 得电灯亮，表示电动机 M 正向运转。

（3）反向起动运转。

按下反向起动按钮 SB3，串入正向接触器 KM 线圈电路中的按钮 SB3 动断触点先断开，切断正向接触器 KM 线圈电路，使之不能得电。

按到反向起动按钮 SB3，其动合触点接通，电源 L1 相→控制回路熔断器 FU1→1 号线→停止按钮 SB1 动断触点→3 号线→按钮 SB2 动断触点→9 号线→起动按钮 SB3 动合触点（按下时闭合）→11 号线→反向接触器 KM1 线圈→4 号线→热继电器 KR 动断触点→2 号线→控制回路熔断器 FU2→电源 L3 相。电路接通，接触器 KM1 线圈获电动作，接触器 KM1 动合触点闭合自保。维持接触器 KM1 工作状态。

主电路中，反向接触器 KM1 三个主触点同时闭合，电动机 M 绕组获得按 L3、L2、L1 排列的三相 380V 交流电源，电动机 M 反向起动运转。

接触器 KM1 动合触点闭合→17 号线→信号灯 HL3 得电灯亮，表示电动

机 M 正向运转。

（4）停止运转。

电动机在正方向或反方向运转中，只要按下停止按钮 SB1，切断接触器的电路，接触器断电释放，接触器主触点断开，电动机 M 断电停止运转。

（5）过负荷停机。

电动机过负荷时，热继电器 KR 动作，动断触点 FR 断开，切断运行中的接触器 KM 或 KM1 线圈电路，接触器 KM、KM1 线圈断电释放，接触器 KM、KM1 的三个主触点同时断开，电动机 M 绕组脱离三相 380V 交流电源停止转动，机械设备停止工作。

38 按钮联锁操作的电动机正反转控制电路（220V）

按钮联锁操作的电动机正反转控制电路（220V）如图 7-45 所示。

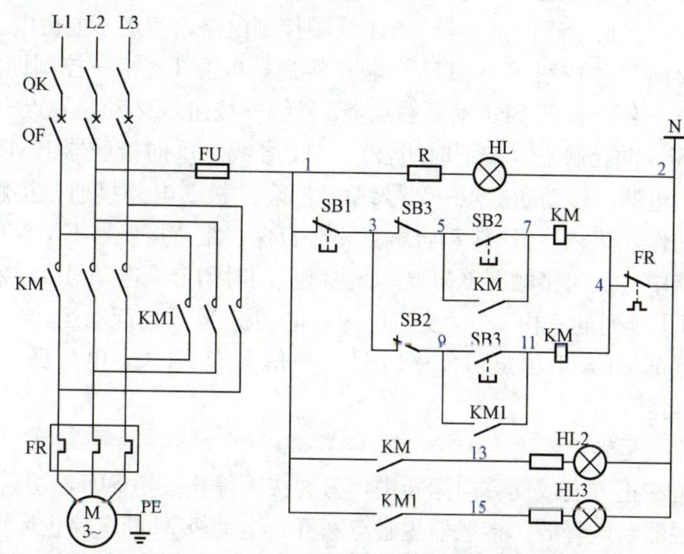

图 7-45 按钮联锁操作的电动机正反转控制电路（220V）

（1）送电操作顺序。

1）合上三相刀开关 QK；

2）合上断路器 QF；

3）合上控制回路熔断器 FU。

（2）正向起动运转。

按下正向起动按钮 SB2，串入反向接触器 KM1 线圈电路中的按钮 SB2 动断触点先断开，切断反向接触器KM1线圈控制电路，使之不能得电。

按到正向起动按钮SB2其动合触点接通时，电源L2相→控制回路熔断器FU→1号线→停止按钮SB1动断触点→3号线→按钮SB3动断触点→5号线→起动按钮SB2动合触点（按下时闭合）→7号线→正向接触器KM线圈→4号线→热继电器FR的动断触点→2号线→电源N极。电路接通，接触器KM线圈获220V的工作电压动作，接触器KM动合触点闭合自保，维持接触器KM工作状态。

主电路中，正向接触器KM三个主触点同时闭合，电动机M绕组获得按L1、L2、L3排列的三相380V交流电源，电动机M正向起动运转。

接触器KM动合触点闭合→13号线→信号灯HL2得电灯亮，表示电动机M正向运转。

（3）反向起动运转。

按下反向起动按钮SB3，串入正向接触器KM线圈电路中的按钮SB3动断触点先断开，切断正向接触器KM1线圈控制电路，使之不能得电。

按到反向起动按钮SB3其动合触点接通，电源L2相→控制回路熔断器FU→1号线→停止按钮SB1动断触点→3号线→按钮SB2动断触点→9号线→起动按钮SB3动合触点（按下时闭合）→11号线→反向接触器KM1线圈→4号线→热继电器KR动断触点→2号线→电源N极。电路接通，接触器KM1线圈获电动作，接触器KM1动合触点闭合自保，维持接触器KM1工作状态。

主电路中，反向接触器KM1三个主触点同时闭合，电动机M绕组获得按L3、L2、L1排列的三相380V交流电源，电动机M反向起动运转。

接触器KM1动合触点闭合→15号线→信号灯HL3得电灯亮，表示电动机M反向运转。

（4）停止运转。

电动机在正方向或反方向运转中，只要按下停止按钮SB1，切断接触器的电路，接触器断电释放，接触器主触点断开，电动机M断电停止运转。

正方向运转中，按反方向起动按钮SB3，其动断触点断开，切断正向接触器的电路，接触器断电释放，正向接触器主触点断开，电动机断电停止正方向运转。

反方向运转中，按正方向起动按钮SB2，其动断触点断开，切断反向接触器的电路，反向接触器断电释放主触点断开，电动机断电停止反向运转。

（5）过负荷停机。

电动机M过负荷时，主回路中的热继电器KR动作，热继电器KR的动断触点断开，电动机正方向运转，切断接触器KM线圈电路，接触器KM线

圈断电释放，接触器 KM 的三个主触点同时断开，电动机 M 绕组脱离三相 380V 交流电源，正方向转动停止，所拖动的机械设备停止工作。

电动机 M 反方向运转，切断接触器 KM1 线圈电路，接触器 KM1 线圈断电，接触器 KM1 释放，接触器 KM1 的三个主触点同时断开，电动机 M 绕组脱离三相 380V 交流电源，反方向转动停止，所拖动的机械设备停止工作。

39 双重联锁的没有信号灯电动机正反转控制电路（380V）

双重联锁的正反转控制电路应用非常普遍。所谓双重联锁，就是在电动机正反转控制电路中，正向控制按钮 SB2 的动断触点与反向触器 KM2 动断触点串联后，再与接触器 KM1 线圈连接。反向控制按钮 SB3 的动断触点与正向接触器 KM1 动断触点串联后，与正向接触器 KM1 线圈相接。双重联锁的没有信号灯电动机正反转控制电路（380V）如图 7-46 所示。

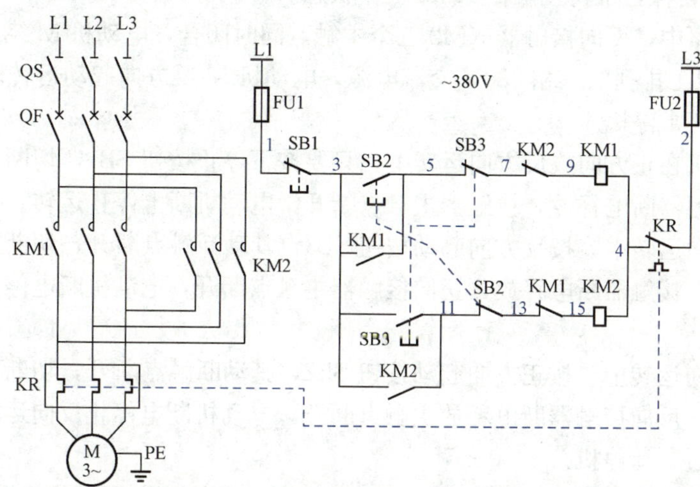

图 7-46 双重联锁的没有信号灯电动机正反转控制电路（380V）

（1）送电操作顺序。

1）合上三相刀开关 QS；

2）合上断路器 QF；

3）合上控制回路熔断器 FU1、FU2。

（2）正向起动运转。

按下正向起动按钮 SB2，电源 L1 相→控制回路熔断器 FU1→1 号线→停止按钮 SB1 动断触点→3 号线→按起动按钮 SB2 动合触点（按下时闭合）→5

号线→按钮钮 SB3 的动断触点→7 号线→反向接触器 KM2 动断触点→9 号线→正向接触器 KM1 线圈→4 号线→热继电器 KR 的动断触点→2 号线→控制回路熔断器 FU2→电源 L3 相。电路接通，接触器 KM1 线圈获得～380V 电压动作，动合触点 KM1 闭合自保，维持接触器 KM1 工作状态。

正向接触器 KM1 三个主触点同时闭合，电动机绕组获得按 L1、L2、L3 排列的三相 380V 交流电源，电动机 M 正向起动运转。

(3) 反向起动运转。

按下反向起动按钮 SB3，电源 L1 相→控制回路熔断器 FU1→1 号线→停止按钮 SB1 动断触点→3 号线→起动按钮 SB3（按下时闭合）→11 号线→按钮 SB2 动断触点→13 号线→正向接触器 KM1 动断触点→15 号线→反向接触器 KM2 线圈→4 号线→热继电器 KR 动断触点→2 号线→控制回路熔断器 FU2→电源 L3 相。电路接通，接触器 KM2 线圈获得 380V 电压动作，动合触点 KM2 闭合自保，维持接触器 KM2 工作状态。

主电路中，反向接触器 KM2 三个主触点同时闭合，电动机 M 绕组获得按 L3、L2、L1 排列的三相 380V 交流电源，电动机 M 反方向起动运转。

(4) 正常停机。

电动机在正方向或反方向运转中，只要按下停止按钮 SB1，切断接触器的电路，接触器断电释放，接触器主触点断开，电动机断电停止运转。

正方向运转中，按反方向起动按钮 SB3，其动断触点断开，切断正向接触器的电路，接触器断电释放，正向接触器主触点断开，电动机断电停止正方向运转。

反方向运转中，按正方向起动按钮 SB2，其动断触点断开，切断反向接触器的电路，反向接触器断电释放主触点断开，电动机断电停止反向运转。

(5) 过负荷停机。

电动机过负荷时，负荷电流达到热继电器 KR 的整定值时，热继电器 FR 动作，动断触点 KR 断开，切断接触器 KM1 或 KM2 线圈控制电路，接触器断电释放，接触器 KM1 或 KM2 的三个主触点同时断开，电动机 M 绕组脱离三相 380V 交流电源停止转动，机械设备停止工作。

40 双重联锁的没有信号灯电动机正反转控制电路（220V）

双重联锁的没有信号灯电动机正反转控制电路（220V）如图 7－47 所示。

(1) 送电。

合上隔离开关 QS，合上断路器 QF，合上控制回路熔断器 FU。

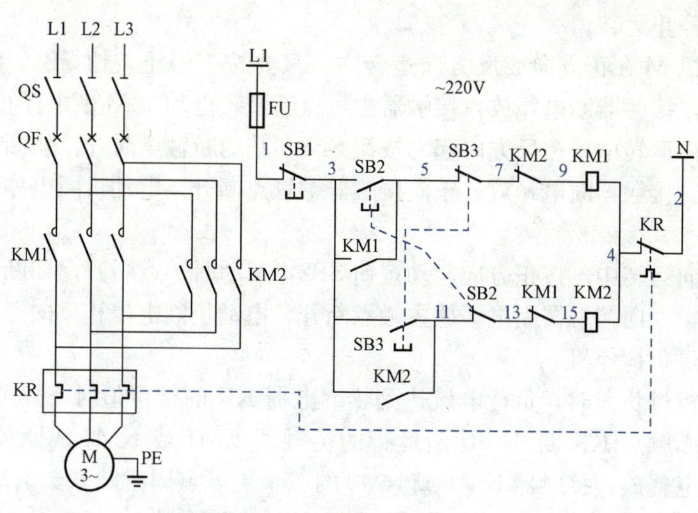

图 7 - 47　双重联锁的没有信号灯电动机正反转 220V 控制电路

（2）正向起动运转。

按下正向起动按钮 SB2，动断触点 SB2 断开，切断反向接触器 KM2 控制电路。动合触点 SB2 闭合时，电源 L1 相→控制回路熔断器 FU→1 号线→停止按钮 SB1 动断触点→3 号线→按钮 SB3 的动断触点→5 号线→起动按钮 SB2 动合触点（按下时闭合）→7 号线→反向接触器 KM2 动断触点→9 号线→正向接触器 KM1 线圈→4 号线→热继电器 KR 的动断触点→2 号线→电源 N 极。电路接通，接触器 KM1 线圈获得 220V 电压动作，动合触点 KM1 闭合自保，维持接触器 KM1 工作状态。

正向接触器 KM1 三个主触点同时闭合，电动机绕组获得按 L1、L2、L3 排列的三相 380V 交流电源，电动机正向运转。

（3）反向运转。

按下正向起动按钮 SB3，动断触点 SB3 断开，切断正向接触器 KM1 控制电路。动合触点 SB3 闭合时，电源 L1 相→控制回路熔断器 FU→1 号线→停止按钮 SB1 动断触点→3 号线→按钮 SB2 动断触点→11 号线→起动按钮 SB3 动合触点（按下时闭合）→13 号线→正向接触器 KM1 动断触点→15 号线→反向接触器 KM2 线圈→4 号线→热继电器 KR 的动断触点→2 号线→电源 N 极。电路接通，接触器 KM2 线圈获得 220V 电源动作，动合触点 KM2 闭合自保。

反向接触器 KM2 三个主触点同时闭合，电动机 M 绕组获得按 L3、L2、L1 排列的三相 380V 交流电源，电动机反向运转。

(4) 停止运转。

电动机 M 在正方向或反方向运转中，只要按下停止按钮 SB1，切断接触器的电路，接触器断电释放，接触器主触点断开，电动机 M 断电停止运转。

正方向运转中，按反方向起动按钮 SB3，其动断触点断开，切断正向接触器的电路，接触器断电释放，正向接触器主触点断开，电动机断电停止正方向运转。

反方向运转中，按正方向起动按钮 SB2，其动断触点断开，切断反向接触器的电路，反向接触器断电释放主触点断开，电动机断电停止反向运转。

(5) 过负荷停机。

电动机过负荷时，负荷电流达到热继电器 KR 的整定值时，热继电器 FR 动作，动断触点 KR 断开，切断运行的接触器 KM1 或 KM2 线圈控制电路，接触器断电释放，接触器 KM1 或 KM2 的三个主触点同时断开，电动机 M 绕组脱离三相 380V 交流电源停止转动，机械设备停止工作。

 双重联锁的有运行信号灯电动机正反转控制电路（220V）

双重联锁的有运行信号灯电动机正反转控制电路（220V）如图 7-48 所示。

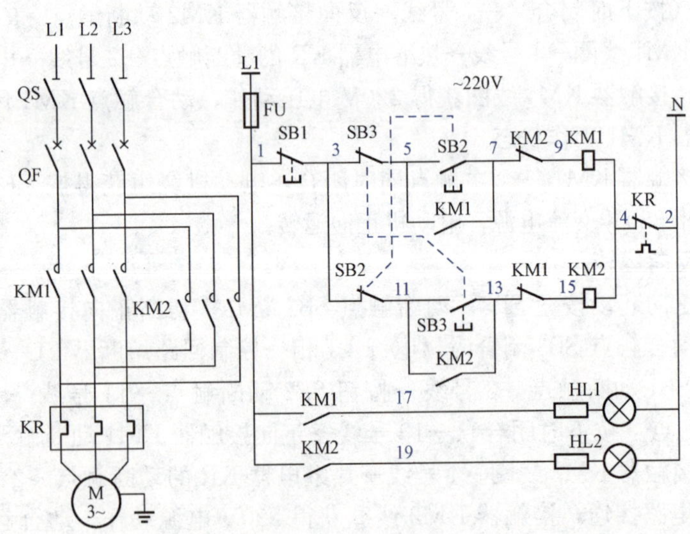

图 7-48 双重联锁的有运行信号灯电动机正反转控制回路（220V）

（1）送电。

合上隔离开关 QS，合上断路器 QF，合上控制回路熔断器 FU。

（2）正向起动运转。

按下正向起动按钮 SB2，动断触点 SB2 断开，切断反向接触器 KM2 控制电路。动合触点 SB2 闭合，电源 L1 相→控制回路熔断器 FU→1 号线→停止按钮 SB1 动断触点→3 号线→按钮 SB3 的动断触点→5 号线→起动按钮 SB2 动合触点（按下时闭合）→7 号线→反向接触器 KM2 动断触点→9 号线→正向接触器 KM1 线圈→4 号线→热继电器 KR 的动断触点→2 号线→电源 N 极。电路接通，接触器 KM1 线圈获得 220V 电压动作，动合触点 KM1 闭合自保，维持接触器 KM1 工作状态。

正向接触器 KM1 三个主触点同时闭合，电动机绕组获得按 L1、L2、L3 排列的三相 380V 交流电源，电动机正向运转。

接触器 KM1 动合触点闭合→17 号线→信号灯 HL1 得电，灯亮表示电动机正向运转。

（3）反向起动运转。

按下起动按钮 SB2，电源 L1 相→控制回路熔断器 FU→1 号线→停止按钮 SB1 动断触点→3 号线→按钮 SB2 动断触点→11 号线→起动按钮 SB3 动合触点（按下时闭合）→13 号线→正向接触器 KM1 动断触点→15 号线→反向接触器 KM2 线圈→4 号线→热继电器 KR 的动断触点→2 号线→电源 N 极。电路接通，接触器 KM2 线圈获得 220V 电源动作。

反向接触器 KM2 三个主触点同时闭合，电动机 M 绕组获得按 L3、L2、L1 排列的三相 380V 交流电源，电动机反向运转。

接触器 KM2 动合触点闭合→19 号线→信号灯 HL2 得电，灯亮表示电动机反向运转。

（4）停止运转。

电动机 M 在正方向或反方向运转中，只要按下停止按钮 SB1，切断接触器的电路，接触器断电释放，接触器主触点断开，电动机 M 断电停止运转。

正方向运转中，按反方向起动按钮 SB3，其动断触点断开，切断正向接触器的电路，接触器断电释放，正向接触器主触点断开，电动机断电停止正方向运转。

反方向运转中，按正方向起动按钮 SB2，其动断触点断开，切断反向接触器的电路，反向接触器断电释放主触点断开，电动机断电停止反向运转。

（5）过负荷停机。

电动机过负荷时，负荷电流达到热继电器 FR 的整定值时，热继电器 FR 动作，动断触点 FR 断开，切断接触器 KM1 或 KM2 线圈控制电路，接触器释放，接触器 KM1 或 KM2 的三个主触点同时断开，电动机绕组脱离三相 380V 交流电源停止转动，机械设备停止工作。

42 有单电流表有信号灯的双重联锁电动机正反转控制电路（380V）

有单电流表有信号灯的双重联锁电动机正反转控制电路（380V）如图 7-49 所示。

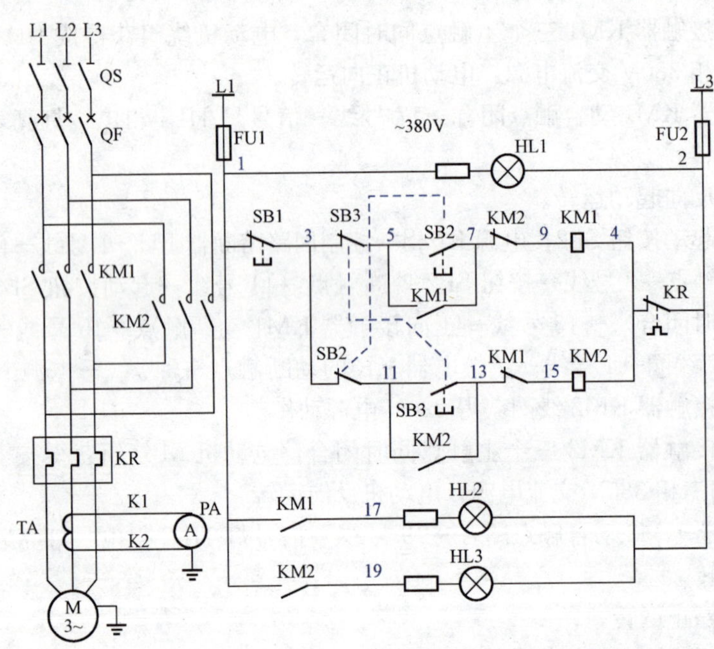

图 7-49 有单电流表有信号灯的双重联锁电动机正反转控制电路（380V）

（1）送电。

1）合上隔离开关 QS；

2）合上断路器 QF；

3）合上控制回路熔断器 FU1、FU2。信号灯 HL1 得电，灯亮表示回路送电。

（2）正向起动运转。

按下正向起动按钮 SB2，电源 L1 相→控制回路熔断器 FU1→1 号线→停

止按钮 SB1 动断触点→3 号线→按钮 SB3 的动断触点→5 号线→起动按钮 SB2 动合触点（按下时闭合）→7 号线→反向接触器 KM2 动断触点→9 号线→正向接触器 KM1 线圈→4 号线→热继电器 KR 的动断触点→2 号线→控制回路熔断器 FU2→电源 L3 相。电路接通，接触器 KM1 线圈获得 380V 电压动作，动合触点 KM1 闭合自保，维持接触器 KM1 工作状态。

正向接触器 KM1 三个主触点同时闭合，电动机绕组获得按 L1、L2、L3 排列的三相 380V 交流电源，电动机正向起动运转。

接触器 KM1 动合触点闭合→17 号线→信号灯 HL2 得电，灯亮表示电动机正向运转。

（3）反向起动运转。

按下反向起动按钮 SB3，电源 L1 相→控制回路熔断器 FU1→1 号线→停止按钮 SB1 动断触点→3 号线→按钮 SB2 的动断触点→11 号线→起动按钮 SB3 动合触点（按下时闭合）→13 号线→正向接触器 KM1 动断触点→15 号线→反向接触器 KM2 线圈→4 号线→热继电器 KR 的动断触点→2 号线→控制回路熔断器 FU2→电源 L3 相。电路接通，接触器 KM2 线圈获得 380V 电压动作，动合触点 KM2 闭合自保，维持接触器 KM2 工作状态。

反向接触器 KM2 三个主触点同时闭合，电动机绕组获得按 L3、L2、L1 排列的三相 380V 交流电源，电动机反向起动运转。

接触器 KM2 动合触点闭合→19 号线→信号灯 HL3 得电，灯亮表示电动机反向运转。

（4）停止运转。

电动机 M 在正方向或反方向运转中，只要按下停止按钮 SB1，切断接触器的控制电路接触器断电释放，接触器主触点断开，电动机断电停止运转。

正方向运转中，按反方向起动按钮 SB3 其动断触点断开，切断正向接触器的电路，正向接触器断电释放，三个主触点断开，电动机断电停止正向运转。

反方向运转中，按正方向起动按钮 SB2 其动断触点断开，切断反向接触器的电路，反向接触器断电释放主触点断开，电动机断电停止反向运转。

（5）过负荷停机。

电动机过负荷时，负荷电流达到热继电器 KR 的整定值时，热继电器 KR 动作，动断触点断开，切断接触器 KM1 或 KM2 线圈控制电路，接触器断电释放，接触器 KM1 或 KM2 的三个主触点同时断开，电动机绕组脱离三相 380V 交流电源停止转动，机械设备停止工作。

43 正向连续运转、反向点动运转的控制电路（220V）

正向连续运转、反向点动运转的控制电路（220V）如图7-50所示。采用这种线路省去一只起动按钮，增加了一个转换开关SA（下称选择开关），接线简单，故障容易查找处理，通常用于不频繁改变电动机的旋转方向的机械设备电路控制。

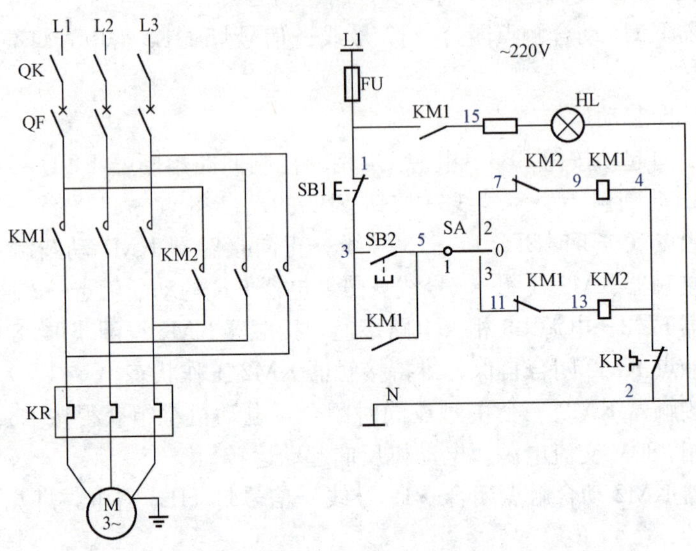

图7-50　正向连续运转、反向点动运转的220V控制电路

想一想

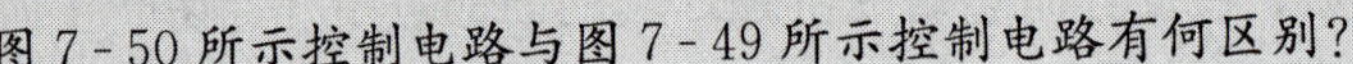

图7-50所示控制电路与图7-49所示控制电路有何区别？

（1）送电。

合上三相刀开关QK，合上熔断器FU，将选择开关SA切换到正向连续运转位置。

（2）正向连续运转。

将选择开关SA切换到正向连续运转位置，按下起动按钮SB2，电源L1相→控制回路熔断器FU→1号线→停止按钮SB1的动断触点→3号线→起动按钮SB2动合触点（按下时闭合）→5号线→选择开关SA接通的1、2触点→7号线→反向接触器KM2的动断触点→9号线→正向接触器KM1线圈→

4 号线→热继电器 KR 的动断触点→2 号线→电源 N 极。

接触器 KM1 线圈获得 220V 交流电源动作，动合触点 KM1 闭合自保，维持接触器 KM1 工作状态，正向接触器 KM1 三个主触点同时闭合，电动机 M 绕组获得按 L1、L2、L3 排列的三相 220V 交流电源，电动机正向连续运转。

接触器 KM1 动合触点闭合→15 号线→信号灯 HL 得电灯亮，表示电动机正向连续运转。

（3）反向点动运转。

将选择开关 SA 切换到反向点动运转位置，按下起动按钮 SB2。

电源 L1 相→控制回路熔断器 FU→1 号线→停止按钮 SB1 动断触点→3 号线→起动按钮 SB3 动合触点（按下时闭合）→5 号线→选择开关 SA 接通的 1、3 触点→11 号线→正向接触器 KM1 动断触点→13 号线→反向接触器 KM2 线圈→4 号线→热继电器 KR 的动断触点→2 号线→电源 N 极。电路接通，接触器 KM2 线圈获得 220V 电源动作。

反向接触器 KM2 三个主触点同时闭合，电动机 M 绕组获得按 L3、L2、L1 排列的三相 220V 交流电源，电动机反向运转。

因为接触器 KM2 没有自保回路，当手离开起动按钮 SB2，其动合触点断开，反向接触器 KM2 断电释放，三个主触点同时断开，电动机绕组断电，电动机反向运转停止。

（4）停止运转。

电动机在正向运转中，只要按下停止按钮 SB1，切断接触器的电路，接触器断电释放，接触器主触点断开，电动机 M 断电停止运转。

（5）过负荷停机。

电动机过负荷时，负荷电流达到热继电器 KR 的整定值时，热继电器 KR 动作，动断触点断开，切断接触器 KM1 或 KM2 线圈控制电路，接触器断电释放，接触器 KM1 或 KM2 的三个主触点同时断开，电动机 M 绕组脱离三相 380V 交流电源停止转动，机械设备停止工作。

 44 有信号灯的正向连续运转、反向点动运转的控制电路（380V）

合上三相刀开关 QK，合上熔断器 FU。然后通过选择开关 SA 来选择电动机的运转方向的控制。

有信号灯的正向连续运转、反向点动运转的控制电路（380V）如图 7 - 51 所示。

（1）送电。

（2）正向连续运转。

将选择开关 SA 切换到正向连续运转位置，按下起动按钮 SB2。电源 L1 相→控制回路熔断器 FU1→1 号线→停止按钮 SB1 的动断触点→3 号线→起动按钮 SB2 动合触点（按下时闭合）→5 号线→选择开关 SA 接通的 1、2 触点→7 号线→反向接触器 KM2 的动断触点→9 号线→正向接触器 KM1 线圈→4 号线→热继电器 KR 的动断触点→2 号线→控制回路熔断器 FU2→电源 L3 相。

接触器 KM1 线圈获得 380V 交流电源动作，动合触点 KM1 闭合自保，维持接触器 KM1 工作状态，正向接触器 KM1 三个主触点同时闭合，电动机 M 绕组获得按 L1、L2、L3 排列的三相 380V 交流电源，电动机正向连续运转。

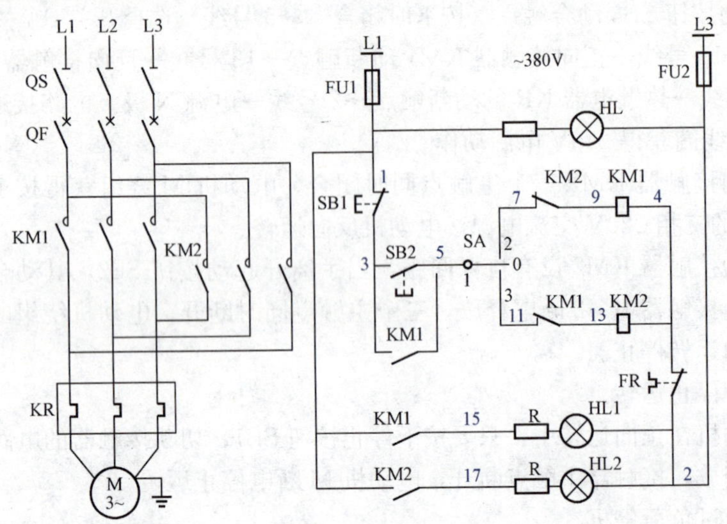

图 7-51　有信号灯的正向连续运转、反向点动运转的控制电路（380V）

（3）反向点动运转。

将选择开关 SA 切换到反向点动运转位置，按下起动按钮 SB2，电源 L1 相→控制回路熔断器 FU1→1 号线→停止按钮 SB1 动断触点→3 号线→起动按钮 SB3 动合触点（按下时闭合）→5 号线→选择开关 SA 接通的 1、3 触点→11 号线→正向接触器 KM1 动断触点→13 号线→反向接触器 KM2 线圈→4 号线→热继电器 KR 的动断触点→2 号线→控制回路熔断器 FU2→电源 L3 相。电路接通，接触器 KM2 线圈获得 380V 电源动作。

反向接触器 KM2 三个主触点同时闭合，电动机 M 绕组获得按 L3、L2、L1 排列的三相 380V 交流电源，电动机反向运转。

因为接触器 KM2 没有自保回路，当手离开起动按钮 SB2，其动合触点断

开，反向接触器 KM2 断电释放，三个主触点同时断开，电动机绕组断电，电动机反向运转停止。

（4）停止运转。

电动机 M 在正方向运转中，按下停止按钮 SB1，切断接触器的电路，接触器断电释放，接触器主触点断开，电动机 M 断电停止运转。

（5）过负荷停机。

电动机过负荷时，负荷电流达到热继电器 KR 的整定值时，热继电器 KR 动作，动断触点断开，切断接触器 KM1 或 KM2 线圈控制电路，接触器断电释放，接触器 KM1 或 KM2 的三个主触点同时断开，电动机 M 绕组脱离三相 380V 交流电源停止转动，机械设备停止工作。

45 双重联锁按钮操作的电动机正向连续运转、反向点动运转的控制电路（380V）

双重联锁按钮操作的电动机正向连续运转、反向点动运转的控制电路（380V）如图 7-52 所示。

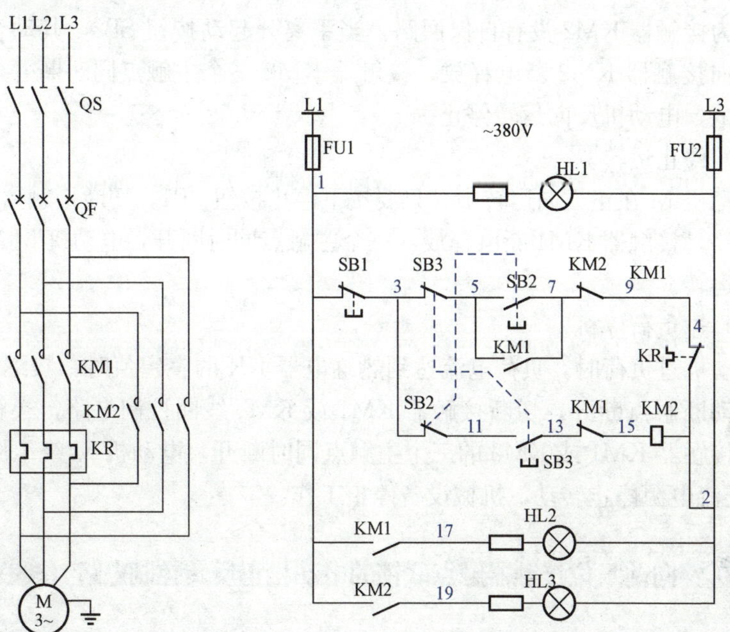

图 7-52　双重联锁按钮操作的电动机正向连续、反向点动运转的 380V 控制电路

(1) 正向起动运转。

按下正向起动按钮 SB2，电源 L1 相→控制回路熔断器 FU1→1 号线→停止按钮 SB1 动断触点→3 号线→按钮 SB3 的动断触点→5 号线→起动按钮 SB2 动合触点（按下时闭合）→7 号线→反向接触器 KM2 动断触点→9 号线→正向接触器 KM1 线圈→4 号线→热继电器 KR 的动断触点→2 号线→控制回路熔断器 FU2→电源 L3 相。电路接通，接触器 KM1 线圈获得 380V 电压动作，动合触点 KM1 闭合自保，维持接触器 KM1 工作状态。

正向接触器 KM1 三个主触点同时闭合，电动机绕组获得按 L1、L2、L3 排列的三相 380V 交流电源，电动机正向起动连续运转。

(2) 反向点动运转。

按下反向起动按钮 SB3，电源 L1 相→控制回路熔断器 FU1→1 号线→控制开关 SA 触点→3 号线→停止按钮 SB1 动断触点→5 号线→正向按钮 SB2 动断触点→13 号线→起动按钮 SB3（按下时闭合）→15 号线→正向接触器 KM1 动断触点→17 号线→反向接触器 KM2 线圈→2 号线→控制回路熔断器 FU2→电源 L3 相。电路接通，接触器 KM2 线圈获电得 380V 电压动作。

反向接触器 KM2 三个主触点同时闭合，电动机 M 绕组获得按 L3、L2、L1 排列的三相 380V 交流电源，电动机反向运转。

因为接触器 KM2 没有自保回路，当手离开起动按钮 SB2，其动合触点断开，反向接触器 KM2 断电释放，接触器 KM2 三个主触点同时断开，电动机绕组断电，电动机反向运转停止。

(3) 停止运转。

电动机 M 在正方向运转中，只要按下停止按钮 SB1，切断接触器 KM1 的控制电路，接触器 KM1 断电释放，三个主触点同时断开，电动机 M 断电停止正方向运转。

(4) 过负荷停机。

电动机过负荷时，负荷电流达到热继电器 KR 的整定值时，热继电器 KR 动作，动断触点断开，切断接触器 KM1 或 KM2 线圈控制电路，接触器断电释放，接触器 KM1 或 KM2 的三个主触点同时断开，电动机 M 绕组脱离三相 380V 交流电源停止转动，机械设备停止工作。

46 向前限位接触器触点联锁的电动机正反转控制电路（380V）

向前限位接触器触点联锁的电动机正反转控制电路（380V）如图 7 - 53 所示。这种电路就是机械设备碰上限位自动返回的电动机正反转控制电路，适用

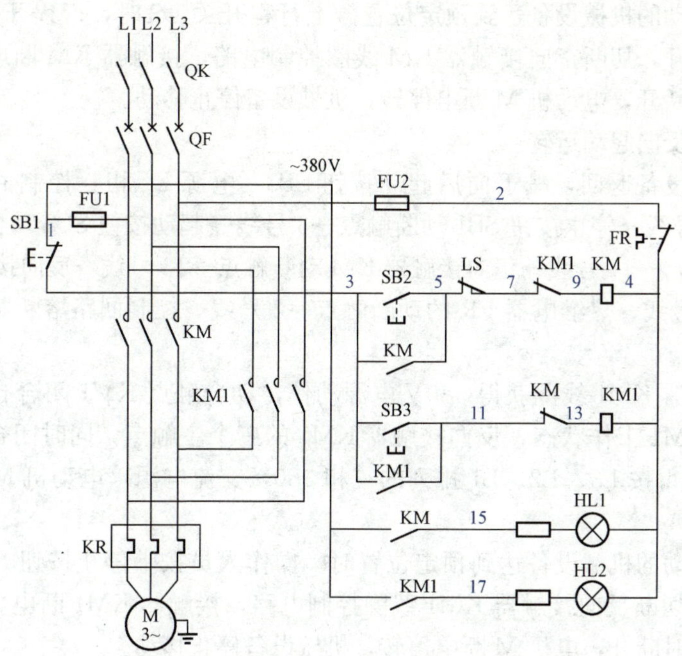

图 7-53 向前限位接触器触点联锁的电动机正反转 380V 控制电路

于在一定距离内进行往返移动的机械设备，当移动的机械设备达到规定位置，碰上限位开关后自动停机。但机械设备的返回要靠人为操作按钮起动，当返回到原始位置后，要使电动机停止运行，也要通过人为按下停止按钮来实现，机械设备需要再次向前移动同样要靠人为操作起动按钮实现。

(1) 送电。

合上主电路刀开关 QK、断路器 QF、接触器 KM、KM1 电源则充电，合上控制回路熔断器 FU1、FU2，控制电路具备操作条件。

(2) 正向起动运转。

按下向前起动按钮 SB2，电源 L1 相→控制回路熔断器 FU1→1 号线→停止按钮 SB1 动断触点→3 号线→起动按钮 SB2 动合触点（按下时闭合）→5 号线→行程开关 LS 动断触点→7 号线→反向接触器 KM1 动断触点→9 号线→正向接触器 KM 线圈→4 号线→热继电器 FR 的动断触点→2 号线→控制回路熔断器 FU2→电源 L3 相。

接触器 KM 线圈获得 380V 电源动作，动合触点 KM 闭合自保，维持接触器 KM 工作状态，正向接触器 KM 三个主触点同时闭合，电动机 M 绕组获得按 L1、L2、L3 排列的三相 380V 交流电源，电动机 M 正方向起动运转。

当移动的机械设备达到预定位置碰上行程开关 LS 时，行程开关 LS 的动断触点断开，切断正向接触器 KM 线圈控制电路，接触器 KM 断电释放，三个主触点断开，电动机 M 断电停转，机械设备停止移动。

(3) 反向起动运转。

机械设备返回，按下向后起动按钮 SB3，电源 L1 相→控制回路熔断器 FU1→1 号线→停止按钮 SB1 动断触点→3 号线→起动按钮 SB3 动合触点（按下时闭合）→11 号线→正向接触器 KM 动断触点→13 号线→反向接触器 KM1 线圈→4 号线→热继电器 FR 的动断触点→2 号线→控制回路熔断器 FU2→电源 L3 相。

接触器 KM1 线圈获得 380V 电源动作，动合触点 KM1 闭合自保，维持接触器 KM1 工作状态，反向接触器 KM1 的三个主触点，同时闭合，电动机 M 绕组获得按 L3、L2、L1 排列的三相 380V 交流电源，电动机 M 反方向起动运转。

当移动的机械设备达到预定位置时，操作人员按下停止按钮 SB1 动断触点断开，切断反向接触器 KM1 线圈控制电路，接触器 KM1 断电释放，三个主触点同时断开，电机 M 断电停转，机械设备停止移动。

 47 向前限位接触器触点联锁的电动机正反转控制电路（220V）

向前限位接触器触点联锁的电动机正反转控制电路（220V）如图 7 - 54 所示。

(1) 送电操作顺序。

1) 合上三相刀开关 QS；

2) 合上断路器 QF；

3) 合上控制回路熔断器 FU。

(2) 正向运转。

按下向前起动按钮 SB2，电源 L1 相→控制回路熔断器 FU→1 号线→停止按钮 SB1 动断触点→3 号线→起动按钮 SB2 动合触点（按下时闭合）→5 号线→行程开关 LS 动断触点→7 号线→反向接触器 KM2 动断触点→9 号线→正向接触器 KM1 线圈→4 号线→热继电器 KR 的动断触点→2 号线→电源 N 极。接触器 KM1 线圈获得 220V 电源动作，动合触点 KM1 闭合自保，维持接触器 KM1 工作状态。正向接触器 KM1 三个主触点同时闭合，电动机 M 绕组获得按 L1、L2、L3 排列的三相 380V 交流电源，电动机 M 正方向起动运转。

当移动的机械设备达到预定位置碰上行程开关 LS 时，行程开关 LS 的动

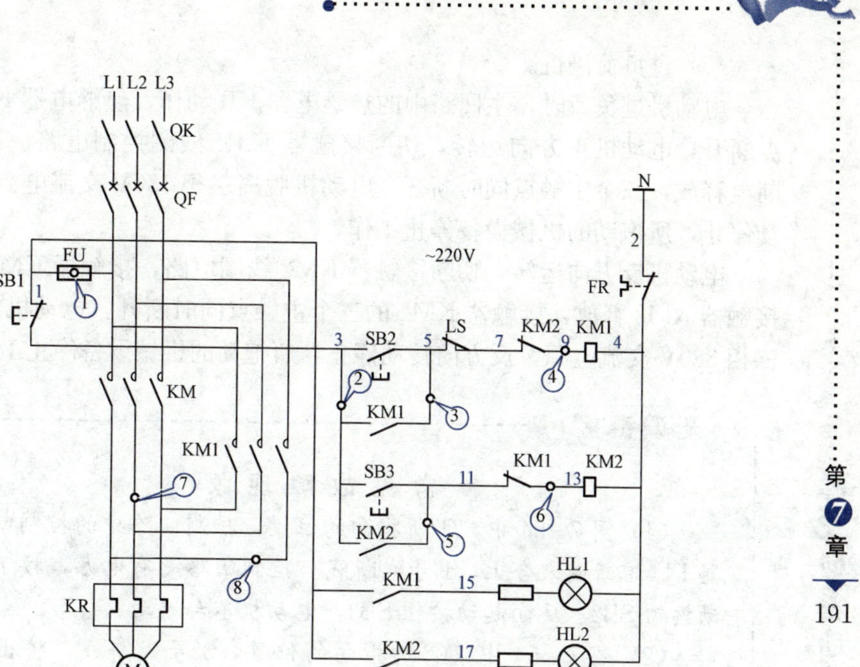

图 7-54　向前限位接触器触点联锁的电动机正反转控制电路（220V）

断触点断开，切断正向接触器 KM1 线圈电路，接触器 KM1 断电释放，三个主触点断开，电机 M 断电停转，机械设备停止移动。

（3）反向运转。

按下向后起动按钮 SB3，电源 L1 相→控制回路熔断器 FU→1 号线→停止按钮 SB1 动断触点→3 号线→起动按钮 SB3 动合触点（按下时闭合）→11 号线→正向接触器 KM1 动断触点→13 号线→反向接触器 KM2 线圈→4 号线→热继电器 KR 的动断触点→2 号线→电源 N 极。

接触器 KM1 线圈获得 220V 电源动作，动合触点 KM2 闭合自保，维持接触器 KM2 工作状态。三个主触点同时闭合，电动机 M 绕组获得按 L3、L2、L1 排列的三相 380V 交流电源，电动机 M 反方向起动运转。

当移动的机械设备达到预定位置时，操作人员按下停止按钮 SB1 动断触点断开，切断反向接触器 KM2 线圈控制电路，接触器 KM2 断电释放，接触器 KM2 三个主触点断开，电机 M 断电停转，机械设备停止移动。

（4）停止运转。

电动机 M 在正方向或反方向运转中，只要按下停止按钮 SB1，切断接触器的电路，接触器断电释放，接触器主触点断开，电动机 M 断电停止运转。

(5) 过负荷停机。

电动机过负荷时，主回路中的热继电器 KR 动作，热继电器 KR 的动断触点断开，电动机正方向运转，切断接触器 KM1 线圈控制电路，接触器 KM1 断电释放，三个主触点同时断开，电动机脱离三相 380V 交流电源，正方向转动停止，所拖动的机械设备停止工作。

电动机反方向运转，切断接触器 KM2 线圈电路，接触器 KM2 线圈断电，接触器 KM2 释放，接触器 KM2 的三个主触点同时断开，电动机 M 绕组脱离三相 380V 交流电源，反方向转动停止，所拖动的机械设备停止工作。

知识链接

常见故障现象

(1) 图 7-54 中，①所指向的位置，控制回路中的控制回路熔断器 FU 熔断或未合上，1 号线断线。控制回路没有电源，按下正向起动按钮 SB2、反向起动按钮 SB3，电动机不会起动。

(2) 图 7-54 中，②所指向的位置，3 号线断线，将出现两种现象。

1) 按下正向起动按钮 SB2，接触器 KM1 得电，电动机 M 正向运转。当手离开时电动机 M 停止运转。

2) 按下反向起动按钮 SB3，反向接触器 KM2 少一相电源不能得电动作。

(3) 图 7-54 中，③所指向的位置，接触器 KM1 动合触点上的 5 号线与行程开关 LS 动断触点连接的 5 号线断线，或其动断触点烧损严重，出现按下正向起动按钮 SB2，电动机正向运转。当手离开时，电动机就停。检查出断线时，重新接上。动合触点损坏，将 3、5 号线转接到备用的动合触点上。

(4) 图 7-54 中，④所指向的位置，反向接触器 KM2 的动断触点接触不良或 9 号线断线，按下正向起动按钮 SB2，接触器 KM1 线圈得不到电源，不能动作。

(5) 图 7-54 中，⑤所指向的位置，动合触点 KM2 的 11 号线断或动合触点损坏，按下反向起动按钮 SB3，接触器 KM2 线圈得电动作。电动机反向运转，当手离开时，电动机就停。检查出断线时，重新接上。动合触点损坏，将 3、11 号线转接到备用的动合触点上。

(6) 图 7 - 54 中，⑥所指向的位置，正向接触器 KM1 的动断触点接触不良或去 KM2 线圈的 13 号线断线，按下反向起动按钮 SB3，接触器 KM2 线圈得不到电源，不能动作。

(7) 图 7 - 54 中，⑦所指向的位置，正向接触器 KM1 主触点（L2 相）到热继电器 FR 连接处断线，图 7 - 54 中，⑧所指向的位置，反向接触器 KM2 主触点（L3 相）到热继电器 FR 连接处断线，造成电动机 M 单相运转。

(8) 当机械设备达到预定位置不能自动停机时，其原因可能如下：

1）机械设备上器件与行程开关 LS 拐臂未接触；

2）行程开关 LS 动断触点未断开。

两地操作开关触点联锁的电动机正反转控制电路（380V）

这是一台两处控制的运料（砖坯）小车。小车在轨道上行走，往返距离百米。在方便操作的地方，甲地和乙地，分别安装着启、停控制按钮，实现在甲地装上砖坯，起动小车。到砖窑前停止，砖坯卸完后，在乙地按下小车返回起动按钮，小车返回甲处，装砖坯。两地操作开关触点联锁的电动机正反转控制电路（380V）如图 7 - 55 所示。

(1) 送电操作顺序。

1）合上三相隔离开关 QS；

2）合上断路器 QF；

3）合上控制回路熔断器 FU1、FU2。

(2) 正向运转。

1）甲地起动。

在甲地按下正向起动按钮 SB2，电源 L1 相→控制回路熔断器 FU1→1 号线→停止按钮 SB1 动断触点→3 号线→停止按钮 SB3 动断触点→5 号线→起动按钮 SB2 动合触点（按下时闭合）→7 号线→反向接触器 KM2 动断触点→9 号线→正向接触器 KM1 线圈→4 号线→热继电器 KR 的动断触点→2 号线→控制回路熔断器 FU2→电源 L3 相。电路接通，接触器 KM1 线圈获电动作，接触器 KM1 动合触点闭合自保，维持接触器 KM1 工作状态。

主电路中正向接触器 KM1 三个主触点同时闭合，电动机 M 绕组获得按

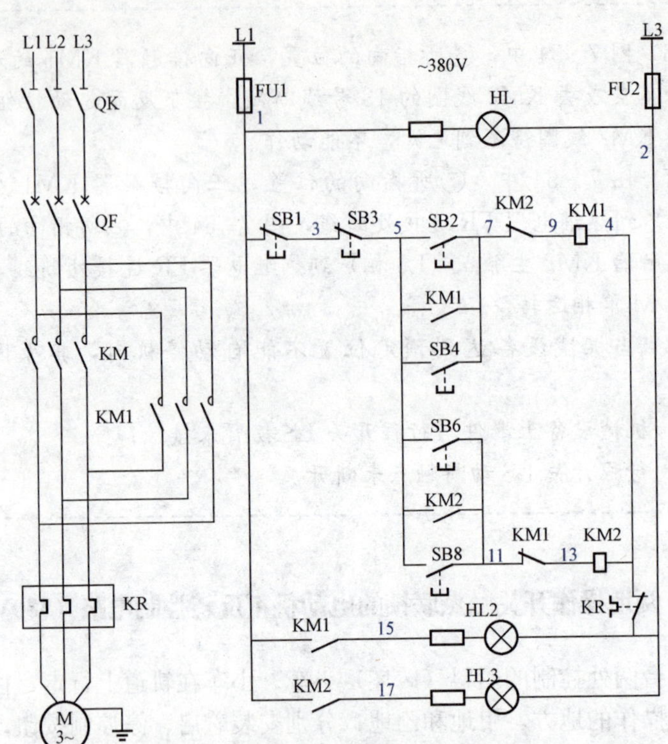

图 7-55　两地操作开关联锁的电动机正反转 380V 控制电路

L1、L2、L3 排列的三相 380V 交流电源，电动机 M 正向起动运转，拖动小车向砖窑方向移动。

电动机 M 在正方向运转中，按下停止按钮 SB1 动断触点断开，切断接触器 KM1 线圈的电路，接触器 KM1 断电释放，正方向接触器 KM1 三个主触点同时断开，电动机 M 断电停止运转。

2）乙地起动。

在乙地按下正向起动按钮 SB4，电源 L1 相→控制回路熔断器 FU1→1 号线→停止按钮 SB1 动断触点→3 号线→停止按钮 SB3 动断触点→5 号线→起动按钮 SB4 动合触点（按下时闭合）→7 号线→反向接触器 KM2 动断触点→9 号线→正向接触器 KM1 线圈→4 号线→热继电器 KR 的动断触点→2 号线→控制回路熔断器 FU2→电源 L3 相。电路接通，接触器 KM1 线圈获电动作，接触器 KM1 动合触点闭合自保，维持接触器 KM1 工作状态。

主电路中正向接触器 KM1 三个主触点同时闭合，电动机 M 绕组获得按 L1、L2、L3 排列的三相 380V 交流电源，电动机 M 正向起动运转，拖动小车

向砖窑方向移动。

电动机 M 在正方向运转中，按下停止按钮 SB3 动断触点断开，切断接触器 KM1 线圈的电路，接触器 KM1 断电释放，正方向接触器 KM1 三个主触点同时断开，电动机 M 断电停止运转，拖动小车向砖窑方向移动。

（3）反向运转。

1）甲地起动。

在甲地按下反向起动按钮 SB6，电源 L1 相→控制回路熔断器 FU1→1 号线→停止按钮 SB1 动断触点→3 号线→停止按钮 SB3 动断触点→5 号线→起动按钮 SB6 动合触点（按下时闭合）→11 号线→正向接触器 KM1 动断触点→13 号线→反向接触器 KM2 线圈→4 号线→热继电器 KR 动断触点→2 号线→控制回路熔断器 FU2→电源 L3 相。电路接通，接触器 KM2 线圈获电动作，接触器 KM2 动合触点闭合自保，维持接触器 KM1 工作状态。

反向接触器 KM1 三个主触点同时闭合，电动机 M 绕组获得按 L3、L2、L1 相序排列的三相 380V 交流电源，电动机 M 反向起动运转，小车返回。

电动机 M 在反方向运转中，按下停止按钮 SB1 动断触点断开，切断接触器 KM2 线圈的电路，接触器 KM2 断电释放，反向接触器 KM2 三个主触点同时断开，电动机 M 断电停止运转。

2）乙地起动。

在乙地按反向起动按钮 SB8：电源 L1 相→控制回路熔断器 FU1→1 号线→停止按钮 SB1 动断触点→3 号线→停止按钮 SB3 动断触点→5 号线→起动按钮 SB8 动合触点（按下时闭合）→11 号线→正向接触器 KM1 动断触点→13 号线→反向接触器 KM2 线圈→4 号线→热继电器 KR 动断触点→2 号线→控制回路熔断器 FU2→电源 L3 相上。电路接通，接触器 KM2 线圈获电动作，接触器 KM2 动合触点闭合自保，维持接触器 KM1 工作状态。

反向接触器 KM2 三个主触点同时闭合，电动机 M 绕组获得按 L3、L2、L1 相序排列的三相 380V 交流电源，电动机 M 反向起动运转，小车返回。

电动机 M 在反方向运转中，按下停止按钮 SB3 动断触点断开，切断接触器 KM2 线圈的电路，接触器 KM2 断电释放，正方向接触器 KM2 三个主触点同时断开，电动机 M 断电停止运转。

不管电动机在正方向或反方向运转中，只要按下停止按钮 SB1 或停止按钮 SB3 其动断触点断开，切断运行中接触器控制电路，接触器断电释放，电动机 M 断电停止运转。

（4）过负荷停机。

电动机过负荷时，主回路中的热继电器 KR 动作，热继电器 KR 的动断触点断开，电动机正方向运转，切断接触器 KM1 线圈控制电路，接触器 KM1 断电释放，三个主触点同时断开，电动机脱离三相 380V 交流电源，正方向转动停止，所拖动的机械设备停止工作。

电动机反方向运转，切断接触器 KM2 线圈电路，接触器 KM2 线圈断电，接触器 KM2 释放，接触器 KM2 的三个主触点同时断开，电动机 M 绕组脱离三相 380V 交流电源，反方向转动停止，所拖动的机械设备停止工作。

49 两地操作开关触点联锁的电动机正反转控制电路（220V）

两地操作开关触点联锁的电动机正反转控制电路（220V）如图 7-56 所示。

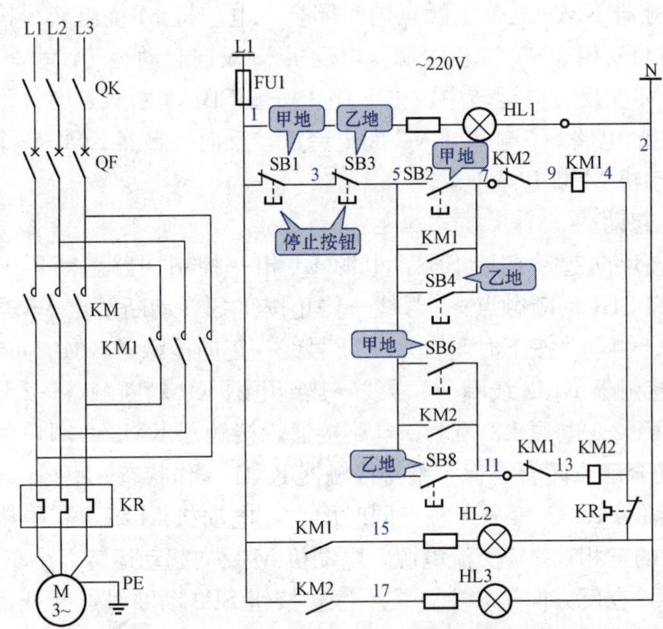

图 7-56　两地操作开关触点联锁的电动机正反转控制电路（220V）

（1）送电。

1）合上三相隔离开关 QK；

2）合上断路器 QF；

3）合上控制回路熔断器 FU1。

(2) 正向运转。

在甲地按下正向起动按钮 SB2 或在乙地按下正向起动按钮 SB4。

电源 L1 相→控制回路熔断器 FU1→1 号线→停止按钮 SB1 动断触点→3 号线→停止按钮 SB3 动断触点→5 号线→起动按钮 SB2 动合触点或起动按钮 SB4 动合触点（按下时闭合）→7 号线→反向接触器 KM1 动断触点→9 号线→正向接触器 KM 线圈→4 号线→热继电器 FR 的动断触点→2 号线→电源 N 极。

电路接通，接触器 KM 线圈获电动作，接触器 KM 动合触点闭合自保，维持接触器 KM 工作状态。

主电路中，正向接触器 KM 三个主触点同时闭合，电动机 M 绕组获得按 L1、L2、L3 排列的三相 380V 交流电源，电动机正向起动运转。

(3) 反向运转。

在甲地按下反向起动按钮 SB6 或乙地反向起动按钮 SB8。

电源 L1 相→控制回路熔断器 FU1→1 号线→停止按钮 SB1 动断触点→3 号线→停止按钮 SB3 动断触点→5 号线→起动按钮 SB6 或起动按钮 SB8 动合触点（按下时闭合）→11 号线→正向接触器 KM 动断触点→13 号线→反向接触器 KM1 线圈→4 号线→热继电器 FR 动断触点→2 号线→电源 N 极。电路接通，反向接触器 KM1 线圈获 220V 电压动作，接触器 KM1 动合触点闭合自保，维持接触器 KM1 工作状态。

主电路中的反向接触器 KM1 三个主触点同时闭合，电动机 M 绕组获得按 L3、L2、L1 相序排列的三相 380V 交流电源，电动机反向运转，小车返回。

(4) 正常停机。

电动机 M 在正方向或反方向运转中，只要按下停止按钮 SB1 或按下停止按钮 SB3，切断接触器的电路，接触器断电释放，接触器主触点断开，电动机 M 断电停止运转。

(5) 过负荷停机。

电动机过负荷时，主回路中的热继电器 KR 动作，热继电器 KR 的动断触点断开，电动机正方向运转，切断接触器 KM 线圈电路，接触器 KM 线圈断电释放，接触器 KM 的三个主触点同时断开，电动机 M 绕组脱离三相 380V 交流电源，正方向转动停止，所拖动的机械设备停止工作。

电动机反方向运转，切断接触器 KM1 线圈电路，接触器 KM1 线圈断电，接触器 KM1 释放，接触器 KM1 的三个主触点同时断开，电动机 M 绕组脱离三相 380V 交流电源，反方向转动停止，所拖动的机械设备停止工作。

50 三地操作开关触点联锁的电动机正反转控制电路（380V）

三地操作开关触点联锁的电动机正反转控制电路（380V）如图 7－57 所示。该电路就是在两地操作开关触点联锁的电动机正反转控制电路基础上，再增加一个停止按钮动断触点 SB5 串入停止回路中，增加的起动按钮 SB12 与原起动按钮 SB8 动合触点并接。这样就可以在三个地方，通过按钮对一台电动机进行正反转的操作。

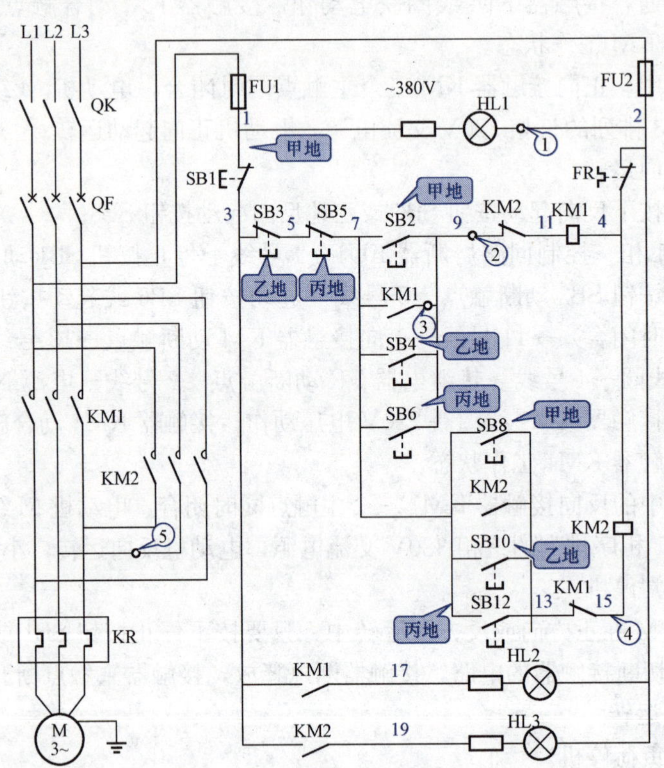

图 7－57　三地操作开关触点联锁的电动机正反转 380V 控制电路

（1）送电。

1）合上三相刀开关 QK；

2）合上断路器 QF；

3）合上控制回路熔断器 FU1、FU2。

（2）正向起动运转。

在甲地按下正向起动按钮 SB2 或在乙地按下正向起动按钮 SB4 或在丙地

按下正向起动按钮 SB6，电源 L1 相→控制回路熔断器 FU1→1 号线→停止按钮 SB1 动断触点→3 号线→停止按钮 SB3 动断触点→5 号线→停止按钮 SB5 动断触点→7 号线→起动按钮 SB2 动合触点或起动按钮 SB4 动合触点或起动按钮 SB6 动合触点（按下时闭合）→9 号线→反向接触器 KM2 动断触点→11 号线→正向接触器 KM1 线圈→4 号线→热继电器 KR 的动断触点→2 号线→控制回路熔断器 FU2→电源 L3 相。

电路接通，接触器 KM1 线圈获电动作，接触器 KM1 动合触点闭合自保，维持接触器 KM1 工作状态。

主电路中正向接触器 KM1 三个主触点同时闭合，电动机 M 绕组获得按 L1、L2、L3 排列的三相 380V 交流电源，电动机正向起动运转，拖动小车向砖窑方向移动。

电动机 M 在正方向运转中，只要按下停止按钮 SB1 或按下停止按钮 SB3 或按下停止按钮 SB5 动断触点断开，切断接触器 KM1 线圈的控制电路，接触器 KM1 断电释放，正方向接触器 KM1 三个主触点同时断开，电动机 M 断电停止运转。

（3）反向起动运转。

在甲地按下反向起动按钮 SB8 或乙地反向起动按钮 SB10 或丙地反向起动按钮 SB12，电源 L1 相→控制回路熔断器 FU1→1 号线→停止按钮 SB1 动断触点→3 号线→停止按钮 SB3 动断触点→5 号线→停止按钮 SB5 动断触点→7 号线→起动按钮 SB8 或起动按钮 SB10 或起动按钮 SB12 动合触点（按下时闭合）→13 号线→正向接触器 KM1 动断触点→15 号线→反向接触器 KM2 线圈→4 号线→热继电器 KR 动断触点→2 号线→控制回路熔断器 FU2→电源 L3 相。电路接通，接触器 KM2 线圈获电动作，接触器 KM2 动合触点闭合自保，维持接触器 KM2 工作状态。

主电路反向接触器 KM2 三个主触点同时闭合，电动机 M 绕组获得按 L3、L2、L1 相序排列的三相 380V 交流电源，电动机 M 反向起动运转，小车返回。

（4）停止运行。

电动机 M 在正方向或反方向运转中，只要按下停止按钮 SB1、SB3、SB5 其动断触点断开，切断接触器的电路，接触器断电释放，接触器主触点断开，电动机 M 断电停止运转。

（5）过负荷停机。

电动机过负荷时，主回路中的热继电器 KR 动作，热继电器 KR 的动断触点断开，电动机正方向运转，切断接触器 KM1 线圈电路，接触器 KM1 线圈断电释放，接触器 KM1 的三个主触点同时断开，电动机 M 绕组脱离三相

380V 交流电源，正方向转动停止，所拖动的机械设备停止工作。

电动机反方向运转，切断接触器 KM2 线圈电路，接触器 KM2 线圈断电，接触器 KM2 释放，接触器 KM2 的三个主触点同时断开，电动机 M 绕组脱离三相 380V 交流电源，反方向转动停止，所拖动的机械设备停止工作。

知识链接

常见故障现象与原因

（1）图 7-57 中，①所指向的位置，信号灯 HL 上的 2 号线断线，合上控制保险 FU1、FU2 电源信号灯 HL 不亮。

（2）图 7-57 中，②所指向的位置，反向接触器 KM2 的动断触点接触不良或 9 号线断线，按下正向起动按钮 SB2，SB4、SB6，接触器 KM1 线圈得不到电源，不能动作。

（3）图 7-57 中，③所指向的位置，接触器 KM1 动合触点到反向接触器 KM2 动断触点上的 9 号线断或动合触点损坏，按下正向起动按钮 SB2、SB4、SB6，接触器 KM1 线圈得电动作。电动机正向运转，当手离开时，电动机就停。检查出断线时，重新接上。动合触点损坏，将 7、9 号线转接到备用的动合触点上。

（4）图 7-57 中，④所指向的位置，正向接触器 KM1 的动断触点接触不良或去 KM2 线圈的 15 号线断线，按下反向起动按钮 SB3，接触器 KM2 线圈得不到电源，不能动作。

（5）图 7-57 中，⑤所指向的位置，反向接触器 KM2 主触点 L2 相到热继电器 FR（L2 相）连接处断线。反相运转时，造成电动机单相运转。

51 三地操作开关触点联锁的电动机正反转控制电路（220V）

三地操作开关触点联锁的电动机正反转控制电路（220V）如图 7-58 所示。

（1）正向起动运转。

在甲地按下正向起动按钮 SB2 或在乙地按下正向起动按钮 SB4 或在丙地按下正向起动按钮 SB6，电源 L1 相→控制回路熔断器 FU→1 号线→停止按钮 SB1 动断触点→3 号线→停止按钮 SB3 动断触点→5 号线→停止按钮 SB5 动断触点→7 号线→起动按钮 SB2 动合触点或起动按钮 SB4 动合触点或起动按钮 SB6 动合触点（按下时闭合）→9 号线→反向接触器 KM2 动断触点→11 号线→正向接

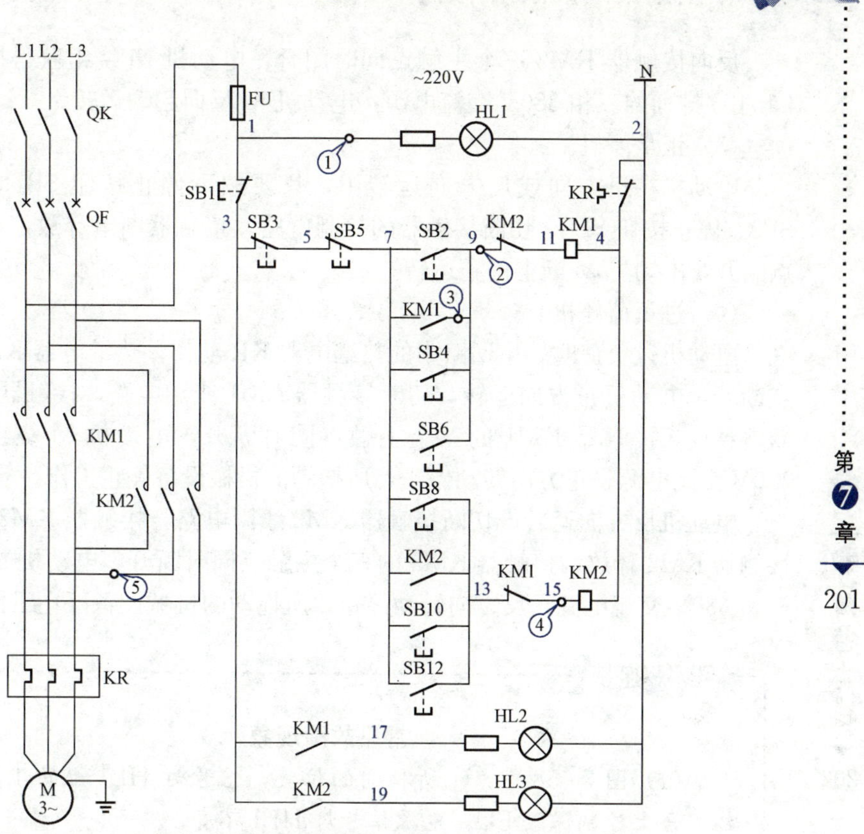

图 7-58　三地操作开关触点联锁的电动机正反转 220V 控制电路

触器 KM1 线圈→4 号线→热继电器 KR 的动断触点→2 号线→电源 N 极。

电路接通，接触器 KM 线圈获电动作，接触器 KM 动合触点闭合自保，维持接触器 KM1 工作状态。

主电路中，正向接触器 KM1 三个主触点同时闭合，电动机 M 绕组获得按 L1、L2、L3 排列的三相 380V 交流电源，电动机 M 正向起动运转。

(2) 反向起动运转。

在甲地按下反向起动按钮 SB8 或乙地反向起动按钮 SB10 或丙地反向起动按钮 SB12，电源 L1 相→控制回路熔断器 FU→1 号线→停止按钮 SB1 动断触点→3 号线→停止按钮 SB3 动断触点→5 号线→停止按钮 SB5 动断触点→7 号线→起动按钮 SB8 或起动按钮 SB10 或起动按钮 SB12 动合触点（按下时闭合）→13 号线→正向接触器 KM1 动断触点→15 号线→反向接触器 KM2 线圈→4 号线→热继电器 KR 动断触点→2 号线→电源 N 极。

电路接通，接触器 KM2 线圈获电动作，接触器 KM2 动合触点闭合自保，维持接触器 KM2 工作状态。

反向接触器 KM2 三个主触点同时闭合，电动机 M 绕组获得按 L3、L2、L1 相序排列的三相 380V 交流电源，电动机 M 反向起动运转。

（3）正常停机。

电动机在正方向或反方向运转中，只要按下停止按钮 SB1、停止按钮 SB3、停止按钮 SB5，切断接触器的控制电路，接触器断电释放，接触器主触点断开，电动机 M 断电停止运转。

（4）过负荷停机。

电动机过负荷时，主回路中的热继电器 KR 动作，热继电器 KR 的动断触点断开，电动机正方向运转，切断接触器 KM1 线圈电路，接触器 KM1 线圈断电释放，接触器 KM1 的三个主触点同时断开，电动机 M 绕组脱离三相 380V 交流电源，正方向转动停止，所拖动的机械设备停止工作。

电动机反方向运转，切断接触器 KM2 线圈电路，接触器 KM2 线圈断电，接触器 KM2 释放，接触器 KM2 的三个主触点同时断开，电动机 M 绕组脱离三相 380V 交流电源，反方向转动停止，所拖动的机械设备停止工作。

知识链接

常见故障现象

（1）图 7-58 中，①所指向的位置，信号灯 HL1 上的 1 号线断线，合上控制保险 FU，电源信号灯 HL1 不亮。

（2）图 7-58 中，②所指向的位置，反向接触器 KM2 的动断触点接触不良或 9 号线断线，按下正向起动按钮 SB2，SB4、SB6，接触器 KM1 线圈得不到电源，不能动作。

（3）图 7-58 中，③所指向的位置，接触器 KM1 动合触点到反向接触器 KM2 动断触点上的 9 号线断或动合触点损坏，按下正向起动按钮 SB2、SB4、SB6，接触器 KM1 线圈得电动作。电动机正向运转，当手离开时，电动机就停。检查出断线时，重新接上。动合触点损坏，将 7、9 号线转接到备用的动合触点上。

（4）图 7-58 中，④所指向的位置，正向接触器 KM1 的动断触点接触不良或去 KM2 线圈的 15 号线断线，按下反向起动按钮 SB3，接触器 KM2 线圈得不到电源，不能动作。

（5）图 7-58 中，⑤所指向的位置，反向接触器 KM2 主触点 L2 相到热继电器 FR（L2 相）连接处断线。反相运转时，造成电动机单相运转。

52 双重联锁三处操作的电动机正反转控制电路（380V）

双重联锁三处操作的电动机正反转控制电路（380V）如图 7-59 所示。

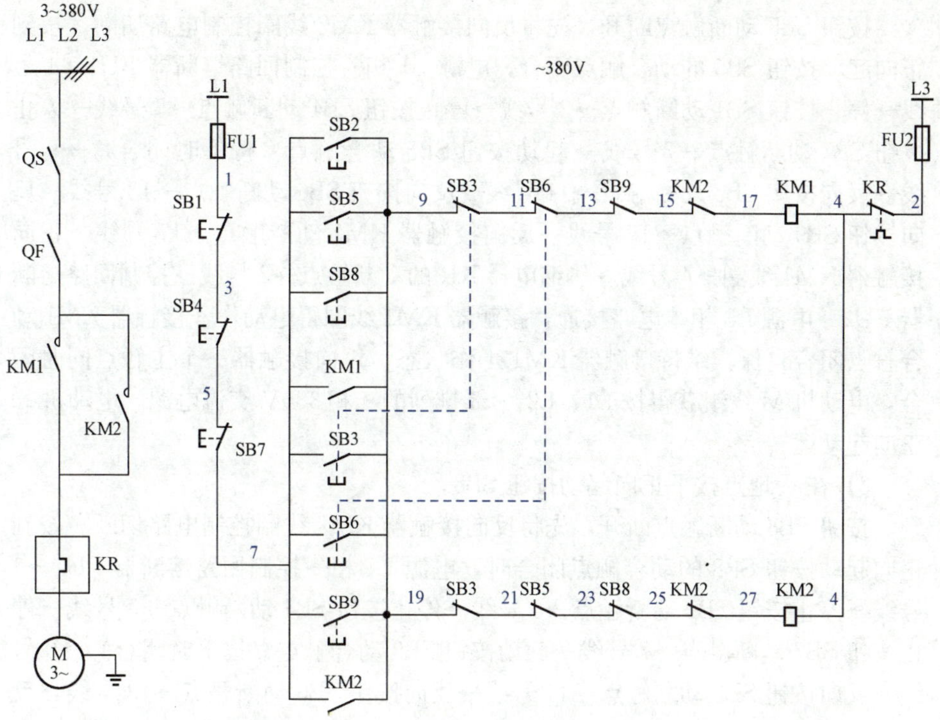

图 7-59　双重联（互）锁的三处控制的电动机正反转电路（380V）

（1）正向起动运转。

1）在 A 地点按下正向起动按钮 SB2。

按钮 SB2 动断触点断开，先将反向接触器 KM2 线圈控制电路切断。按到正向起动按钮 SB2 的动合触点闭合时，电源 L1 相→控制回路熔断器 FU1→1 号线→停止按钮 SB1 动断触点→3 号线→停止按钮 SB4 动断触点→5 号线→停止按钮 SB7 动断触点→7 号线→起动按钮 SB2 动合触点（按下时闭合）→9 号线→反向按钮 SB3 动断触点→11 号线→反向按钮 SB6 动断触点→13 号线→反向按钮 SB9 动断触点→15 号线→反向接触器 KM2 动断触点→17 号线→正向接触器 KM1 线圈→4 号线→热继电器 FR 的动断触点→2 号线→控制回路熔断器 FU2→电源 L3 相。电路接通，接触器 KM1 线圈获电动作，接触器 KM1 动

合触点闭合自保，维持接触器 KM1 工作状态，正向接触器三个主触点同时闭合，电动机 M 绕组获得按 L1、L2、L3 排列的三相 380V 交流电源，电动机 M 正向起动运转。

2）在 B 地点按下正向起动按钮 SB5。

按钮 SB5 动断触点断开，先将反向接触器 KM2 线圈控制电路切断。按到正向起动按钮 SB5 的动合触点闭合，电源 L1 相→控制回路熔断器 FU1→1 号线→停止按钮 SB1 动断触点→3 号线→停止按钮 SB4 动断触点→5 号线→停止按钮 SB7 动断触点→7 号线→起动按钮 SB5 动合触点（按下时闭合）→9 号线→反向按钮 SB3 动断触点→11 号线→反向按钮 SB6 动断触点→13 号线→反向按钮 SB9 动断触点→15 号线→反向接触器 KM2 动断触点→17 号线→正向接触器 KM1 线圈→4 号线→热继电器 KR 的动断触点→2 号线→控制回路熔断器 FU2→电源 L3 相。电路接通，接触器 KM1 线圈得电动作，接触器 KM1 动合触点闭合自保，维持接触器 KM1 工作状态，正向接触器三个主触点同时闭合，电动机 M 绕组获得按 L1、L2、L3 排列的三相 380V 交流电源，电动机 M 正向起动运转。

3）在 C 地点按下正向起动按钮 SB8。

按钮 SB8 动断触点断开，先将反向接触器 KM2 线圈控制电路切断。按到正向起动按钮 SB8 的动合触点闭合时，电源 L1 相→控制回路熔断器 FU1→1 号线→停止按钮 SB1 动断触点→3 号线→停止按钮 SB4 动断触点→5 号线→停止按钮 SB7 动断触点→7 号线→起动按钮 SB9 动合触点（按下时闭合）→9 号线→反向按钮 SB3 动断触点→11 号线→反向按钮 SB6 动断触点→13 号线→反向按钮 SB9 动断触点→15 号线→反向接触器 KM2 动断触点→17 号线→正向接触器 KM1 线圈→4 号线→热继电器 KR 的动断触点→2 号线→控制回路熔断器 FU2→电源 L3 相。电路接通，接触器 KM1 线圈获电动作，接触器 KM1 动合触点闭合自保，维持接触器 KM1 工作状态，正向接触器三个主触点同时闭合，电动机 M 绕组获得按 L1、L2、L3 排列的三相 380V 交流电源，电动机 M 正向起动运转。接触器 KM1 线圈获电动作，串入反向接触器 KM2 线圈控制电路中的动断触点 KM1 先断开，切断反向接触器 KM2 控制电路，防接触器 KM2 得电动作。

（2）反向起动运转。

1）在 A 地点按下反向起动按钮 SB3。

按下反向起动按钮 SB3 时，按钮 SB3 动断触点断开，先将正向接触器 KM1 线圈控制电路切断。按到反向起动按钮 SB3 的动合触点闭合时，电源 L1 相→控制回路熔断器 FU1→1 号线→停止按钮 SB1 动断触点→3 号线→停

止按钮 SB4 动断触点→5 号线→停止按钮 SB7 动断触点→7 号线→反向起动按钮 SB3 动合触点（按下时闭合）→19 号线→正向按钮 SB2 动断触点→21 号线→正向按钮 SB5 动断触点→23 号线→正向按钮 SB8 动断触点→25 号线→正向接触器 KM1 动断触点→27 号线→反向接触器 KM2 线圈→4 号线→热继电器 KR 的动断触点→2 号线→控制回路熔断器 FU2→电源 L3 相。电路接通，接触器 KM2 线圈获电动作，接触器 KM2 动合触点闭合自保，维持接触器 KM2 工作状态，反向接触器 KM2 三个主触点同时闭合，电动机 M 绕组获得按 L3、L2、L1 排列的三相 380V 交流电源，电动机 M 反向起动运转。

2）在 B 地点按下反向起动按钮 SB6。

按钮 SB6 动断触点断开，先将正向接触器 KM1 线圈控制电路切断。按到反向起动按钮 SB6 的动合触点闭合时，电源 R1 相→控制回路熔断器 FU1→1 号线→停止按钮 SB1 动断触点→3 号线→停止按钮 SB4 动断触点→5 号线→停止按钮 SB7 动断触点→7 号线→反向起动按钮 SB6 动合触点（按下时闭合）→19 号线→正向按钮 SB2 动断触点→21 号线→正向按钮 SB5 动断触点→23 号线→正向按钮 SB8 动断触点→25 号线→正向接触器 KM1 动断触点→27 号线→反向接触器 KM2 线圈→4 号线→热继电器 KR 的动断触点→2 号线→控制回路熔断器 FU2→电源 L3 相。电路接通，接触器 KM2 线圈获电动作，接触器 KM2 动合触点闭合自保，维持接触器 KM2 工作状态，反向接触器 KM2 三个主触点同时闭合，电动机 M 绕组获得按 L3、L2、L1 排列的三相 380V 交流电源，电动机 M 反向起动运转。

3）在 C 地点按下反向起动按钮 SB9。

按下反向起动按钮 SB9 时，按钮 SB9 动断触点断开，先将正向接触器 KM1（线圈）控制电路切断。按到反向起动按钮 SB9 的动合触点闭合时，电源 L1 相→控制回路熔断器 FU1→1 号线→停止按钮 SB1 动断触点→3 号线→停止按钮 SB4 动断触点→5 号线→停止按钮 SB7 动断触点→7 号线→反向起动按钮 SB9 动合触点（按下时闭合）→19 号线→正向按钮 SB2 动断触点→21 号线→正向按钮 SB5 动断触点→23 号线→正向按钮 SB8 动断触点→25 号线→正向接触器 KM1 动断触点→27 号线→反向接触器 KM2 线圈→4 号线→热继电器 KR 的动断触点→2 号线→控制回路熔断器 FU2→电源 L3 相。电路接通，接触器 KM2 线圈获电动作，接触器 KM2 动合触点闭合自保，维持接触器 KM1 工作状态，反向接触器 KM2 三个主触点同时闭合，电动机 M 绕组获得按 L3、L2、L1 排列的三相 380V 交流电源，电动机反向起动运转。接触器 KM2 线圈获电动作，串入正向接触器 KM1 线圈控制电路中的动断触点 KM2 先断开，切断正向接触器 KM1 控制电路，防止接触器 KM1 得电动作。

知识链接

常见故障现象

（1）按正反起动按钮，电动机均不能起动。

1）控制回路熔断器 FU1、FU2 内的熔丝烧断；热继电器 FR 的动断触点断开后未复归。

2）按钮内动合动断触点接触不良。

3）正反接触器线圈均已损坏。

4）电动机负荷线的三相电缆断线。

5）电动机绕组烧毁。

（2）按正反按钮中，有一个方向的起动按钮能控制电动机起动，另一个方向的起动按钮不能控制电动机的起动。

1）正反控制按钮中其中有一个起动按钮接触不良或断线。

2）正反接触器 KM1 或 KM2 控制电路中，相互联锁的接触器 KM1、KM2 动断触点接触不良。

3）正反接触器 KM1 或 KM2 控制电路中，相互联锁的按钮 SB2 或 SB3 动断触点接触不良、线点松落。正向接触器 KM1 或反向接触器 KM2 线圈的线点脱落或线圈烧毁。

53 自动往返双重联锁相互制约的电动机正反转控制电路（220V）

自动往返双重联锁相互制约的正反转控制电路比较复杂，但这种控制电路的应用却非常普遍。自动往返双重联锁相互制约的电动机正反转控制电路（220V）如图 7-60 所示，在该控制电路中，正向控制按钮 SB2 的动断触点与正向接触器 KM1 辅助的动断触点串联后，再与反向接触器 KM2 线圈相接。反向控制按钮 SB3 的动断触点与反向接触器 KM2 辅助的动断触点串联后，与正向接触器 KM1 线圈相接。采用控制按钮的动断触点与接触器的动断触点串联的、相互制约对方的接线，既有按钮的动断触点联锁又有接触器的动断触点互相制约，故称为双重联锁的正反转控制接线。

（1）电动机回路送电。

合上电源自动空气开关 QF，接触器 KM1、KM2 电源则充电；合上控制

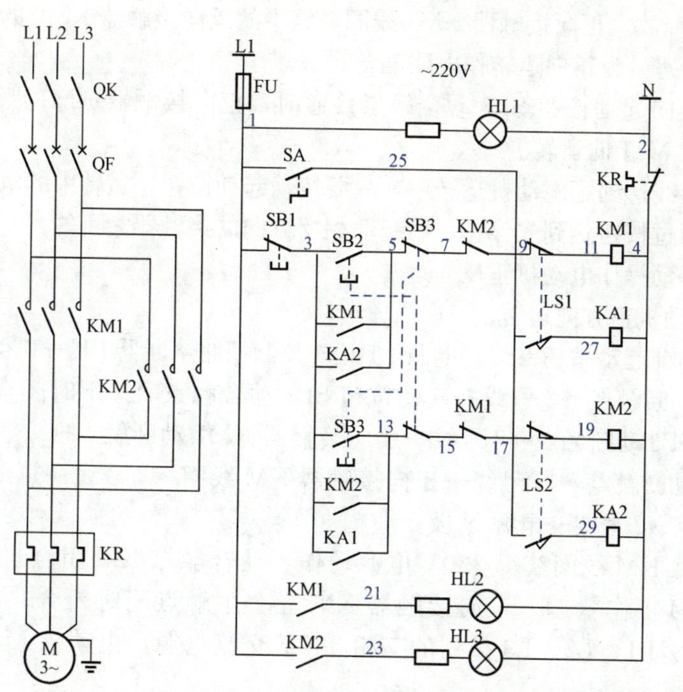

图 7-60　自动往返双重联锁电动机正反转 220V 控制电路

开关 SA，往返控制电路充电。

（2）起动前准备。

起动前，正向接触器 KM1 动断触点、反向接触器 KM2 的动断触点，必须处于接通状态（且接触良好）。如果接触器 KM1、KM2 动断触点断开状态，切断对方的控制电路，按下起动按钮 SB2 或 SB3，电动机不能起动。

1）电动机正向运转中，按下反向起动按钮 SB3 时，正向接触器线圈 KM1 电路中的按钮 SB3 动断触点先断开，切断正向接触器 KM1 线圈控制电路，正向接触器 KM1 线圈控制电路断电释放，电动机 M 断电停转。正向接触器 KM1 的释放，反向接触器 KM2 控制电路中的正向接触器 KM1 的动断触点复归接通状态。为反向运转作电路准备。

按到反向起动按钮 SB3 动合触点接通时，反向接触器 KM2 线圈获电动作，电动机 M 反向运转。

2）电动机反向运转中，按下正向起动按钮 SB2 时，串入反向接触器 KM2 线圈电路中的按钮 SB2 动断触点先断开，切断反向接触器 KM2 线圈控制电路，反向接触器 KM2 线圈控制电路断电释放，电动机 M 断电停转。反向接触器 KM2 的释放。正向接触器 KM1 线圈电路中的反向接触器 KM2 的动断触点复归接通状态。为正向运转作电路准备。

按到正向起动按钮 SB2 动合触点接通时，正向接触器 KM1 线圈获电动作，电动机 M 正向运转。

如此接线达到了电动机运转中，只要按动起动按钮，运转中的电动机就会先停止，通过按钮达到先停止，后起动相反方向的接触器之目的。

(3) 手动操作电动机正反向运转。

1) 电动机正方向运转。

按下向前起动按钮 SB2，电源 L1 相→控制回路熔断器 FU→1 号线→停止按钮 SB1 动断触点→3 号线→起动按钮 SB2 动合触点（按下时闭合）→5 号线→按钮 SB3 动断触点→7 号线→反向接触器 KM1 动断触点→9 号线→行程开关 LS1 动断触点→11 号线→正向接触器 KM 线圈→4 号线→热继电器 KR 的动断触点→2 号线→电源 N 极。

接触器 KM 线圈获得 220V 电源动作，动合触点 KM 闭合自保，维持接触器 KM 工作状态，正向接触器 KM 三个主触点同时闭合，电动机 M 绕组获得按 L1、L2、L3 排列的三相 380V 交流电源，电动机 M 正方向起动运转。

当向前移动的机械设备达到预定位置碰上行程开关 LS1 时，行程开关 LS1 的动断触点断开，切断正向接触器 KM 线圈电路，接触器 KM 断电释放，三个主触点同时断开，电动机断电停止运转。

2) 电动机反方向运转。

按下返回起动按钮 SB3，电源 L1 相→控制回路熔断器 FU→1 号线→停止按钮 SB1 动断触点→3 号线→起动按钮 SB3 动合触点（按下时闭合）→13 号线→按钮 SB2 动断触点→15 号线→正向接触器 KM1 动断触点→17 号线→行程开关 LS2 动断触点→19 号线→反向接触器 KM2 线圈→4 号线→热继电器 KR 的动断触点→2 号线→电源 N 极。

接触器 KM2 线圈获得 220V 电源动作，动合触点 KM2 闭合自保，维持接触器 KM2 工作状态，三个主触点同时闭合，电动机 M 绕组获得按 L3、L2、L1 排列的三相 380V 交流电源，电动机 M 反方向起动运转。

当向后移动的机械设备达到预定位置碰上行程开关 LS2 时，行程开关 LS2 的动断触点断开，切断反向接触器 KM2 线圈电路，接触器 KM2 断电释放，三个主触点同时断开，电动机断电停止运转，机械设备停止移动。

(4) 机械设备自动往返的控制。

这一电动机自动往返控制电路，还可以依靠移动的机械设备达到预定位

置时，碰上行程开关其动断触点断开，切断机械设备向前控制电路停止移动。动合触点闭合起动相反方向的控制电路，机械设备自动返回。达到预定位置碰上行程开关其动断触点断开，切断机械设备返回控制电路停止移动。动合触点闭合起动向前方向的控制电路，机械设备向前移动，而形成自动往返的控制。初次起动时，先合上控制开关 SA，为自动往返控制电路提供电源。

1）机械设备向前移动。

如果机械设备在原始位置，采用手动起动操作方式，按下向前起动按钮 SB2，电源 L1 相→控制回路熔断器 FU→1 号线→停止按钮 SB1 动断触点→3 号线→起动按钮 SB2 动合触点（按下时闭合）→5 号线→按钮 SB3 动断触点→7 号线→反向接触器 KM2 动断触点→9 号线→行程开关 LS1 动断触点→11 号线→正向接触器 KM1 线圈→4 号线→热继电器 KR 的动断触点→2 号线→电源 N 极。

接触器 KM1 线圈获得 220V 电源动作，动合触点 KM 闭合自保，维持接触器 KM1 工作状态，正向接触器 KM1 三个主触点同时闭合，电动机 M 绕组获得按 L1、L2、L3 排列的三相 380V 交流电源，电动机 M 正方向起动运转。

接触器 KM1 动合触点闭合→21 号线→信号灯 HL2 得电，灯亮表示机械设备向前移动。

当向前移动的机械设备达到预定位置碰上行程开关 LS1 时，行程开关 LS1 的动断触点断开，切断正向接触器 KM1 线圈电路，接触器 KM1 断电释放，三个主触点同时断开，电动机断电停止运转。

2）机械设备自动返回。

向前移动的机械设备达到预定位置碰上行程开关 LS1 时，其动断触点断开，切断正向控制电路电动机断电停止运转。行程开关 LS1 的动合触点闭合，电源 L1 相→控制回路熔断器 FU→1 号线→控制开关 SA 已接通的触点→25 号线→行程开关 LS1 动合触点闭合中→27 号线→中间继电器 KA1 线圈→4 号线→热继电器 KR 的动断触点→2 号线→电源 N 极。

中间继电器 KA1 线圈得电动作，与反向起动按钮 SB3 动合触点并联的中间继电器 KA1 动合触点闭合，相当于起动按钮的动合点作用。

电源 L1 相→控制回路熔断器 FU→1 号线→停止按钮 SB1 动断触点→3 号线→闭合的中间继电器 KA1 动合触点→13 号线→按钮 SB2 动断触点→15 号线→正向接触器 KM1 动断触点→17 号线→行程开关 LS2 动断触点→19 号线→反向接触器 KM2 线圈→4 号线→热继电器 KR 的动断触点→2 号线→

电源N极。

接触器KM2线圈获得220V电源动作，动合触点KM2闭合自保，维持接触器KM2工作状态，三个主触点同时闭合，电动机M绕组获得按L3、L2、L1排列的三相380V交流电源，电动机M反方向起动运转，机械设备向后移动。

接触器KM2动合触点闭合→23号线→信号灯HL3得电，灯亮表示机械设备向后（返回）移动。

当向后移动的机械设备达到预定位置碰上行程开关LS2时：①行程开关LS2的动断触点断开，切断反向接触器KM2线圈电路，接触器KM2断电释放，三个主触点同时断开，电动机断电停止运转，机械设备停止向后移动停止；②行程开关LS2动合触点闭合时电源L1相→控制回路熔断器FU→1号线→控制开关SA已接通的触点→25号线→行程开关LS2动合触点闭合中→29号线→中间继电器KA2线圈→4号线→热继电器FR的动断触点→2号线→电源N极，中间继电器KA2线圈得电动作，动合触点KA2闭合，相当于起动按钮的动合触点作用。

3）机械设备自动向前。

中间继电器KA2动合触点的闭合，电源L1相→控制回路熔断器FU→1号线→停止按钮SB1动断触点→3号线→闭合的中间继电器KA2动合触点→5号线→按钮SB3动断触点→7号线→反向接触器KM2动断触点→9号线→行程开关LS1动断触点→11号线→正向接触器KM1线圈→4号线→热继电器KR的动断触点→2号线→电源N极。

接触器KM1线圈获得220V电源动作，动合触点KM闭合自保，维持接触器KM1工作状态，正向接触器KM1三个主触点同时闭合，电动机M绕组获得按L1、L2、L3排列的三相380V交流电源，电动机M正方向起动运转。

接触器KM1动合触点闭合→21号线→信号灯HL2得电，灯亮表示机械设备向前移动。

当向后移动的机械设备达到预定位置碰上行程开关LS1时：①行程开关LS1的动断触点断开，切断反向接触器KM1线圈电路，接触器KM1断电释放，三个主触点同时断开，电动机断电停止运转，机械设备停止向后移动停止；②行程开关LS1动合触点闭合时，电源L1相→控制回路熔断器FU1→1号线→控制开关SA已接通的触点→25号线→行程开关LS1动合触点闭合中→27号线→中间继电器KA1线圈→4号线→热继电器KR的动断触点→2号线→电源N极。中间继电器KA1线圈得电动作，动合触点KA1闭合，相

当于起动按钮的动合触点作用。

行程开关 LS1 动合触点闭合，中间继电器 KA1 得电动作，中间继电器 KA1 动合触点闭合，反向接触器 KM2 线圈得电动作，电动机反转。当移动的机械设备达到预定位置碰上行程开关 LS2 时，行程开关 LS2 的动断触点断开，切断反向接触器 KM2 线圈电路，接触器 KM2 断电释放，三个主触点同时断开，电动机 M 断电停转，机械设备停止移动。

行程开关 LS2 动合触点闭合，中间继电器 KA2 得电动作，中间继电器 KA2 动合触点闭合，正向接触器 KM1 线圈得电动作，电动机正转。

这一电路是依靠行程开关动合触点发出机械设备向前或返回移动（往返）指令的。要停止机械设备自动往返移动，只要将控制开关 SA 断开即可。

不需要机械设备自动的进行往返移动，断开控制开关 SA 后，分别按下向前按钮 SB2 或返回按钮 SB3 即可。

54 自动往返双重联锁电动机正反转控制电路（380V）

自动往返双重联锁电动机正反转控制电路（380V）如图 7-61 所示。

（1）送电。

1）合上三相隔离开关 QS；

2）合上断路器 QF；

3）合上控制回路熔断器 FU1、FU2。

（2）正向运转。

按下向前起动按钮 SB2，电源 L1 相→控制回路熔断器 FU1→1 号线→停止按钮 SB1 动断触点→3 号线→起动按钮 SB2 动合触点（按下时闭合）→5 号线→按钮 SB3 动断触点→7 号线→反向接触器 KM2 动断触点→9 号线→行程开关 LS1 动断触点→11 号线→正向接触器 KM1 线圈→4 号线→热继电器 KR 的动断触点→2 号线→控制回路熔断器 FU2→电源 L3 相。

接触器 KM1 线圈获得 380V 电源动作，动合触点 KM1 闭合自保，维持接触器 KM1 工作状态，正向接触器 KM1 三个主触点同时闭合，电动机 M 绕组获得按 L1、L2、L3 排列的三相 380V 交流电源，电动机 M 正方向起动运转。

当向前移动的机械设备达到预定位置碰上行程开关 LS1 时，行程开关 LS1 的动断触点断开，切断正向接触器 KM1 线圈电路，接触器 KM1 断电释放，三个主触点同时断开，电动机 M 断电停止运转。

（3）自动返回。

要使电动机自动往返，在向前移动开始时，把控制开关 SA 合上，为自动

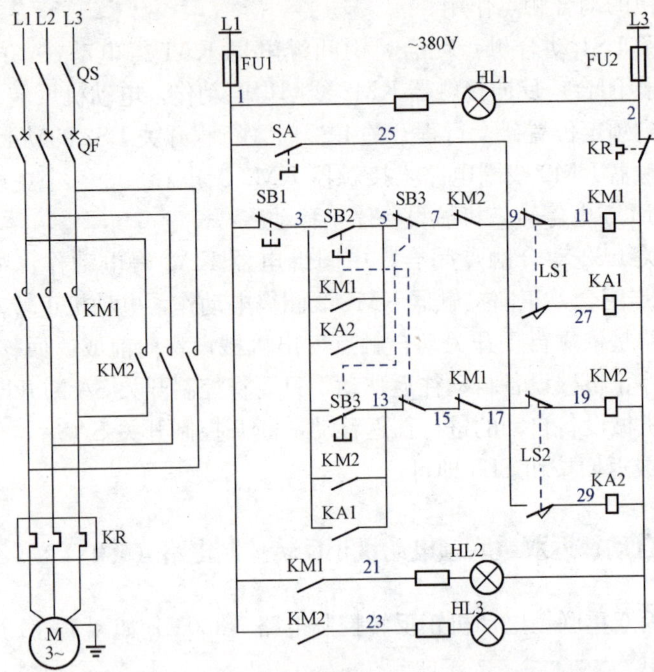

图 7-61　自动往返双重联锁电动机正反转控制电路（380V）

往返控制电路提供电源。当向前移动的机械设备达到预定位置碰上行程开关 LS1 时，其动断触点断开，机械设备向前移动停止。

行程开关 LS1 动合触点闭合时，电源 L1 相→控制回路熔断器 FU1→1 号线→控制开关 SA 已接通的触点→25 号线→行程开关 LS1 动合触点闭合中→27 号线→中间继电器 KA1 线圈→4 号线→热继电器 KR 的动断触点→2 号线→控制回路熔断器 FU2→电源 L3 相。

中间继电器 KA1 线圈得电动作，与反向起动按钮 SB3 动合触点并联的中间继电器 KA1 动合触点闭合，相当于起动按钮的动合点作用。

这时机械设备返回电路工作原理是这样的，由于中间继电器 KA1 动合触点闭合，电源 L1 相→控制回路熔断器 FU1→1 号线→停止按钮 SB1 动断触点→3 号线→中间继电器 KA1 动合触点→13 号线→按钮 SB2 动断触点→15 号线→正向接触器 KM1 的动断触点→17 号线→行程开关 LS2 动断触点→19 号线→反向接触器 KM2 线圈→4 号线→热继电器 KR 的动断触点→2 号线→控制回路熔断器 FU2→电源 L3 相。

接触器 KM2 线圈获得 380V 电源动作，动合触点 KM2 闭合自保，维持接触器 KM2 工作状态，反向接触器 KM2 三个主触点同时闭合，电动机 M 绕组获得按 L3、L2、L1 排列的三相 380V 交流电源，电动机 M 反方向起动运转。

当移动的机械设备达到预定位置碰上行程开关 LS2 时，有：①行程开关 LS2 的动断触点断开，切断反向接触器 KM2 线圈电路，接触器 KM2 断电释放，接触器 KM2 三个主触点同时断开，电动机 M 断电停转，机械设备向后移动停止；②行程开关 LS2 动合触点闭合，电源 L1 相→控制回路熔断器 FU1→1 号线→控制开关 SA 已接通的触点→25 号线→行程开关 LS2 动合触点闭合中→29 号线→中间继电器 KA2 线圈→4 号线→热继电器 KR 的动断触点→2 号线→控制回路熔断器 FU2→电源 L3 相。中间继电器 KA2 线圈得电动作。

（4）再次向前移动。

动合触点 KA2 闭合，电源 L1 相→控制回路熔断器 FU1→1 号线→停止按钮 SB1 动断触点→3 号线→中间继电器 KA2 动合触点（闭合）→5 号线→按钮 SB3 动断触点→7 号线→反向接触器 KM2 动断触点→9 号线→行程开关 LS1 动断触点→11 号线→正向接触器 KM1 线圈→4 号线→热继电器 KR 的动断触点→2 号线→控制回路熔断器 FU2→电源 L3 相，

接触器 KM1 线圈获得 380V 电源动作，动合触点 KM1 闭合自保，维持接触器 KM1 工作状态，正向接触器 KM1 三个主触点同时闭合，电动机 M 绕组获得按 L1、L2、L3 排列的三相 380V 交流电源，电动机 M 正方向起动运转。

当向前移动的机械设备达到预定位置碰上行程开关 LS1 时：①行程开关 LS1 的动断触点断开，切断反向接触器 KM1 线圈电路，接触器 KM1 断电释放，接触器 KM1 三个主触点同时断开，电动机 M 断电停转，机械设备向前移动停止；②行程开关 LS1 动合触点闭合，电源 L1 相→控制回路熔断器 FU1→1 号线→控制开关 SA 已接通的触点→25 号线→行程开关 LS1 动合触点闭合中→27 号线→中间继电器 KA1 线圈→4 号线→热继电器 KR 的动断触点→2 号线→控制回路熔断器 FU2→电源 L3 相。中间继电器 KA1 得电动作。

与反向起动按钮 SB3 动合触点并联的中间继电器 KA1 动合触点闭合，相当于起动按钮的动合点作用。

中间继电器 KA1 动合触点闭合，反向接触器 KM2 线圈得电动作，接触器 KM2 三个主触点同时闭合，电动机得到按 L3、L2、L1 排列的 380V 电源反向运转，机械设备向后移动。这样实现了机械设备的自动往返工作状态。

这一电路也是依靠行程开关动合触点发出机械设备向前或返回移动（往返）指令的。要停止机械设备自动往返移动，只需将控制开关 SA 断开即可。

不需要机械设备自动的进行往返移动，断开控制开关 SA 后，分别按下向前按钮 SB2 或返回按钮 SB3。达到操作目的。

 55 按时间自动往返双重联锁电动机正反转控制电路（380V）

按时间自动往返双重联锁电动机正反转控制电路（380V）如图 7 - 62 所示，该电路适用于在一定距离内进行往返移动的机械设备，当移动的机械设备达到规定位置能自动停止。待到整定的时间（如 30min），机械设备自动起动开始返回，当返回到原始位置碰上限位开关后自动停止，待到整定的时间（如 30min）机械设备自动起动又开始向前移动。

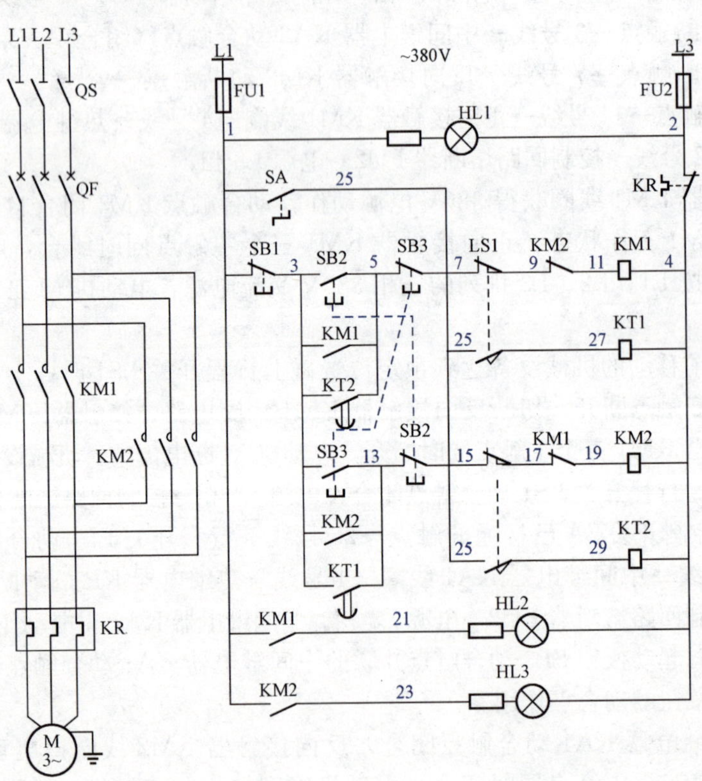

图 7 - 62　按时间自动往返双重联锁电动机正反转控制电路（380V）

(1) 送电。

1) 合上三相隔离开关 QS;

2) 合上断路器 QF;

3) 合上控制回路熔断器 FU1、FU2。

(2) 正方向起动。

按下向前起动按钮 SB2，电源 L1 相→控制回路熔断器 FU1→1 号线→停止按钮 SB1 动断触点→3 号线→起动按钮 SB2 动合触点（按下时闭合）→5 号线→按钮 SB3 动断触点→7 号线→行程开关 LS1 动断触点→9 号线→反向接触器 KM2 动断触点→11 号线→正向接触器 KM1 线圈→4 号线→热继电器 KR 的动断触点→2 号线→控制回路熔断器 FU2→电源 L3 相。

接触器 KM1 线圈获得 220V 电源动作，动合触点 KM1 闭合自保，维持接触器 KM1 工作状态，反向接触器 KM1 三个主触点同时闭合，电动机 M 绕组获得按 L1、L2、L3 排列的三相 380V 交流电源，电动机 M 正方向起动运转。

动合触点 KM1 闭合→21 号线→信号灯 HL2 得电灯亮，表示电动机 M 正方向运转的工作状态。

当移动的机械设备达到预定位置碰上行程开关 LS1 时，行程开关 LS1 的动断触点断开，切断正向接触器 KM1 线圈电路，接触器 KM1 断电释放，接触器 KM1 三个主触点断开，电动机断电停转，机械设备向前移动停止。

(3) 反方向起动。

按下向后起动按钮 SB3，电源 L1 相→控制回路熔断器 FU1→1 号线→停止按钮 SB1 动断触点→3 号线→起动按钮 SB3 动合触点（按下时闭合）→13 号线→按钮 SB2 动断触点→15 号线→行程开关 LS2 动断触点→17 号线→正向接触器 KM 动断触点→19 号线→反向接触器 KM2 线圈→4 号线→热继电器 FR 的动断触点→2 号线→控制回路熔断器 FU2→电源 L3 相。

接触器 KM2 线圈获得 380V 电源动作，动合触点 KM2 闭合自保，维持接触器 KM2 工作状态，反向接触器 KM2 三个主触点同时闭合，电动机 M 绕组获得按 L3、L2、L1 排列的三相 380V 交流电源，电动机 M 反方向起动运转。

动合触点 KM2 闭合→23 号线→信号灯 HL3 得电灯亮，表示电动机 M 反方向运转的工作状态。

当机械设备向后移动达到预定位置碰上行程开关 LS2 时，行程开关 LS2 的动断触点断开，切断反向接触器 KM2 线圈控制电路，接触器 KM2 断电释放，KM2 的三个主触点断开，电动机 M 断电停转，机械设备停止向后移动。

(4) 自动往返。

机械设备自动往返的控制是通过行程开关 LS1、LS2 触点断开或接通，发出起动指令或停机指令。基本条件是合上控制开关 SA 其触点闭合，为自动往返的控制电路提供电源。

机械设备向前移动到预定位置碰上行程开关 LS1 时，动断触点断开，电动机正向运转停止。

行程开关 LS1 的动合触点闭合，电源 L1 相→控制回路熔断器 FU1→1 号线→控制开关 SA 已接通的触点→25 号线→行程开关 LS1 动合触点（闭合）→27 号线→时间继电器 KT1 线圈→4 号线→热继电器 FR 的动断触点→2 号线→控制回路熔断器 FU2→电源 L3 相。时间继电器 KT1 得电动作，延时动合触点 KT1 整定的时间 30min 时闭合（这一触点与反向起动按钮 SB3 动合触点并联的），相当于起动按钮 SB3 的作用。

由于时间继电器 KT1 动合触点的闭合，电源 L1 相→控制回路熔断器 FU1→1 号线→停止按钮 SB1 动断触点→3 号线→闭合的时间继电器 KT1 动合触点→13 号线→按钮 SB2 动断触点→15 号线→行程开关 LS2 动断触点→17 号线→正向接触器 KM 动断触点→19 号线→反向接触器 KM2 线圈→4 号线→热继电器 FR 的动断触点→2 号线→控制回路熔断器 FU2→电源 L3 相。

接触器 KM2 线圈获得 380V 电源动作，动合触点 KM2 闭合自保，维持接触器 KM2 工作状态，正向接触器 KM2 三个主触点同时闭合，电动机 M 绕组获得按 L3、L2、L1 排列的三相 380V 交流电源，电动机 M 反方向起动运转。

动合触点 KM2 闭合→23 号线→信号灯 HL3 得电灯亮，表示电动机 M 反方向运转的工作状态。

当机械设备向后移动达到预定位置碰上行程开关 LS2 时，行程开关 LS2 的动断触点断开，切断反向接触器 KM2 线圈控制电路，接触器 KM2 断电释放，KM2 的三个主触点断开，电动机 M 断电停转，机械设备停止移动。

(5) 自动停止。

机械设备向后移动到预定位置碰上行程开关 LS2 时，动断触点断开，电动机反向运转停止。

行程开关 LS2 的动合触点闭合，电源 L1 相→控制回路熔断器 FU1→1 号线→控制开关 SA 已接通的触点→25 号线→行程开关 LS2 闭合的动合触点→29 号线→时间继电器 KT2 线圈→4 号线→热继电器 FR 的动断触点→2 号线→控制回路熔断器 FU2→电源 L3 相，时间继电器 KT2 得电动作，延时动合触点 KT2 闭合，这个延时闭合的动合触点 KT2，与正向起动按钮 SB2 动合触点并联相当于起动按钮 SB2 的作用。

延时动合触点 KT2 的闭合，电源 L1 相→控制回路熔断器 FU1→1 号线→停止按钮 SB1 动断触点→3 号线→闭合的时间继电器 KT2 动合触点→5 号线→按钮 SB3 动断触点→7 号线→行程开关 LS1 动断触点→9 号线→反向接触器 KM2 动断触点→11 号线→正向接触器 KM1 线圈→4 号线→热继电器 KR 的动断触点→2 号线→控制回路熔断器 FU2→电源 L3 相。

接触器 KM1 线圈获得 220V 电源动作，动合触点 KM1 闭合自保，维持接触器 KM1 工作状态，正向接触器 KM1 三个主触点同时闭合，电动机 M 绕组获得按 L1、L2、L3 排列的三相 380V 交流电源，电动机 M 正方向起动运转。

动合触点 KM1 闭合→21 号线→信号灯 HL2 得电灯亮，表示电动机 M 正方向运转的工作状态。

当移动的机械设备达到预定位置碰上行程开关 LS1 时，行程开关 LS1 的动断触点断开，切断正向接触器 KM1 线圈电路，接触器 KM1 断电释放，接触器 KM1 三个主触点断开，电动机断电停转，机械设备向前移动停止，至此完成一个工作循环。

依靠行程开关动合触点起动时间继电器，通过时间继电器延时动合触点闭合发出往返指令，实现按时间自动往返的电动机正反转控制。只要断开控制开关 SA，终止按时间自动往返的工作循环。

56 有过载报警多重联锁电动机正反转控制电路（380V/220V）

有过载报警多重联锁电动机正反转控制电路（380V/220V）如图 7 - 63 所示。

（1）送电。

合上主电路中刀开关 QK、断路器 QF。合上控制回路熔断器 FU1、FU2，控制电路有电。

（2）正方向起动。

按下向前起动按钮 SB2 动合触点接通，电源 L1 相→控制回路熔断器 FU1→1 号线→停止按钮 SB1 动断触点→3 号线→起动按钮 SB2 动合触点（按下时闭合）→5 号线→按钮 SB3 动断触点→7 号线→反向接触器 KM2 动断触点→9 号线→中间继电器 KA2 动断触点→11 号线→正向接触器 KM1 线圈→4 号线→热继电器 KR 的动断触点→2 号线→控制回路熔断器 FU2→电源 L3 相。

接触器 KM1 线圈获得 380V 电源动作，动合触点 KM1 闭合自保，维持接触器 KM1 工作状态，正向接触器 KM1 三个主触点同时闭合，电动机 M 绕组获得按 L1、L2、L3 排列的三相 380V 交流电源，电动机 M 正方向起动运转。

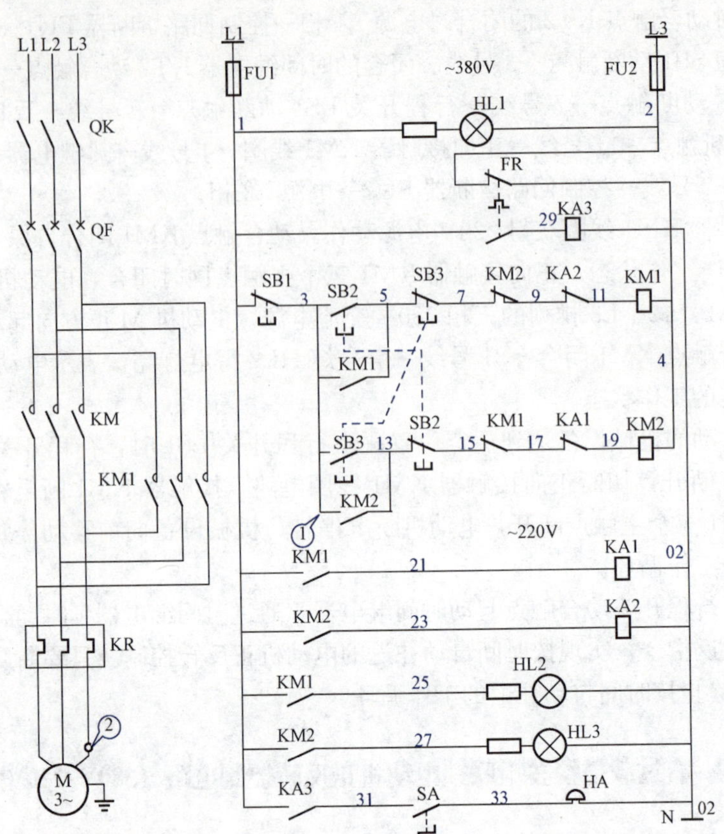

图 7-63　有过载报警多重联锁电动机正反转 380V/220V 控制电路

动合触点 KM1 闭合→25 号线→信号灯 HL2 得电灯亮，表示电动机 M 正方向运转的工作状态。动合触点 KM1 闭合→21 号线→中间继电器 KA1 线圈→02 号线→电源 N 极，中间继电器 KA1 得电动作，串入反转控制电路中的 KA1 动断触点断开，正向接触器 KM1 动作时，串入反转控制电路中的 KM1 动断触点断开，这样在电动机反转控制电路中有两个断开点，增加了安全性。

(3) 反方向起动。

按下向后起动按钮 SB3 动合触点接通，电源 L1 相→控制回路熔断器 FU1→1 号线→停止按钮 SB1 动断触点→3 号线→起动按钮 SB3 动合触点（按下时闭合）→13 号线→按钮 SB2 动断触点→15 号线→正向接触器 KM1 动断触点→17 号线→中间继电器 KA1 动断触点→19 号线→反向接触器 KM2 线圈→4 号线→热继电器 KR 的动断触点→2 号线→控制回路熔断器 FU2→电源 L3 相。

接触器 KM2 线圈获得 380V 电源动作，动合触点 KM2 闭合自保，维持接触器 KM2 工作状态，反向接触器 KM2 三个主触点同时闭合，电动机 M 绕组获得按 L3、L2、L1 排列的三相 380V 交流电源，相序改变，电动机反方向起动运转。

动合触点 KM2 闭合→27 号线→信号灯 HL3 得电灯亮，表示电动机 M 反方向运转的工作状态。

动合触点 KM2 闭合→23 号线→中间继电器 KA2 线圈→02 号线→电源 N 极，继电器 KA2 得电动作。串入正转控制电路中的 KA2 动断触点断开，反向接触器 KM2 动作时，串入正转控制电路中的 KM2 动断触点断开，这样在电动机正转控制电路中也有两个断开点，增加了安全性。

(4) 过负荷故障停机与报警。

电动机故障如过负荷，热继电器 KR 动作，热继电器 KR 动断触点断开，切断运行中的接触器 KM1 或 KM2 线圈控制电路，接触器 KM1 或 KM2 断电释放，接触器 KM1 或 KM2 三个主触点同时断开，电动机脱离三相 380V 交流电源，停止转动，机械设备停止运行。

热继电器 FR 动合触点闭合，电源 L1 相→控制回路熔断器 FU1→1 号线→热继电器 FR 闭合的动合触点→29 号线→继电器 KA3 的线圈→02 号线→电源 N 极。

继电器 KA3 得电动作。动合触点 KA3 闭合→31 号线→控制开关 SA 接通的触点→33 号线→电铃 HA 线圈→02 号线→电源 N 极，电铃 HA 线圈获得 220V 电源，铃响报警。

操作人员断开控制开关 SA 或电工按下热继电器 KR 复位钮，热继电器 KR 复位，热继电器 FR 动合触点断开，电铃 HA 线圈断电，铃响停止。

57 多重联锁电动机正反转控制电路（380V）

多重联锁电动机正反转控制电路（380V）如图 7 - 64 所示。

(1) 正方向起动。

按下向前起动按钮 SB2 动合触点接通，电源 L1 相→控制回路熔断器 FU1→1 号线→停止按钮 SB1 动断触点→3 号线→起动按钮 SB2 动合触点（按下时闭合）→5 号线→按钮 SB3 动断触点→7 号线→反向接触器 KM2 动断触点→9 号线→中间继电器 KA2 动断触点→11 号线→正向接触器 KM1 线圈→4 号线→热继电器 KR 的动断触点→2 号线→控制回路熔断器 FU2→电源 L3 相。

接触器 KM 线圈获得 380V 电源动作，动合触点 KM1 闭合自保，维持接触器 KM1 工作状态，正向接触器 KM1 三个主触点同时闭合，电动机 M 绕组

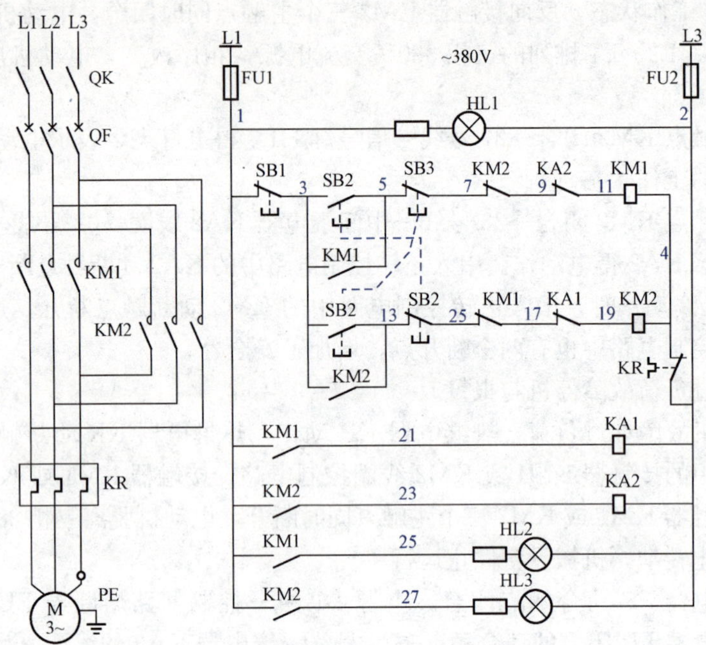

图 7-64　多重联锁电动机正反转 380V 控制电路

获得按 L1、L2、L3 排列的三相 380V 交流电源，电动机 M 正方向起动运转。

动合触点 KM1 闭合→25 号线→信号灯 HL2 得电灯亮，表示电动机 M 正方向运转的工作状态。动合触点 KM1 闭合→21 号线→中间继电器 KA1 线圈。KA1 得电动作，串入反转 KM2 控制电路中的 KA1 动断触点断开，正向接触器 KM1 动作，串入反转 KM2 控制电路中的正向接触器 KM1 动断触点断开，这样在电动机反转控制电路中有两个断开点，增加了安全性。

（2）反方向起动。

按下向后起动按钮 SB3 动合触点接通，电源 L1 相→控制回路熔断器 FU1→1 号线→停止按钮 SB1 动断触点→3 号线→起动按钮 SB3 动合触点（按下时闭合）→13 号线→按钮 SB2 动断触点→15 号线→正向接触器 KM1 动断触点→17 号线→中间继电器 KA1 动断触点→19 号线→反向接触器 KM2 线圈→4 号线→热继电器 FR 的动断触点→2 号线→控制回路熔断器 FU2→电源 L3 相。

接触器 KM1 线圈获得 380V 电源动作，动合触点 KM2 闭合自保，维持接触器 KM2 工作状态，正向接触器 KM2 三个主触点同时闭合，电动机 M 绕组获得按 L3、L2、L1 排列的三相 380V 交流电源，相序改变，电动机 M 反方向起动运转。

动合触点 KM2 闭合→27 号线→信号灯 HL3 得电灯亮，表示电动机 M 反方向运转的工作状态。动合触点 KM2 闭合→23 号线→中间继电器 KA2 线圈。KA2 得电动作，串入正转控制电路中的 KA2 动断触点断开，反向接触器 KM2 动作时，串入正转控制电路中的 KM2 动断触点断开，这样在电动机反转控制电路中也有两个断开点，增加了安全的可靠性。

第四节　电动机延时自起动的控制电路

58 没有信号灯的电动机延时自起动控制电路（220V）

没有信号灯的电动机延时自起动控制电路（220V）如图 7-65 所示，该电路在基本控制电路（线路）中增加一只时间继电器，短时间停电，又恢复供电时，用它整定的延时断开的动合触点来起动电动机。其实物连接图如图 7-66 所示。

（1）送电。

1）合上三相刀开关 QK；

2）合上低压断路器 QF；

3）合上控制回路熔断器 FU。

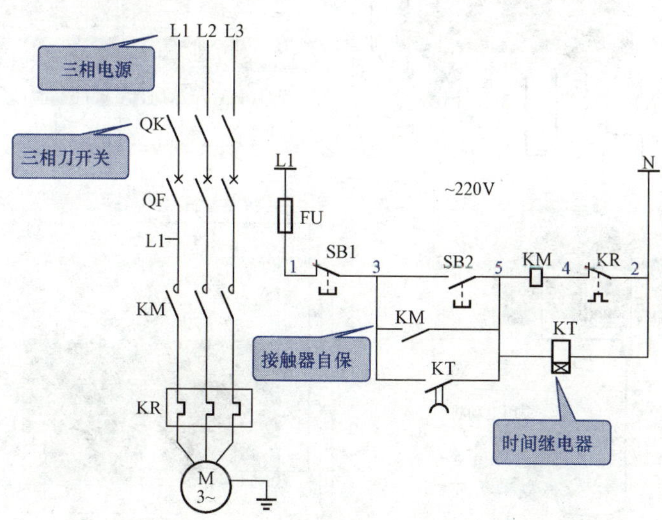

图 7-65　没有信号灯的电动机延时自起动控制电路（220V）

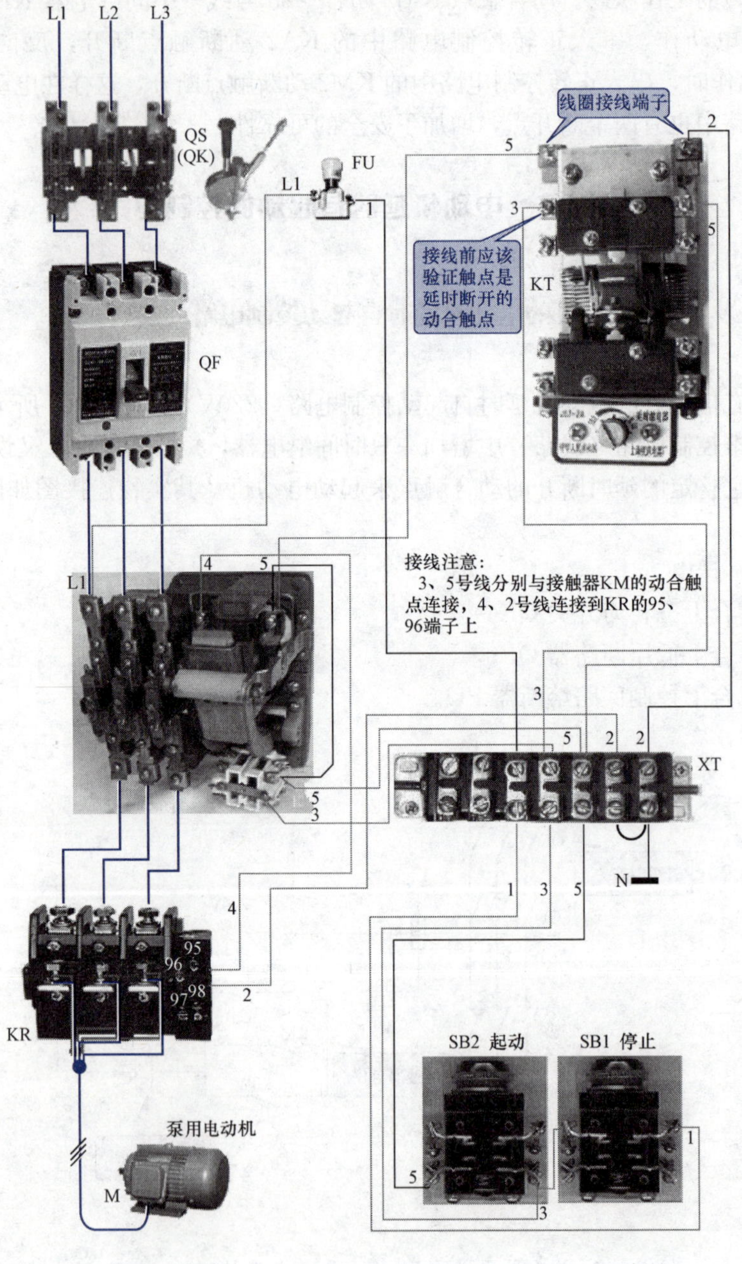
L1
L2
L3
QS
(QK)
FU
L1
1
QF
线圈接线端子
5
2
3
5
接线前应该验证触点是延时断开的动合触点
KT
接线注意：
3、5号线分别与接触器KM的动合触点连接，4、2号线连接到KR的95、96端子上
L1
4
5
3
5
2
2
XT
5
3
N
1
3
5
4
95
96
97
98
2
KR
泵用电动机
M
SB2 起动
SB1 停止
1
5
3

图 7-66 没有信号灯的电动机延时自起动控制电路实物连接图（220V）

（2）起动运转。

按下起动按钮 SB2，电源 L1 相→控制回路熔断器 FU→1 号线→停止按钮 SB1 动断触点→3 号线→起动按钮 SB2 动合触点（按下时闭合）→5 号线→分①、②两路。

①接触器 KM 线圈→4 号线→热继电器 KR 的动断触点→2 号线→电源 N 极相，构成 220V 电路。接触器 KM 线圈获电动作，接触器 KM 动合触点闭合自保，维持接触器 KM 工作状态，接触器 KM 三个主触点同时闭合，电动机绕组获得按 L1、L2、L3 排列的三相 380V 交流电源，电动机 M 起动运转。

②时间继电器 KT 线圈→2 号线→电源 N 极相，构成 220V 电路。得电动作，动合触点 KT 闭合，为泵延时自起动作电路准备。

（3）延时自起动。

系统电压波动或瞬间停电时，接触器 KM 和时间继电器 KT 失电释放，虽然电动机断电，但仍在惯性运转，时间继电器 KT 断电后，其动合触点是延时断开的。它是根据电动机惯性运转状态到接近静止状态的时间整定的。这一触点未断开前，电源恢复供电时，闭合中的 KT 动合触点，相当于起动按钮 SB2 的作用。这时，电源 L1 相→控制回路熔断器 FU→1 号线→停止按钮 SB1 动断触点→3 号线→仍在闭合中的时间继电器 KT 动合触点→5 号线→接触器 KM 线圈→4 号线→热继电器 KR 的动断触点→2 号线→电源 N 极，构成 220V 电路。接触器 KM 线圈获电动作，接触器 KM 动合触点闭合自保，维持 KM 的工作状态，接触器 KM 三个主触点同时闭合，电动机绕组获得三相 380V 交流电源，电动机起动运转。

（4）正常停机。

按下停止按钮 SB1 动断触点断开（按下停止按钮 SB1 的时间，要超过时间继电器 KT 的整定时间），切断接触器 KM 线圈控制电路，接触器 KM 断电释放，KM 的三个主触点同时断开，电动机 M 绕组脱离三相 380V 交流电源，停止转动，所驱动的机械设备停止运行。

（5）过负荷停机。

电动机发生过负荷时，主回路中的热继电器 KR 动作，热继电器 KR 的动断触点断开，切断接触器 KM 线圈电路，KM 线圈断电并释放，KM 主触点三个同时断开，电动机绕组脱离三相 380V 交流电源停止转动，拖动的机械设备停止工作。

59 没有信号灯的电动机延时自起动控制电路（380V）

没有信号灯的电动机延时自起动控制电路（380V）如图 7 - 67 所示，其实物接线图如图 7-68 所示。

(1) 送电。

1) 合上三相刀开关 QK;

2) 合上低压断路器 QF;

3) 合上控制回路熔断器 FU1、FU2。

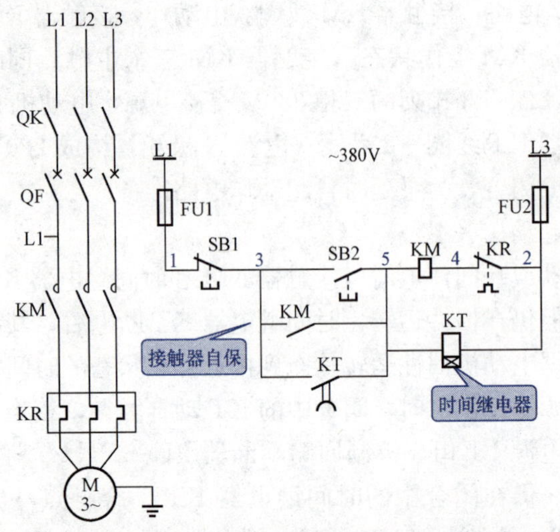

图 7-67　没有信号灯的电动机延时自起动控制电路 (380V)

(2) 起动运转。

按下起动按钮 SB2，电源 L1 相→控制回路熔断器 FU→1 号线→停止按钮 SB1 动断触点→3 号线→起动按钮 SB2 动合触点（按下时闭合）→5 号线→分①、②两路。

①接触器 KM 线圈→4 号线→热继电器 FR 的动断触点→2 号线→控制回路熔断器 FU2→电源 L3 相，构成 380V 电路。接触器 KM 线圈获电动作，接触器 KM 动合触点闭合自保，维持接触器 KM 工作状态，接触器 KM 三个主触点同时闭合，电动机绕组获得三相 380V 交流电源，电动机 M 起动运转。

②时间继电器 KT 线圈→2 号线→控制回路熔断器 FU2→电源 L3 相，构成 380V 电路。KT 得电动作，动合触点 KT 闭合，为泵延时自起动作电路准备。

(3) 延时自起动。

系统电压波动或瞬间停电时，接触器 KM 和时间继电器 KT 失电释放，虽然电动机断电，但仍在惯性运转，时间继电器 KT 断电后，其动合触点是延时

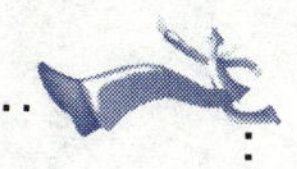

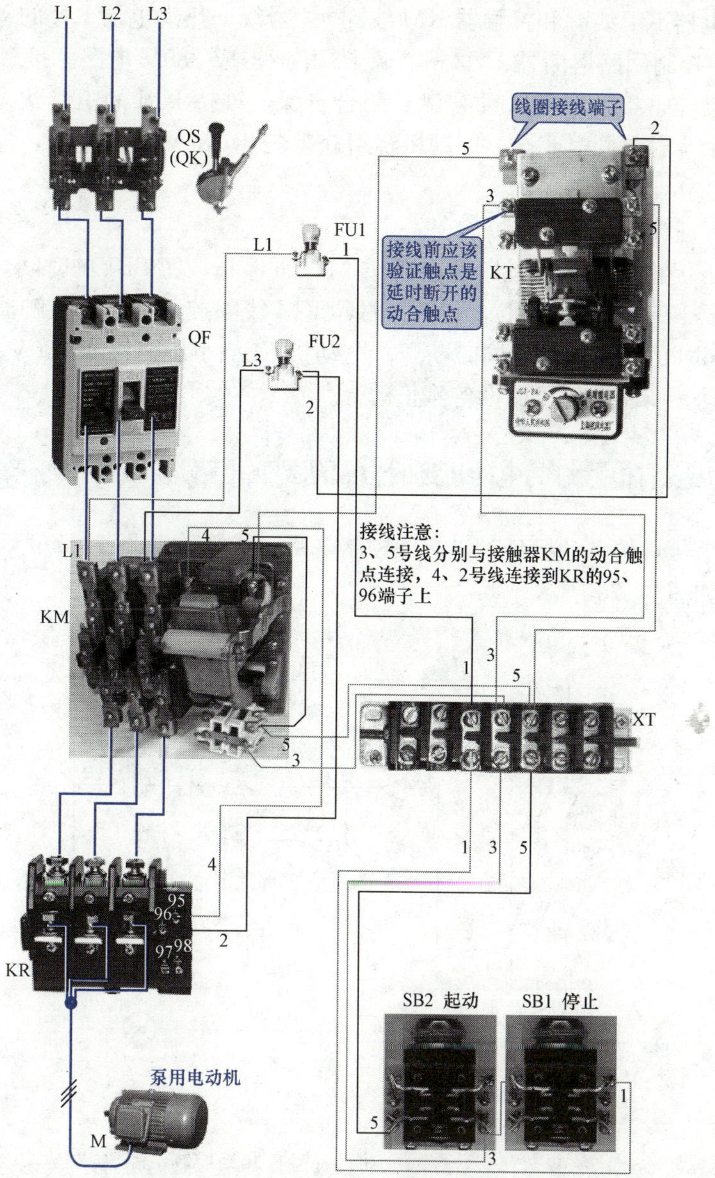
L1
L2
L3
QS
(QK)
FU1
L1
1
QF
FU2
L3
2
线圈接线端子
5
2
3
5
KT
接线前应该验证触点是延时断开的动合触点
接线注意：
3、5号线分别与接触器KM的动合触点连接，4、2号线连接到KR的95、96端子上
L1
4
5
KM
1
3
5
XT
5
3
1
3
5
4
95
96
97
98
2
KR
SB2 起动
SB1 停止
1
5
3
泵用电动机
M

图 7-68　没有信号灯的电动机延时自起动控制电路实物连接图（380V）

断开的。它是根据电动机惯性运转状态到接近静止状态的时间整定的。这一触点未断开前，电源恢复供电时，闭合中的 KT 动合触点，相当于起动按钮 SB2 的作用。这时，电源 L1 相→控制回路熔断器 FU1→1 号线→停止按钮 SB1 动断触点→3 号线→仍在闭合中的时间继电器 KT 动合触点→5 号线→同时经过

时间继电器KT线圈和接触器KM线圈→4号线→热继电器KR的动断触点→2号线→控制回路熔断器FU2→电源L3相。构成380V电路。接触器KM线圈获电动作，接触器KM动合触点闭合自保，维持KM的工作状态，接触器KM三个主触点同时闭合，电动机绕组获得三相380V交流电源，电动机起动运转。

（4）正常停机。

按下停止按钮SB1动断触点断开，（按下停止按钮SB1的时间，要超过时间继电器KT的整定时间），切断接触器KM线圈控制电路，接触器KM断电释放，KM的三个主触点同时断开，电动机M绕组脱离三相380V交流电源，停止转动，所驱动的机械设备停止运行。

60 有信号灯的电动机延时自起动控制电路（220V）

有信号灯的电动机延时自起动控制电路（220V）如图7-69所示，其实物接线图如图7-70所示。

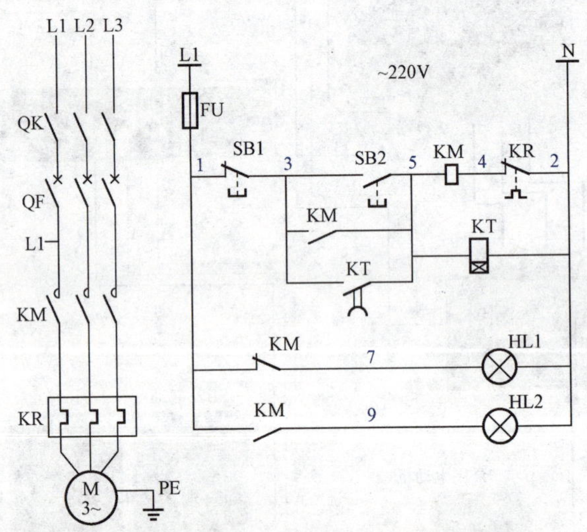

图7-69 有信号灯的电动机延时自起动控制电路（220V）

（1）送电。

1）合上三相刀开关QK；

2）合上低压断路器QF；

3）合上控制回路熔断器FU。合上控制回路熔断器FU后，电源L1通过接触器KM动断触点→信号灯HL2得电灯亮。表示电动机热备用状态。

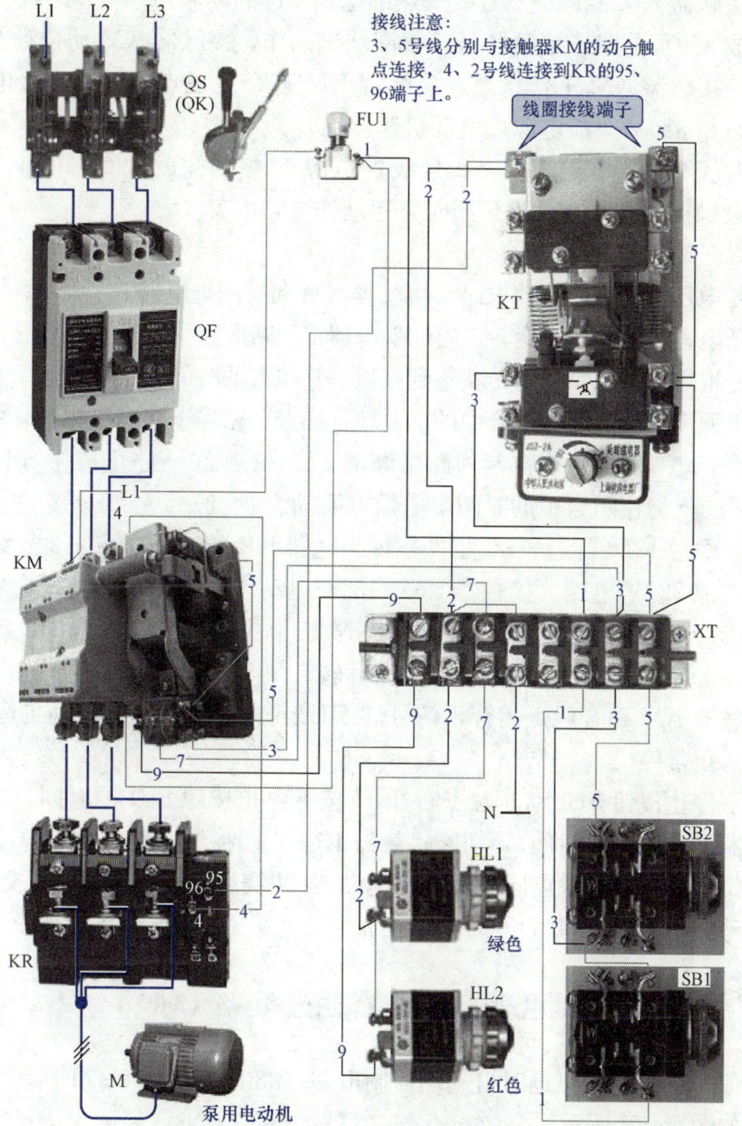

接线注意：
3、5号线分别与接触器KM的动合触点连接，4、2号线连接到KR的95、96端子上。

图 7 - 70　有信号灯的电动机延时自起动 220V 控制电路实物连接图

（2）起动运转。

按下起动按钮 SB2，电源 L1 相→控制回路熔断器 FU→1 号线→停止按钮 SB1 动断触点→3 号线→起动按钮 SB2 动合触点（按下时闭合）→5 号线→分①、②两路。

①接触器 KM 线圈→4 号线→热继电器 FR 的动断触点→2 号线→电源 N 极。构成 220V 电路。接触器 KM 线圈获电动作，接触器 KM 动合触点闭合自保，维持接触器 KM 工作状态，接触器 KM 三个主触点同时闭合，电动机绕组获得三相 380V 交流电源，电动机起动运转。

②时间继电器 KT 线圈→2 号线→电源 N 极，构成 220V 电路。得电动作，动合触点 KT 闭合，为泵延时自起动作电路准备。

（3）延时自起动。

系统电压波动或瞬间停电时，接触器 KM 和时间继电器 KT 失电释放，虽然电动机断电，但仍在惯性运转，时间继电器 KT 断电后，其动合触点是延时断开的。它是根据电动机惯性运转状态到接近静止状态的时间整定的。这一触点未断开前，电源恢复供电时，闭合中的 KT 动合触点，相当于起动按钮 SB2 的作用。

这时，电源 L1 相→控制回路熔断器 FU→1 号线→停止按钮 SB1 动断触点→3 号线→仍在闭合中的时间继电器 KT 动合触点→5 号线→接触器 KM 线圈（同时经过 KT 线圈）→4 号线→热继电器 KR 的动断触点→2 号线→电源 N 极。构成 220V 电路。接触器 KM 线圈获电动作，接触器 KM 动合触点闭合自保，维持 KM 的工作状态，接触器 KM 三个主触点同时闭合，电动机绕组获得三相 380V 交流电源，电动机起动运转。

接触器 KM 动合触点闭合，信号灯 HL2 得电灯亮。表示电动机运行。

（4）正常停机。

按下停止按钮 SB1 动断触点断开，（按下停止按钮 SB1 的时间，要超过时间继电器 KT 的整定时间），切断接触器 KM 线圈控制电路，接触器 KM 断电释放，KM 的三个主触点同时断开，电动机 M 绕组脱离三相 380V 交流电源，停止转动，所驱动的机械设备停止运行。

61 有信号灯的电动机延时自起动控制电路（380V）

有信号灯的电动机延时自起动控制电路（380V）如图 7-71 所示，其实物接线图如图 7-72 所示。

（1）送电。

1）合上三相刀开关 QK；

2）合上低压断路器 QF；

3）合上控制回路熔断器 FU1、FU2。合上控制回路熔断器 FU1、FU2 后，电源 L1 通过接触器 KM 动断触点→信号灯 HL2 得电灯亮。表示电动机热备用状态。

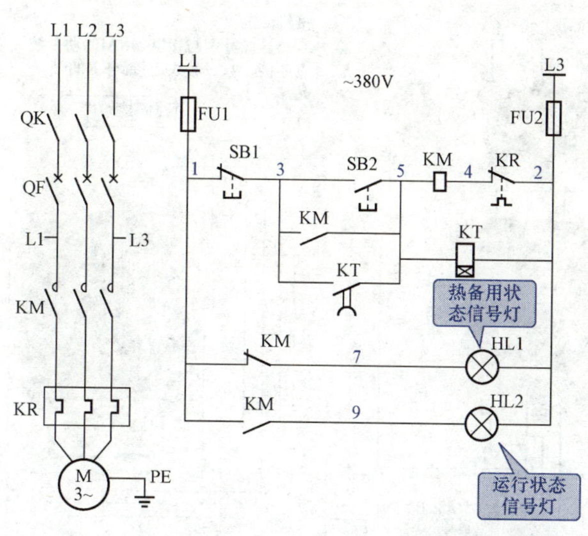

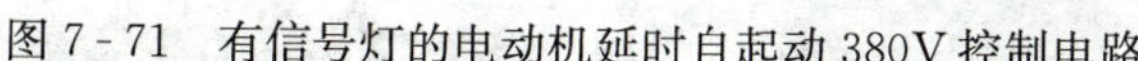
图 7-71　有信号灯的电动机延时自起动 380V 控制电路

（2）起动运转。

按下起动按钮 SB2，电源 L1 相→控制回路熔断器 FU→1 号线→停止按钮 SB1 动断触点→3 号线→起动按钮 SB2 动合触点（按下时闭合）→5 号线→分①、②两路。

①接触器 KM 线圈→4 号线→热继电器 FR 的动断触点→2 号线→控制回路熔断器 FU2→电源 L3 相，构成 380V 电路。接触器 KM 线圈获电动作，接触器 KM 动合触点闭合自保，维持接触器 KM 工作状态，接触器 KM 三个主触点同时闭合，电动机绕组获得三相 380V 交流电源，电动机 M 起动运转。接触器 KM 动合触点闭合，信号灯 HL2 得电灯亮。表示电动机运行。

②时间继电器 KT 线圈→2 号线→控制回路熔断器 FU2→电源 L3 相，构成 380V 电路。得电动作，时间继电器 KT 动合触点 KT 闭合，为泵延时自起动作电路准备。

（3）延时自起动。

系统电压波动或瞬间停电时，接触器 KM 和时间继电器 KT 失电释放，虽然电动机断电，但仍在惯性运转，时间继电器 KT 断电后，其动合触点是延时断开的。它是根据电动机惯性运转状态到接近静止状态的时间整定的。这一触点未断开前，电源恢复供电时，闭合中的 KT 动合触点，相当于起动按钮 SB2 的作用。

这时，电源 L1 相→控制回路熔断器 FU1→1 号线→停止按钮 SB1 动断触

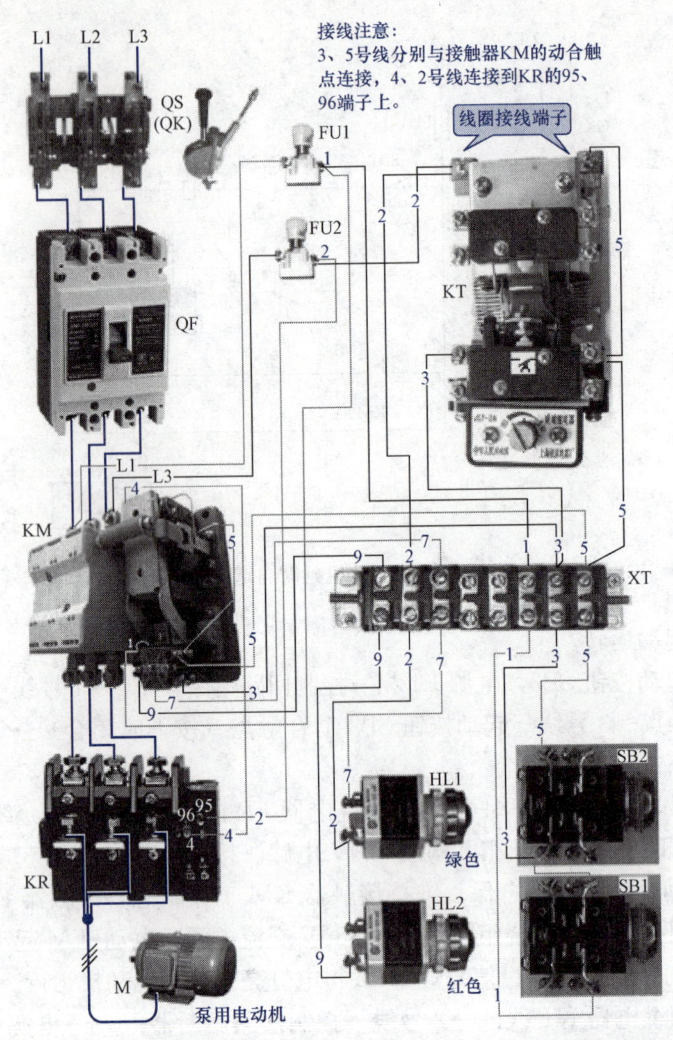

图 7-72　有信号灯的电动机延时自起动 380V 控制电路实物连接图

点→3 号线→仍在闭合中的时间继电器 KT 动合触点→5 号线→接触器 KM 线圈→4 号线→热继电器 KR 的动断触点→2 号线→控制回路熔断器 FU2→电源 L3 相。构成 380V 电路。接触器 KM 线圈获电动作，接触器 KM 动合触点闭合自保，维持 KM 的工作状态，接触器 KM 三个主触点同时闭合，电动机绕组获得三相 380V 交流电源，电动机起动运转。

（4）正常停机。

按下停止按钮 SB1 动断触点断开，（按下停止按钮 SB1 的时间，要超过时间继电器 KT 的整定时间），切断接触器 KM 线圈控制电路，接触器 KM 断电释放，KM 的三个主触点同时断开，电动机 M 绕组脱离三相 380V 交流电源，停止转动，所驱动的机械设备停止运行。

62 无状态信号的电动机延时可选自起动控制电路（220V）

无状态信号的电动机延时可选自起动控制电路（220V）如图 7-73 所示，该电路采取控制开关与延时触点串联的接线方式，通过控制开关 SA 的接通与断开，实现延时可选的工作方式。其实物连接图如图 7-74 所示。

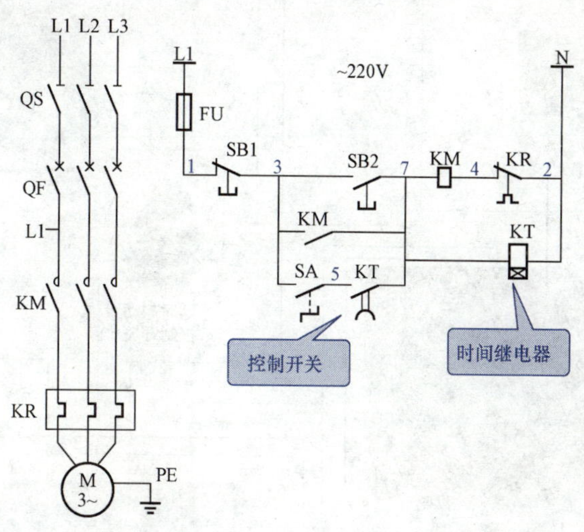

图 7-73　无状态信号电动机可选择是否延时自起动控制电路（220V）

（1）起动电动机运转。

按下起动按钮 SB2，电源 L1 相→控制回路熔断器 FU→1 号线→停止按钮 SB1 动断触点→3 号线→起动按钮 SB2 动合触点（按下时闭合）→5 号线→分①、②两路。

①接触器 KM 线圈→4 号线→热继电器 KR 的动断触点→2 号线→电源 N 极，构成 220V 电路。接触器 KM 线圈获电动作，接触器 KM 动合触点闭合自保，维持接触器 KM 工作状态，接触器 KM 三个主触点同时闭合，电动机绕组获得按 L1、L2、L3 排列的三相 380V 交流电源，电动机 M 起动运转。

②时间继电器 KT 线圈→2 号线→电源 N 极，构成 220V 电路。

时间继电器 KT 得电动作，动合触点 KT 闭合，电动机正常运转后，合上自启控制开关 SA、为泵延时自起动作电路准备。

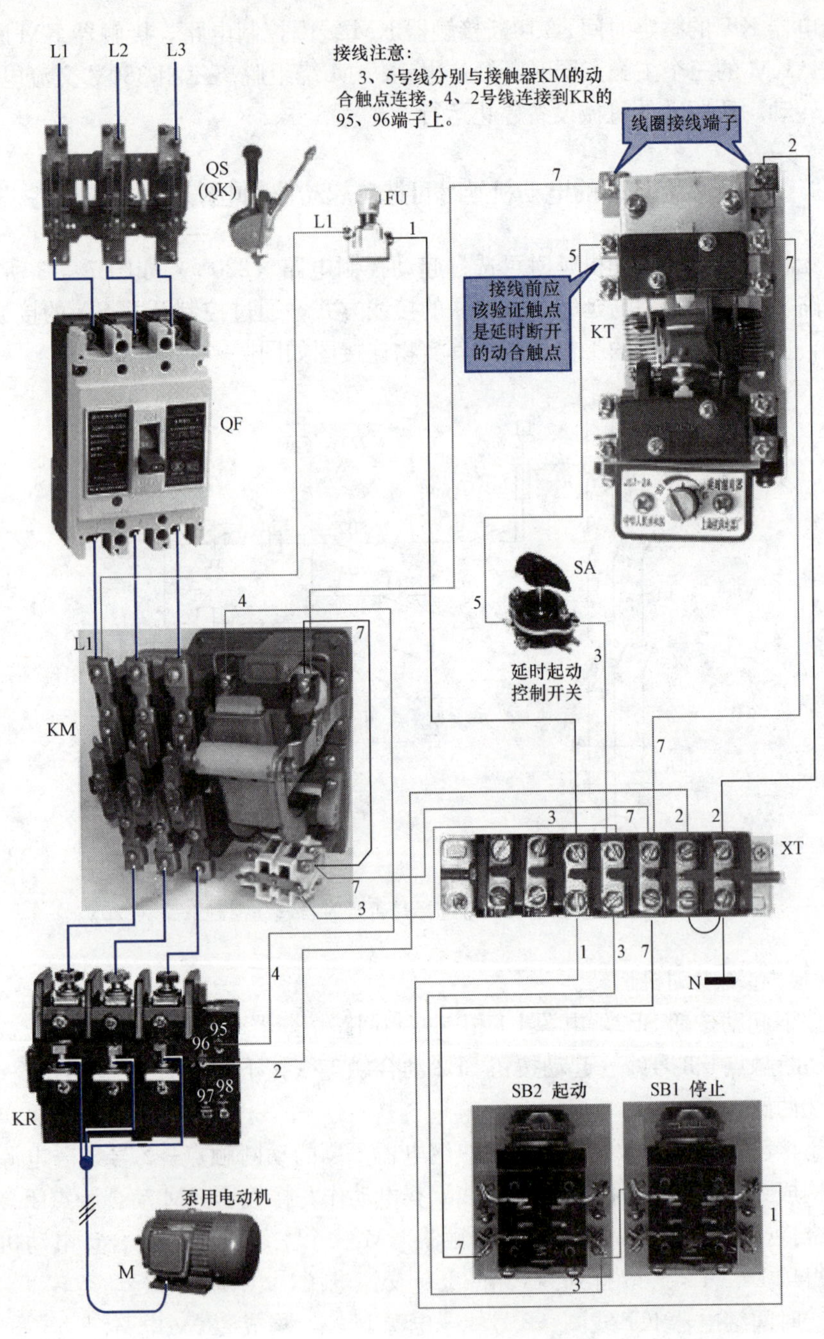

图 7-74　无状态信号电动机可选择是否延时自起动控制电路实物连接图（220V）

（2）延时自起动。

系统瞬间停电时，接触器 KM 线圈失电释放，电动机仍在惯性转动，时间继电器 KT 虽断电并释放，延时 5s 断开的动合触点 KT 未断开前，电源恢复供电时，电源 L1 相→控制回路熔断器 FU→1 号线→停止按钮 SB1 动断触点→3 号线→自起动控制开关 SA 闭合中→5 号线→闭合中的时间继电器 KT 动合触点→7 号线→接触器 KM 线圈→4 号线→热继电器 KR 的动断触点→2 号线→电源 N 极，构成 220V 电路。接触器 KM 线圈获得 220V 的工作电压动作，KM 的动合触点闭合自保，维持接触器 KM 工作状态，接触器 KM 三个主触点同时闭合，电动机绕组获得三相 380V 交流电源，电动机起动运转。

（3）正常停机。

这种将控制开关 SA 的触点与延时断开的动合触点 KT 串联后，又与起动按钮 SB2 动合触点并联的接线方式，正常停机时，先断开控制开关 SA，动合触点 KT 不能形成回路，因此，按下停止按钮 SB1，接触器 KM 线圈能立即断电释放，接触器 KM 的三个主触点同时断开，电动机 M 绕组脱离三相 380V 交流电源，电动机 M 停止转动，驱动的机械设备停止运行。如果直接按下停止按钮 SB1，立即松手电动机会起动。

（4）过负荷停机。

电动机发生过负荷时故障，主回路中的热继电器 KR 动作，热继电器 KR 的动断触点断开，切断接触器 KM 线圈控制电路，接触器 KM 断电并释放，三个主触点同时断开，电动机绕组脱离三相 380V 交流电源，停止转动，拖动的机械设备停止运行。

63 无状态信号的电动机延时可选自起动控制电路（380V）

无状态信号电动机可选择是否延时自起动控制电路（380V）如图 7-75 所示，其实物连接图如图 7-76 所示。

（1）起动运转。

按下起动按钮 SB2，电源 L1 相→控制回路熔断器 FU1→1 号线→停止按钮 SB1 动断触点→3 号线→起动按钮 SB2 动合触点（按下时闭合）→5 号线→分①、②两路。

①接触器 KM 线圈→4 号线→热继电器 KR 的动断触点→2 号线→控制回路熔断器 FU2→电源 L3 相，构成 380V 电路。接触器 KM 线圈获电动作，接触器 KM 动合触点闭合自保，维持接触器 KM 工作状态，接触器 KM 三个主

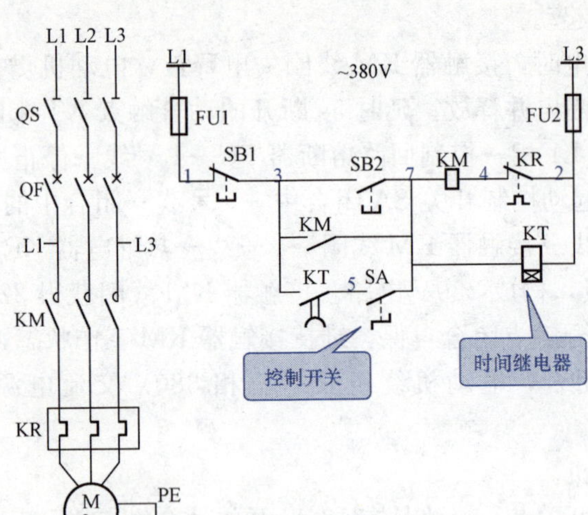

图 7-75　无状态信号电动机可选择是否延时自起动控制电路（380V）

触点同时闭合，电动机绕组获得按 L1、L2、L3 排列的三相 380V 交流电源，电动机 M 起动运转。

②时间继电器 KT 线圈→2 号线→控制回路熔断器 FU2→电源 L3 相，构成 380V 电路。

时间继电器 KT 得电动作，动合触点 KT 闭合，电动机正常运转后，合上自启控制开关 SA、为泵延时自起动作电路准备。

(2) 延时自起动。

系统瞬间停电时，接触器 KM 线圈失电释放，电动机仍在惯性转动，时间继电器 KT 虽断电并释放，延时 5s 断开的动合触点 KT 未断开前，电源恢复供电时，电源 L1 相→控制回路熔断器 FU1→1 号线→停止按钮 SB1 动断触点→3 号线→闭合中的时间继电器 KT 动合触点→5 号线→自起动控制开关 SA 闭合中→7 号线→接触器 KM 线圈→4 号线→热继电器 FR 的动断触点→2 号线→控制回路熔断器 FU2→电源 L3 相，构成 380V 电路。接触器 KM 线圈获得 380V 的工作电压动作，KM 的动合触点闭合自保，维持接触器 KM、时间继电器 KA 工作状态，接触器 KM 三个主触点同时闭合，电动机绕组获得按 L1、L2、L3 排列的三相 380V 交流电源，电动机起动运转。

(3) 正常停机。

这种将控制开关 SA 的触点与延时断开的动合触点 KT 串联后，又与起动按钮 SB2 动合触点并联的接线方式，正常停机时，先断开控制开关 SA，动合触点 KT 不能形成回路，按下停止按钮 SB1，接触器 KM 线圈不能立即断电释

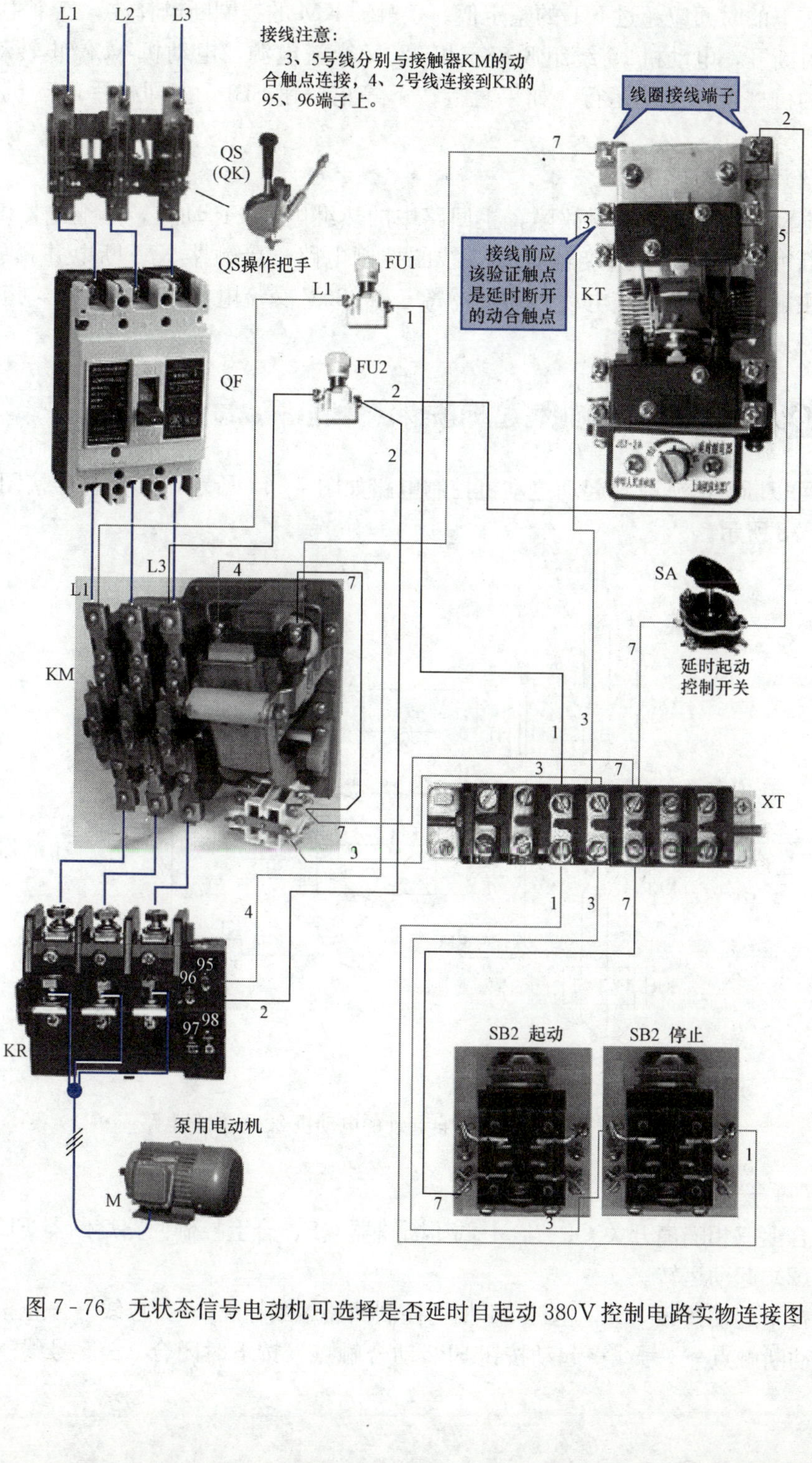

L1 L2 L3

接线注意：
3、5号线分别与接触器KM的动合触点连接，4、2号线连接到KR的95、96端子上。

QS
(QK)

QS操作把手

QF

FU1

L1

1

FU2

2

2

线圈接线端子

7

2

3

5

接线前应该验证触点是延时断开的动合触点

KT

L3

L1

4

7

KM

SA

7

延时起动控制开关

3

1

3

7

XT

7

3

1

3

7

4

95

96

97

98

2

KR

泵用电动机

M

SB2 起动

SB2 停止

1

7

3

图7-76 无状态信号电动机可选择是否延时自起动380V控制电路实物连接图

放，按下的时间应超过 KT 的整定值。接触器 KM 的线圈断电释放，三个主触点同时断开，电动机 M 绕组脱离三相 380V 交流电源，电动机 M 停止转动，驱动的机械设备停止运行。如果直接按下停止按钮 SB1，立即松手电动机会起动。

（4）过负荷停机。

电动机发生过负荷时故障，主回路中的热继电器 FR 动作，热继电器 FR 的动断触点断开，切断接触器 KM 线圈控制电路，接触器 KM 断电并释放，三个主触点同时断开，电动机绕组脱离三相 380V 交流电源，停止转动，拖动的机械设备停止运行。

64 可以断开的延时自起动电动机控制电路（220V）

可以断开的延时自起动电动机控制电路如图 7 - 77 所示，其实物连接图如图 7 - 78 所示。

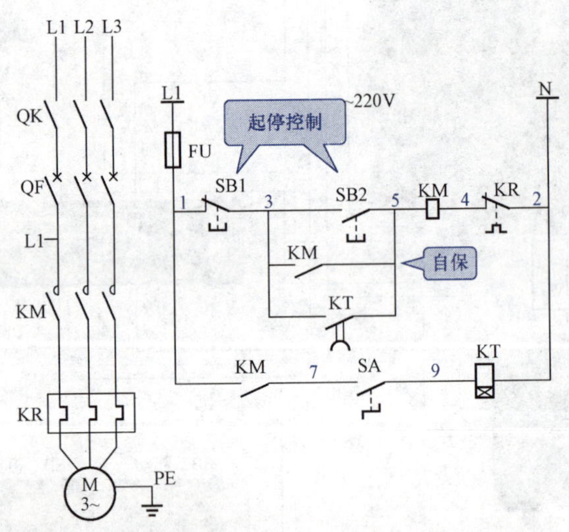

图 7 - 77 可以断开延时自起动的电动机 220V 控制电路

（1）送电。

合上三相隔离开关 QS、合上低压断路器 QF、合上控制回路熔断器 FU。

（2）起动运转。

按下起动按钮 SB2，电源 L1 相→控制回路熔断器 FU→1 号线→停止按钮 SB1 动断触点→3 号线→起动按钮 SB2 动合触点（按下时闭合）→5 号线→接

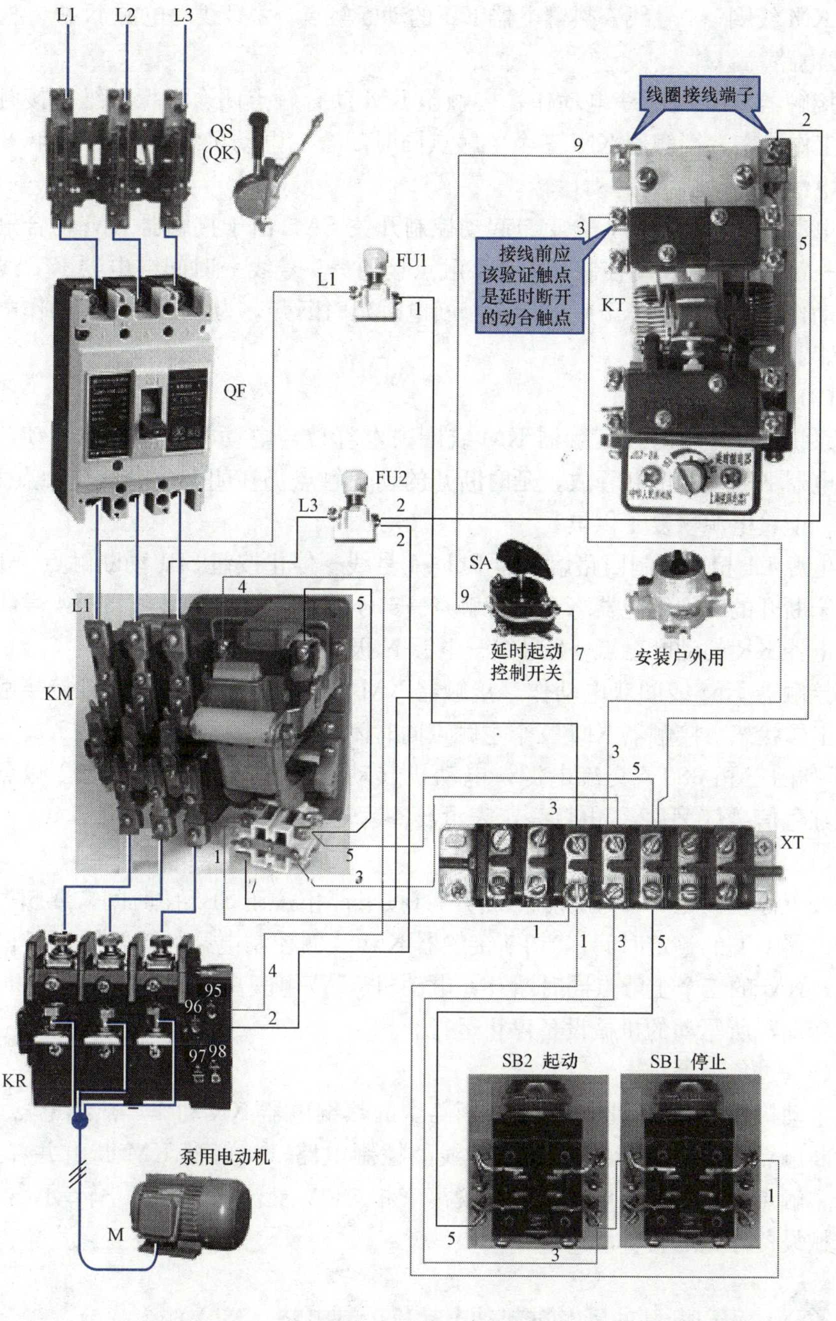

图 7-78　可以断开的延时自起动电动机控制电路（220V）实物连接图

触器 KM 线圈→4 号线→热继电器 KR 的动断触点→2 号线→电源 N 极，构成 220V 电路。

接触器 KM 线圈获电动作，接触器 KM 动合触点闭合自保，维持接触器 KM 工作状态，接触器 KM 三个主触点同时闭合，电动机绕组获得三相 380V 交流电源，电动机 M 起动运转。

电动机正常运转后，合上自起动控制开关 SA，由于接触器 KM 动合触点闭合→7 号线→自起动控制开关 SA 触点接通→9 号线→时间继电器 KT 线圈得电动作。动合触点 KT 瞬时闭合，断电时延时断开，为泵延时自起动作电路准备。

(3) 延时自起动。

系统瞬间停电时，接触器 KM 线圈失电释放，电动机仍在惯性转动，时间继电器 KT 虽断电并释放，延时断开的动合触点仍在闭合中，动合触点 KT 未断开前，电源恢复了供电。

电源 L1 相→控制回路熔断器 FU→1 号线→停止按钮 SB1 动断触点→3 号线→未断开的时间继电器 KT 动合触点→5 号线→接触器 KM 线圈→4 号线→热继电器 KR 的动断触点→2 号线→电源 N 极，构成 220V 电路。

接触器 KM 线圈获电动作，接触器 KM 动合触点闭合自保，维持接触器 KM 工作状态，接触器 KM 三个主触点同时闭合，电动机绕组获得按 L1、L2、L3 排列的三相 380V 交流电源，电动机起动运转。接触器 KM 动合触点闭合→红色信号灯 HL2 得电灯亮，表示设备运转中。

(4) 正常停机。

按下停止按钮 SB1 动断触点断开，(按下停止按钮 SB1 的时间，要超过时间继电器 KT 的整定时间)，切断接触器 KM 线圈控制电路，接触器 KM 断电释放，KM 的三个主触点同时断开，电动机 M 绕组脱离三相 380V 交流电源，停止转动，所驱动的机械设备停止运行。

(5) 过负荷停机。

电动机发生过负荷时故障，主回路中的热继电器 KR 动作，热继电器 KR 的动断触点断开，切断接触器 KM 线圈控制电路，接触器 KM 断电并释放，三个主触点同时断开，电动机绕组脱离三相 380V 交流电源，停止转动，拖动的机械设备停止运行。

65 可以断开的延时自起动电动机控制电路（380V）

可以断开的延时自起动电动机控制电路（380V）如图 7-79 所示，其实物

连接图如图 7-80 所示。

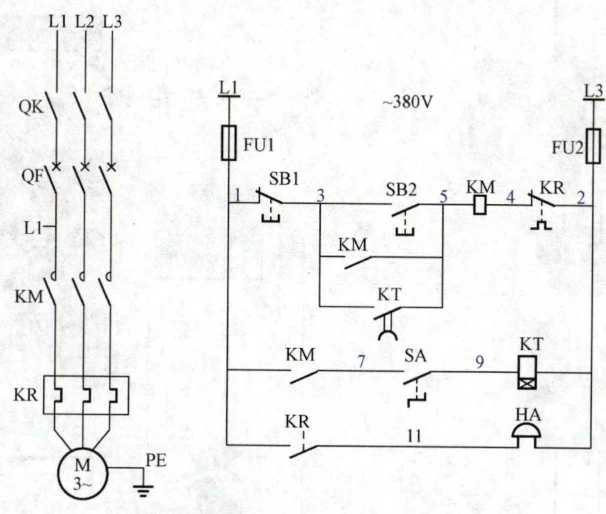

图 7-79　可以断开的延时自起动电动机控制电路（380V）

（1）送电。

合上三相隔离开关 QS、合上低压断路器 QF、合上控制回路熔断器 FU1、FU2。

（2）起动运转。

按下起动按钮 SB2，电源 L1 相→控制回路熔断器 FU1→1 号线→停止按钮 SB1 动断触点→3 号线→起动按钮 SB2 动合触点（按下时闭合）→5 号线→接触器 KM 线圈→4 号线→热继电器 KR 的动断触点→2 号线→控制回路熔断器 FU2→电源 L3 相，构成 380V 电路。

接触器 KM 线圈获电动作，接触器 KM 动合触点闭合自保，维持接触器 KM 工作状态，接触器 KM 三个主触点同时闭合，电动机绕组获得三相 380V 交流电源，电动机 M 起动运转。

电动机正常运转后，合上自起动控制开关 SA，接触器 KM 动合触点闭合→7 号线→自起动控制开关 SA 触点接通→9 号线→时间继电器 KT 线圈得电动作。动合触点 KT 瞬时闭合，断电时延时断开，为泵延时自起动作电路准备。

（3）延时自起动。

系统瞬间停电时，接触器 KM 线圈失电释放，电动机仍在惯性转动，时间继电器 KT 虽断电并释放，延时断开的动合触点仍在闭合中，动合触点 KT 未断开前，电源恢复了供电。

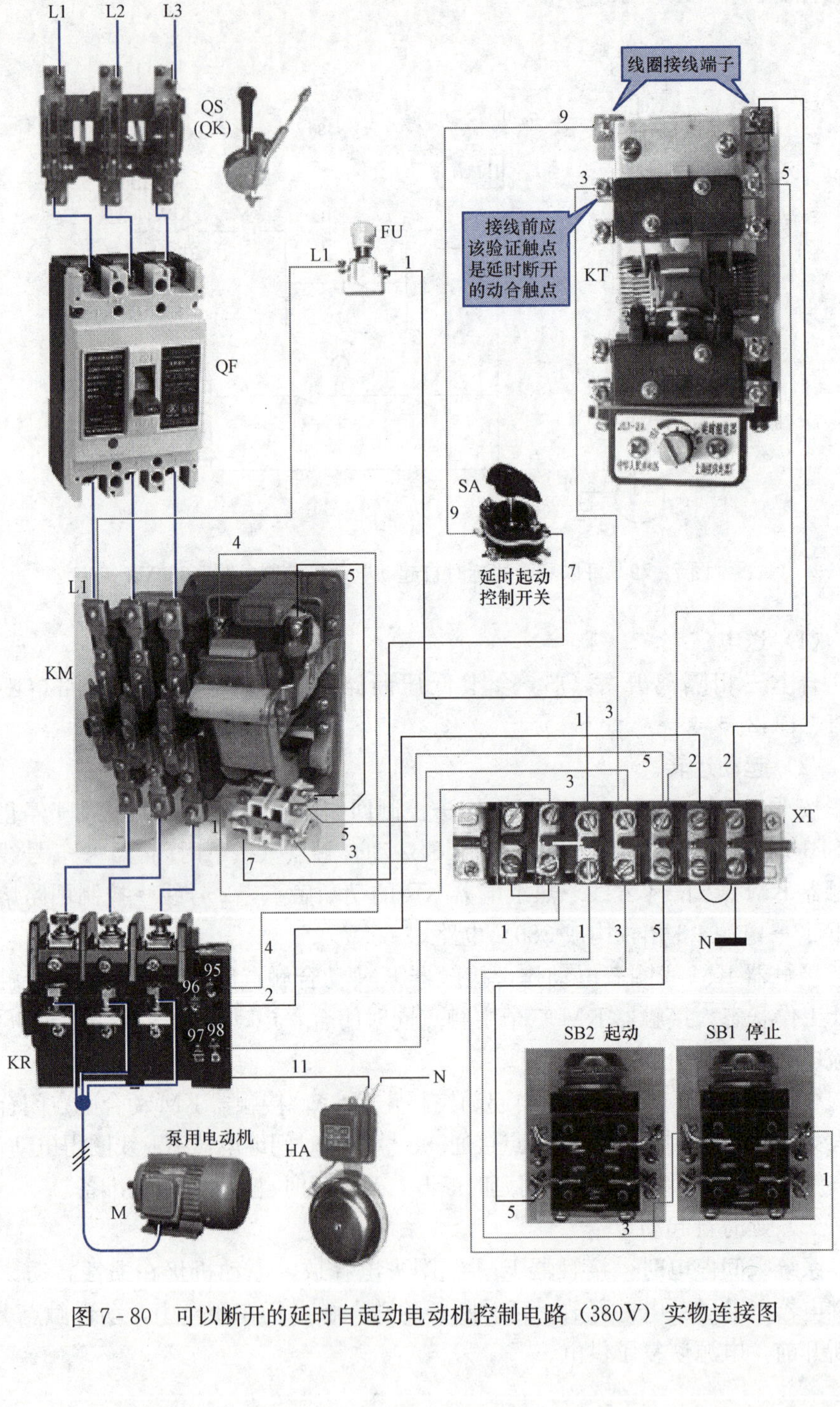

L1
L2
L3
QS
(QK)
FU
L1
1
QF
线圈接线端子
9
3
5
接线前应
该验证触点
是延时断开
的动合触点
KT
SA
9
7
延时起动
控制开关
4
5
L1
KM
1
3
5
2
2
3
XT
1
5
3
7
4
95
96
2
97
98
KR
11
N
1
1
3
5
N
泵用电动机
HA
M
SB2 起动
SB1 停止
1
5
3

图 7-80　可以断开的延时自起动电动机控制电路（380V）实物连接图

电源 L1 相→控制回路熔断器 FU1→1 号线→停止按钮 SB1 动断触点→3 号线→未断开的时间继电器 KT 动合触点→5 号线→接触器 KM 线圈→4 号线→热继电器 KR 的动断触点→2 号线→控制回路熔断器 FU2→电源 L3 相，构成 380V 电路。

接触器 KM 线圈获电动作，接触器 KM 动合触点闭合自保，维持接触器 KM 工作状态，接触器 KM 三个主触点同时闭合，电动机绕组获得按 L1、L2、L3 排列的三相 380V 交流电源，电动机起动运转。接触器 KM 动合触点闭合→红色信号灯 HL2 得电灯亮，表示设备运转中。

（4）正常停机。

按下停止按钮 SB1 动断触点断开，（按下停止按钮 SB1 的时间，要超过时间继电器 KT 的整定时间），切断接触器 KM 线圈控制电路，接触器 KM 断电释放，KM 的三个主触点同时断开，电动机 M 绕组脱离三相 380V 交流电源，停止转动，所驱动的机械设备停止运行。

（5）过负荷停机。

电动机发生过负荷时故障，主回路中的热继电器 KR 动作，热继电器 KR 的动断触点断开，切断接触器 KM 线圈控制电路，接触器 KM 断电并释放，三个主触点同时断开，电动机绕组脱离三相 380V 交流电源，停止转动，拖动的机械设备停止运行。

知识链接

时间继电器 KT 的触点

本节中延时自起动的实物连接图中，时间继电器 KT 的触点连接只是一个示意，所连接的触点性质不一定与控制电路中的触点性质相符。实际接线时，必须使用万用表检测，哪个触点符合要求就接到哪个触点上。

1. 检测前的准备

先将万用表调零，即将万用表的量程开关拨至 X1×100 挡，红表笔与黑表笔短接，然后用手转动调节旋钮，使万用表的指针准确地指到零位。

2. 触点状态的测试

用万用表的红表笔、黑表笔分别接触微动开关两侧端子。如果表针停在无穷大，处于静止状态，那么说明该触点是动合（常开）触点；如果表针在几百欧姆处摆动并回到零位，那么说明该触点是动断（常闭）触点。

3. 触点状态的实际验证

微动开关两侧端子不接线，将万用表的红表笔、黑表笔分别接到时间继电器上的微动开关两侧端子上，时间继电器线圈的两个端子接到220V电源上，并通过开关SA进行控制。通过控制开关SA的闭合与断开，观察万用表的表针摆动情况，即可判断触点的状态。

(1) 动断触点和动合触点的确认。

未接通电源时，万用表的表针指零，通电后表针立即指向无穷大处，断开电源时，万用表的表针立即回零，说明这个触点是动断触点。未接通电源时候，万用表的指针指在无穷大处，通电后表针立即指零，断开电源时，万用表的表针立即指向无穷大处，说明这个触点是动合触点。

(2) 延时断开的动断触点。

未接通电源时，万用表的表针指零。调节铭牌中心的螺钉（例163中示出）后，合上电源开关SA，时间继电器动作，经过一定时间万用表的表针才指向无穷大处，断开电源时，万用表的表针立即指零，说明这个触点是延时断开的动断触点。

(3) 延时闭合的动合触点。

未接通电源时，万用表的表针指在无穷大处，调节铭牌中心的螺钉后，合上电源开关SA，时间继电器动作，经过一定时间万用表的表针才指向零处，断开电源时，万用表的表针立即指在无穷大处，说明这个触点是延时闭合的动合触点。

(4) 延时闭合的动断触点。

未接通电源时，万用表的表针指零，调节铭牌中心的螺钉后，合上电源开关SA，万用表的表针立即指在无穷大处，断开电源时，万用表的表针仍指在无穷大处，经过一定时间以后，表针才回零，说明这个触点是延时闭合的动断触点。

(5) 延时断开的动合触点。

未接通电源时，万用表的表针指在无穷大处，调节铭牌中心的螺钉后，合上电源开关sA，万用表的表针立即指零，断开电源开关SA时，万用表的指针仍旧指零，经过一段时间后才指向无穷大，说明这个触点是延时断开的动合触点。

采用上述测试方法，就能确认所需要的触点，通过调节铭牌中心的螺钉可以改变延时时间的长短，调节到符合要求之后，就可以按照控制电路图接线了。

第五节 行程开关起停电动机控制电路

66 采用行程开关直接起停电动机的控制电路（220V）

采用行程开关直接起停电动机的控制电路（220V）如图 7-81 所示，该电路通常用于水泵的控制，其实物连接图如图 7-82 所示。

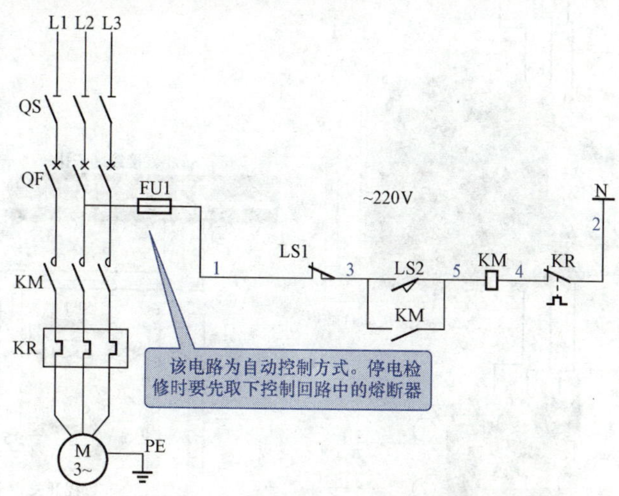

图 7-81 行程开关直接起停水泵电动机的 220V 控制电路

（1）送电。

1）合上三相隔离开关 QS（安装在变电所的配电盘上）；

2）合上开关箱内主回路断路器 QF；

3）合上开关箱内控制回路熔断器 FU1。

（2）自动运转。

当水位低到规定位置，浮筒撞板碰上行程开关 LS2 时，动合触点 LS2 闭合，电源 L1 相→控制回路熔断器 FU1→1 号线→行程开关 LS1 动断触点→3 号线→闭合的行程开关 LS2 动合触点→5 号线→接触器 KM 线圈→4 号线→热继电器 KR 的动合触点→2 号线→电源 N 极，构成 220V 电路。

接触器 KM 线圈得到交流 220V 的工作电压动作，接触器 KM 动合触点闭合自保，维持接触器 KM 的工作状态。接触器 KM 三个主触点同时闭合，电动机 M 绕组获得按 L1、L2、L3 相序排列的三相 380V 交流电源，电动机 M

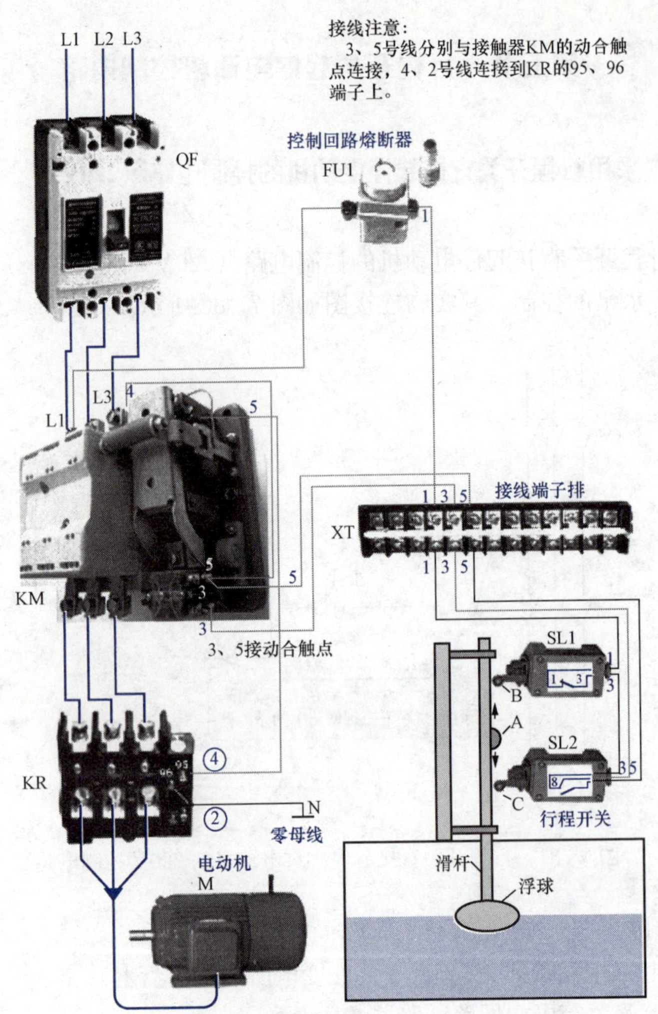

图 7-82　行程开关直接起停水泵电动机的 220V 控制电路实物连接图

起动运转，所驱动的机械设备水泵投入工作，向水塔上的水罐上水。

浮筒撞板上升，离开行程开关 LS2 时，接触器 KM 动合触点在行程开关 LS2 动合触点断开前已经闭合，电源 L1 相→控制回路熔断器 FU1→1 号线→行程开关 LS1 动断触点→3 号线→接触器 KM 动合触点→5 号线→接触器 KM 线圈→4 号线→热继电器 KR 的动断触点→2 号线→电源 N 极，构成 220V 电路，维持接触器 KM 控制电路接通，实现控制电路自保。

(3) 自动停止。

当水位上升到规定位置，浮筒撞板上升，碰上行程开关 LS1 动断触点断

开，接触器 KM 控制电路断电释放，接触器 KM 主回路中的三个触点断开，电动机 M 脱离电源停止运转，水泵停止工作。

（4）过负荷停机。

过负荷时，主回路中的热继电器 FR 动作，热继电器 KR 的动断触点断开，切断接触器 KM 线圈控制电路，接触器 KM 断电释放，三个主触点同时断开，电动机 M 绕组脱离三相 380V 交流电源，停止转动，所拖动的机械设备停止工作。

67 行程开关直接起停电动机的控制电路（380V）

行程开关直接起停电动机的控制电路（380V）如图 7-83 所示。利用行程开关控制电动机的起动与停止，是最简单的控制方法。控制电路接线方式通常是根据现场情况设计的。如可用于锅炉冷凝水回收泵或变电站电缆沟防洪井抽水泵等的控制电路实物连接图如图 7-84 所示。

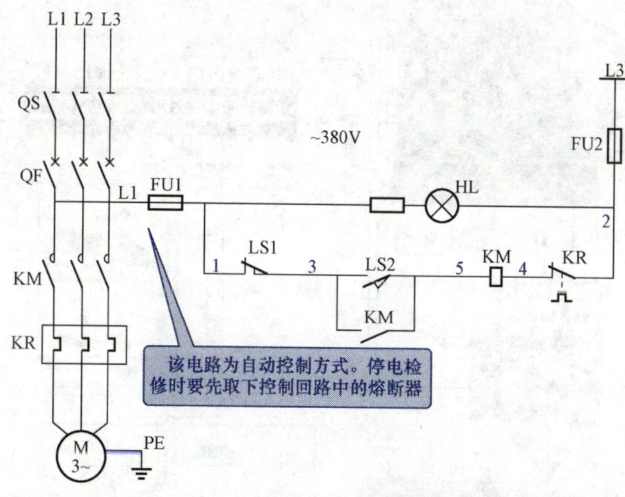

图 7-83　行程开关直接起停水泵电动机的 380V 控制电路

（1）送电。

1）合上三相隔离开关 QS；

2）合上主回路断路器 QF；

3）合上控制回路熔断器 FU1、FU2；电源信号灯 HL 亮灯。

（2）自动运转。

当水位上升到规定位置，浮筒撞板顶上行程开关 LS2 时，动合触点 LS2

闭合，电源 L1 相→控制回路熔断器 FU1→1 号线→行程开关 LS1 动断触点→3 号线→行程开关 LS2 动合触点→5 号线→接触器 KM 线圈→4 号线→热继电器 FR 的动断触点→2 号线→控制回路熔断器 FU2→电源 L3 相，构成 380V 电路。

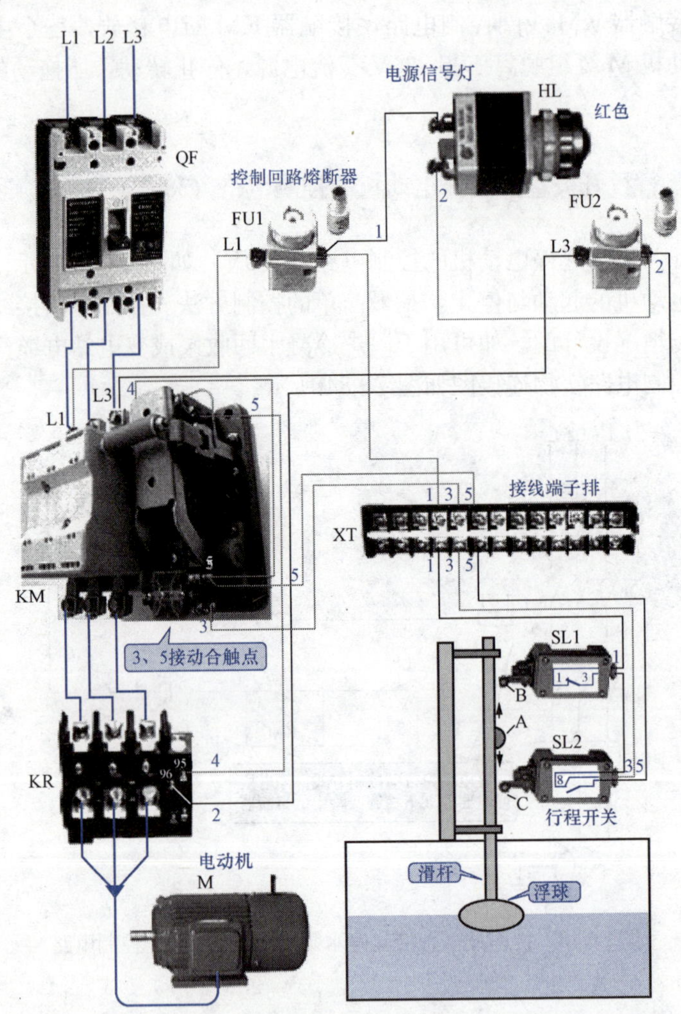

图 7-84 行程开关直接起停电动机的控制电路实物连接图（380V）

接触器 KM 线圈得到交流 380V 的工作电压动作，接触器 KM 动合触点闭合（将行程开关 LS2 动合触点短接）自保，维持接触器 KM 的工作状态。接触器 KM 三个主触点同时闭合，电动机 M 绕组获得按 L1、L2、L3 相序排列的三相 380V 交流电源，电动机 M 起动运转，所驱动的机械设备水泵投入工

作。当水位下降时，浮筒撞板随之下落。

自保电路工作原理：水位开始回落，虽然浮筒上的撞板下落，离开行程开关 LS2 时，动合触点 LS2 断开，但由于接触器 KM 动合触点的闭合，电源 L1 相→控制回路熔断器 FU1→1 号线→行程开关 LS1 动断触点→3 号线→闭合的接触器 KM 动合触点→5 号线→接触器 KM 线圈→4 号线→热继电器 FR 的动断触点→2 号线→控制回路熔断器 FU2→电源 L3 相，构成 380V 电路，维持接触器 KM 控制电路接通，实现自保。

（3）自动停止。

当水位下降到规定位置，浮筒撞板下落，碰上行程开关 LS1 时，动断触点断开，接触器 KM 电路断电释放，接触器 KM 主回路中的三个触点同时断开，电动机 M 脱离电源停止运转，水泵停止工作。

（4）过负荷停机。

过负荷时，主回路中的热继电器 FR 动作，热继电器 FR 的动合触点断开，切断接触器 KM 线圈控制电路，接触器 KM 断电释放，三个主触点同时断开，电动机 M 绕组脱离三相 380V 交流电源，停止转动，所拖动的机械设备停止工作。

68 有电源状态信号灯行程开关直接起停电动机的控制电路（220V）

有电源状态信号灯行程开关直接起停水泵电动机的控制电路（220V）如图 7-85 所示，其实物连接图如图 7-86 所示。该实物连接图能实现水位高停止、水位低起动水泵，通常用于水塔的上水用水泵。

（1）送电。

1）合上三相隔离开关 QS；

2）合上开关箱内主回路断路器 QF；

3）合上开关箱内控制回路熔断器 FU1；电源信号灯 HL 亮灯。

（2）自动运转。

当水位低到规定位置，浮筒撞板碰上行程开关 LS2 时，动合触点 LS2 闭合，电源 L1 相→控制回路熔断器 FU1→1 号线→行程开关 LS1 动断触点→3 号线→行程开关 LS2 动合触点→5 号线→接触器 KM 线圈→4 号线→热继电器 KR 的动合触点→2 号线→电源 N 极，构成 220V 电路。

接触器 KM 动合触点闭合→9 号线→信号灯 HL2 得电亮灯。

接触器 KM 线圈得到交流 220V 的工作电压动作，接触器 KM 动合触点闭合自保，维持接触器 KM 的工作状态。接触器 KM 三个主触点同时闭合，电

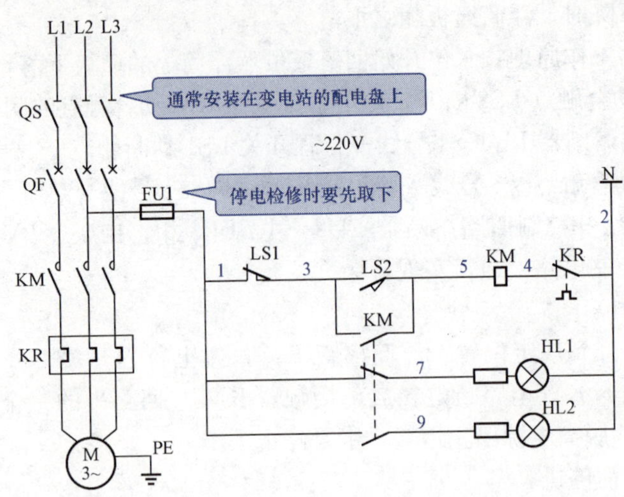

图 7-85　有信号灯行程开关直接起停水泵电动机的控制电路（220V）

动机 M 绕组获得按 L1、L2、L3 相序排列的三相 380V 交流电源，电动机 M 起动运转，所驱动的机械设备水泵投入工作，向水塔上的水罐上水。

浮筒撞板上升，离开行程开关 LS2 时，电路自保电路工作原理：由于接触器 KM 动合触点在动合触点 LS2 断开前已经闭合，电源 L1 相→控制回路熔断器 FU1→1 号线→行程开关 LS1 动断触点→3 号线→闭合的接触器 KM 动合触点→5 号线→接触器 KM 线圈→4 号线→热继电器 KR 的动断触点→2 号线→电源 N 极，构成 220V 电路，维持接触器 KM 控制电路接通，实现电路自保。

（3）自动停止。

当水位上升到规定位置，浮筒撞板上升，碰上行程开关 LS1 动断触点断开，接触器 KM 控制电路断电释放，接触器 KM 主回路中的三个触点断开，电动机 M 脱离电源停止运转，水泵停止工作。

接触器 KM 断电释放，接触器 KM 动断触点复位→7 号线→信号灯 HL1 得电亮灯。

（4）手动停止。

想要手动停下水泵，可触动一下行程开关 LS1，的行程拐臂，其动断触点 LS1 断开，切断接触器 KM 控制电路，接触器 KM 断电释放，三个主触点同时断开，电动机 M 断电停止运转，水泵停止抽水。

（5）过负荷停机。

过负荷时，主回路中的热继电器 KR 动作，热继电器 KR 的动断触点断

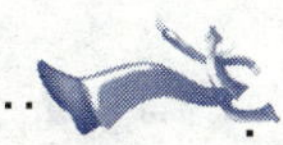

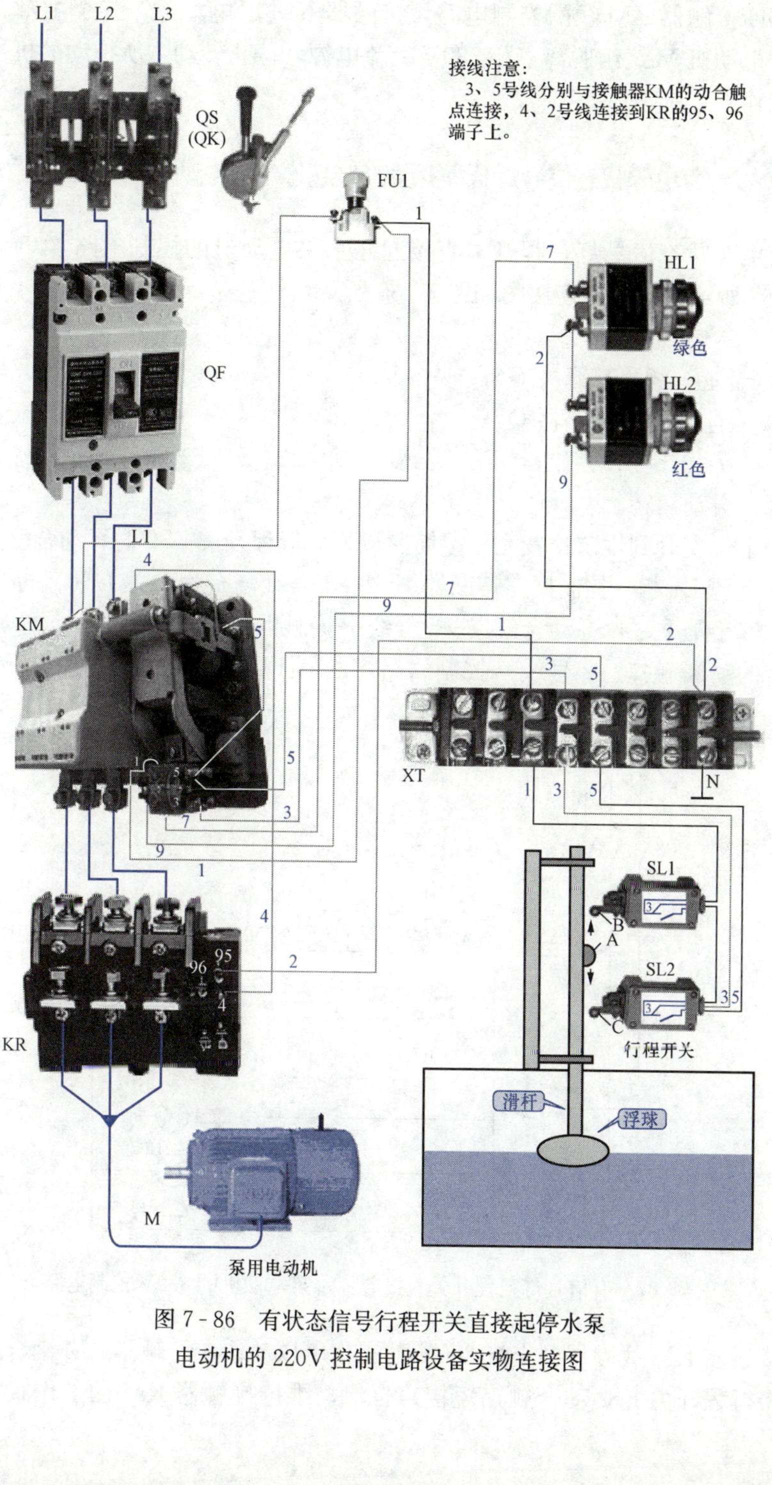
L1
L2
L3
QS
(QK)
FU1
QF
HL1
绿色
HL2
红色
KM
KR
XT
N
SL1
SL2
A
B
C
行程开关
滑杆
浮球
M
泵用电动机
95
96

接线注意：
3、5号线分别与接触器KM的动合触点连接，4、2号线连接到KR的95、96端子上。

图 7 - 86　有状态信号行程开关直接起停水泵电动机的 220V 控制电路设备实物连接图

开，切断接触器 KM 线圈控制电路，接触器 KM 断电释放，三个主触点同时断开，电动机 M 绕组脱离三相 380V 交流电源，停止转动，所拖动的机械设备停止工作。

69 有电源状态信号灯行程开关直接起停水泵电动机的控制电路(380V)

有电源状态信号灯行程开关直接起停水泵电动机的控制电路（380V）如图 7 - 87 所示，其实物连接图如图 7 - 88 所示。

（1）送电。

1）合上三相隔离开关 QS；

2）合上主回路断路器 QF；

3）合上控制回路熔断器 FU1、FU2。

（2）自动运转。

当水位上升到规定位置时，浮筒撞板顶上行程开关 LS2 时，动合触点 LS2 闭合，电源 L1 相→控制回路熔断器 FU1→1 号线→行程开关 LS1 动断触点→3 号线→行程开关 LS2 动合触点→5 号线→接触器 KM 线圈→4 号线→热继电器 KR 的动断触点→2 号线→控制回路熔断器 FU2→电源 L3 相，构成 380V 电路。

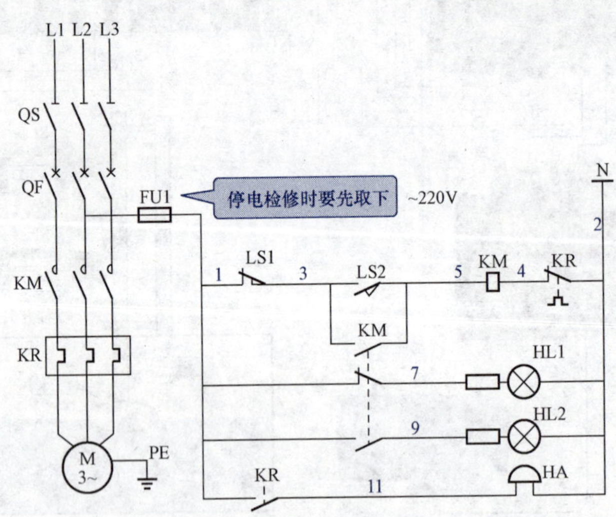

图 7 - 87　有信号灯行程开关直接起停水泵电动机的 380V 控制电路

接触器 KM 线圈得到交流 380V 的工作电压动作，接触器 KM 动合触点闭合（将行程开关 LS2 动合触点短接）自保，维持接触器 KM 的工作状态。接

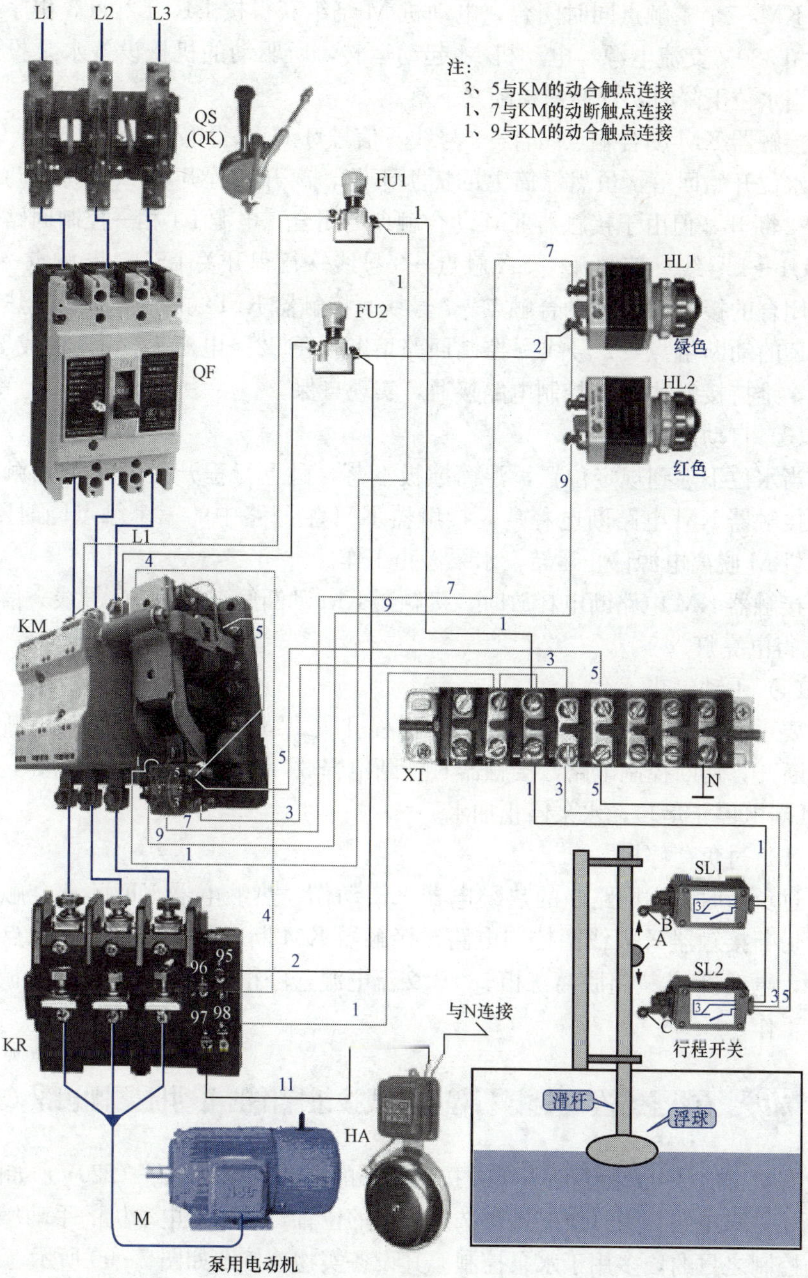

注：
3、5与KM的动合触点连接
1、7与KM的动断触点连接
1、9与KM的动合触点连接

L1 L2 L3
QS (QK)
FU1
FU2
QF
HL1 绿色
HL2 红色
KM
XT
N
SL1
SL2
A B C
行程开关
KR
95 96 97 98
与N连接
HA
M
泵用电动机
滑杆
浮球

图7-88　有状态信号行程开关直接起停水泵电动机的380V控制电路设备实物连接图

触器 KM 三个主触点同时闭合，电动机 M 绕组获得按 L1、L2、L3 相序排列的三相 380V 交流电源，电动机 M 起动运转，所驱动的机械设备水泵投入工作。当水位下降时，浮筒撞板随之下落。

接触器 KM 动合触点闭合→9 号线→信号灯 HL2 得电亮灯。

水位开始回落，虽然浮筒上的撞板下落，离开行程开关 LS2 时，动合触点 LS2 断开，但由于接触器 KM 动合触点的闭合，电源 L1 相→控制回路熔断器 FU1→1 号线→控制开关 SA 触点→3 号线→行程开关 LS1 动断触点→5 号线→闭合的接触器 KM 动合触点→7 号线→接触器 KM 线圈→4 号线→热继电器 KR 的动断触点→2 号线→控制回路熔断器 FU2→电源 L3 相，构成 380V 电路，维持接触器 KM 控制电路接通，实现自保。

(3) 自动停止。

当水位下降到规定位置，浮筒撞板下落，碰上行程开关 LS1 动断触点断开，接触器 KM 电路断电释放，接触器 KM 主回路中的三个触点同时断开，电动机 M 脱离电源停止运转，水泵停止工作。

接触器 KM 电路断电释放时，接触器 KM 动断触点复位→7 号线→信号灯 HL1 得电亮灯

(4) 手动停止。

要手动停下水泵时，可触动一下行程开关 LS1 的行程拐臂，其动断触点 LS1 断开，切断控制电路，接触器 KM 断电释放，三个主触点同时断开，电动机 M 断电停止运转，水泵停止抽水。

(5) 过负荷停机。

过负荷时，主回路中的热继电器 KR 动作，热继电器 KR 的动合触点断开，切断接触器 KM 线圈控制电路，接触器 KM 断电释放，三个主触点同时断开，电动机 M 绕组脱离三相 380V 交流电源，停止转动，所拖动的机械设备停止工作。

70 有状态信号可选择行程开关或按钮操作的电动机控制电路（220V）

有状态信号可选择行程开关或按钮操作的电动机控制电路（220V）如图 7-89 所示，该电路是通过改变操作选择开关的位置，达到对电动机的手动操作和自动控制之目的，多用于水泵控制。其设备实物连接图如图 7-90 所示。

(1) 送电。

1) 合上三相刀闸开关 QK；

2) 合上主回路断路器 QF；

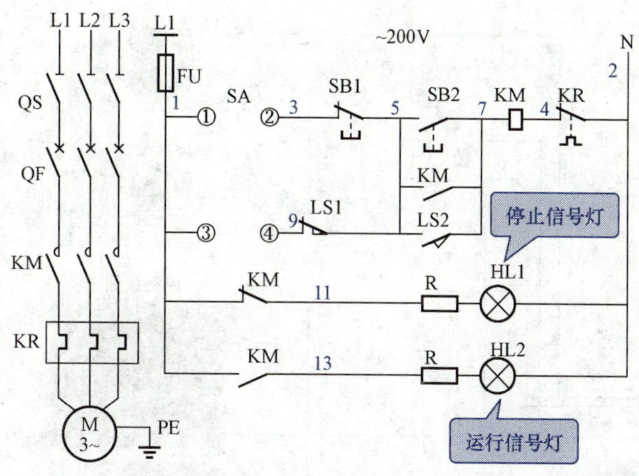

图 7-89　有状态信号可选择行程开关或按钮操作的电动机控制电路（220V）

注：自保触点是自动和手动公用的。

3）合上控制回路熔断器 FU。

（2）自动控制。

选择自动控制方式时，将控制开关 SA 切换到自动位置，触点③、④接通。LS2 闭合时，自动起动运转。LS1 断开时，自动停止运转。

当水位上升到规定位置时，浮筒撞板顶上行程开关 LS2 时，动合触点 LS2 闭合，电源 L1 相→控制回路熔断器 FU→1 号线→控制开关 SA 触点③、④→9 号线→闭合的行程开关 LS1 动断触点→5 号线→行程开关 LS2 动合触点闭合中→7 号线→接触器 KM 线圈→4 号线→热继电器 KR 的动断触点→2 号线→电源 N 极，构成 220V 电路。

接触器 KM 线圈得到交流 220V 的工作电压动作，接触器 KM 动合触点闭合（将起动按钮 SB2 动断触点短接）自保，维持接触器 KM 的工作状态。接触器 KM 三个主触点同时闭合，电动机 M 绕组获得按 L1、L2、L3 相序排列的三相交流电源，电动机 M 起动运转，所驱动的机械设备投入工作。

由于接触器 KM 动合触点闭合：电源 L1 相→控制回路熔断器 FU→1 号线→控制开关 SA 触点③、④→9 号线→行程开关 LS1 动断触点合→5 号线→闭合的接触器 KM 动合触点→7 号线→接触器 KM 线圈→4 号线→热继电器 KR 的动断触点→2 号线→电源 N 极，构成 220V 电路。维持接触器 KM 控制电路接通，实现自保。

（3）自动停机。

当行程开关 LS1 动断触点断开时，接触器 KM 电路断电释放，接触器

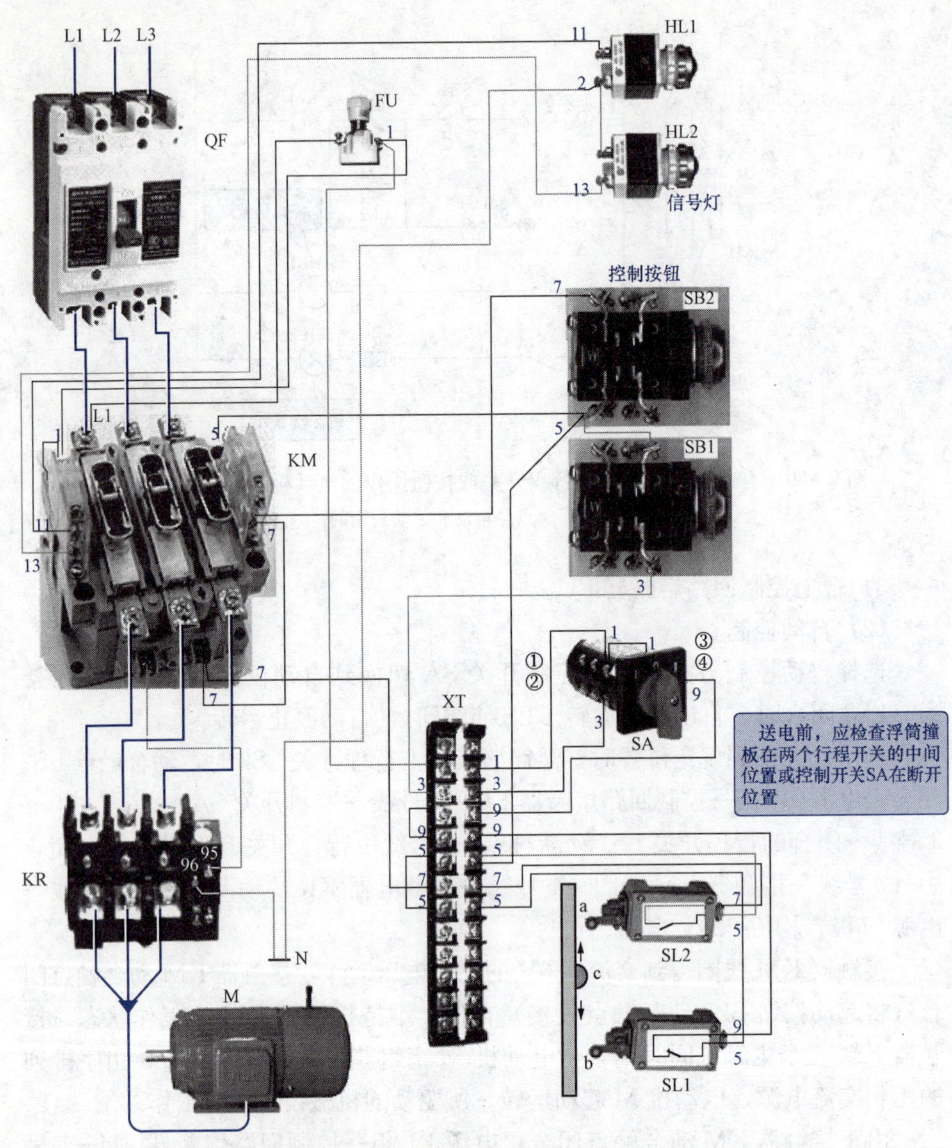

图 7-90　可选择行程开关或按钮操作的电动机控制电路实物连接图

KM 主回路中的三个触点断开，电动机 M 脱离电源停止运转，水泵停止工作。

（4）手动起动。

将控制开关 SA 切换到手动位置，触点①、②接通，触点③、④断开。按下起动按钮 SB2，电源 L1 相→控制回路熔断器 FU→1 号线→控制开关 SA 触点①、②→3 号线→停止按钮 SB1 动断触点→5 号线→起动按钮 SB2 动合触点

（按下时闭合）→7 号线→接触器 KM 线圈→4 号线→热继电器 KR 的动断触点→2 号线→电源 N 极，构成 220V 电路。

接触器 KM 线圈得到交流 380V 的工作电压动作，接触器 KM 动合触点闭合（将起动按钮 SB2 动合触点短接）自保，维持接触器 KM 的工作状态。接触器 KM 的三个主触点同时闭合，电动机 M 绕组获得按 L1、L2、L3 相序排列的三相交流电源，电动机起动运转，所驱动的机械设备水泵投入工作，（所驱动的机械设备运行）。

（5）手动停止。

1）将控制开关 SA 切换到零位，触点①、②断开，切断控制电路，接触器 KM 断电释放，接触器 KM 三个主触点同时断开，电动机断电停止运转，水泵停止工作。

2）按下停止按钮 SB1 动断触点断开，切断控制电路，接触器 KM 断电释放，接触器 KM 三个主触点同时断开，电动机断电停止运转，水泵停止工作。

71 有状态信号可选择行程开关或按钮操作的电动机控制电路（380V）

有状态信号可选择行程开关或按钮操作的电动机控制电路（380V）如图 7-91 所示，其实物连接图如图 7-92 所示。

（1）送电。

1）合上三相刀闸开关 QK；

2）合上主回路断路器 QF；

3）合上控制回路熔断器 FU1，FU2。

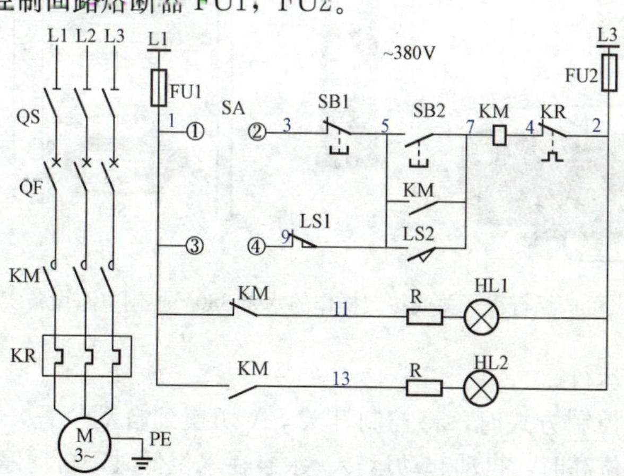

图 7-91　可选择行程开关或按钮操作的电动机控制电路（380V）

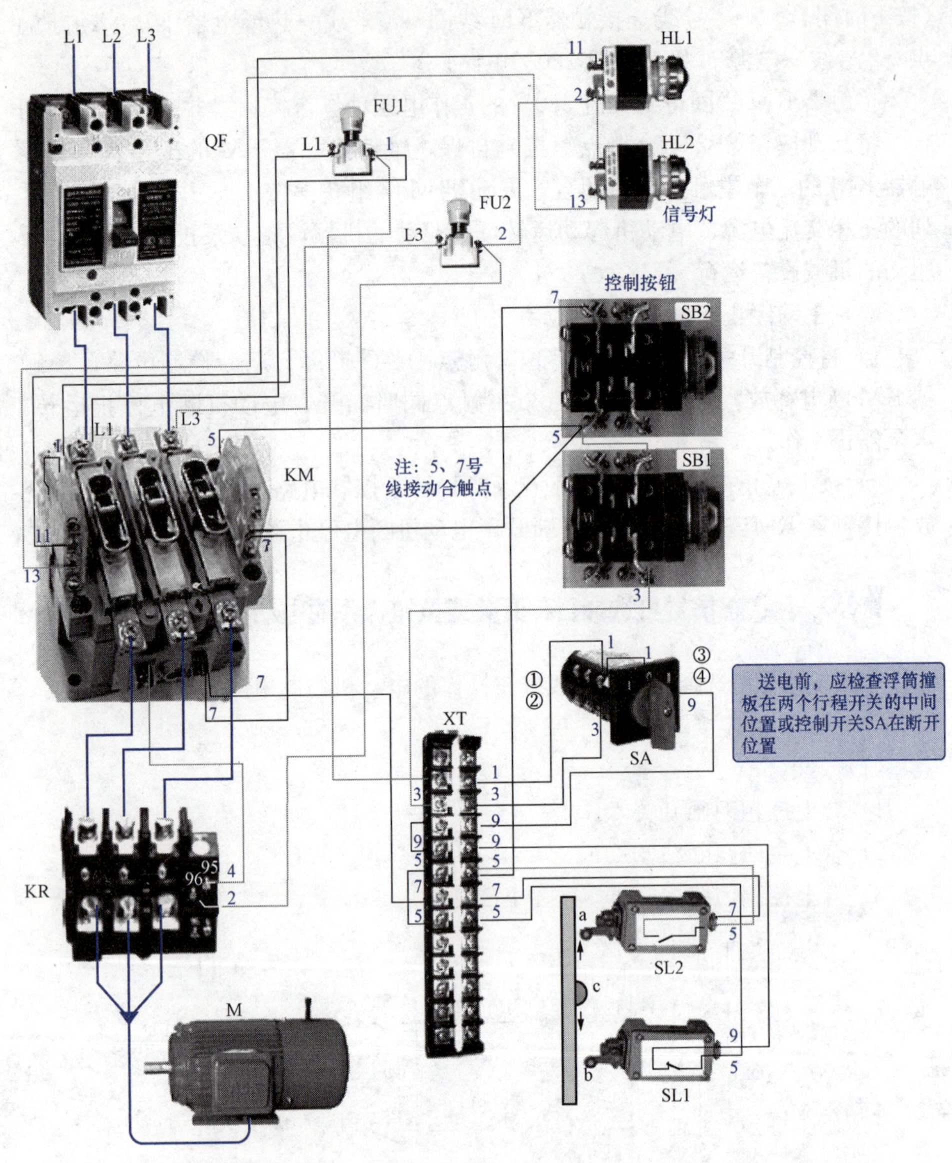

图 7-92 可选择行程开关或按钮操作的水泵 380V 控制电路设备实物连接图

(2) 自动运行。

选择自动控制方式时，将控制开关 SA 切换到自动位置，触点③、④接通。水泵在水位高时，自动起动运转。水泵在水位低时，自动停止运转。

当水位上升到规定位置时，浮筒撞板顶上行程开关 LS2 时，动合触点 LS2

闭合，电源L1相→控制回路熔断器FU1→1号线→控制开关SA触点③、④→9号线→行程开关LS1动断触点闭合→11号线→行程开关LS2动合触点闭合→7号线→接触器KM线圈→4号线→热继电器KR的动断触点→2号线→控制回路熔断器FU2→电源L2相，构成380V电路。

接触器KM线圈得到交流380V的工作电压动作，接触器KM动合触点闭合（将起动按钮SB2动断触点短接）自保，维持接触器KM的工作状态。接触器KM三个主触点同时闭合，电动机M绕组获得按L1、L2、L3相序排列的三相380V交流电源，电动机M起动运转，所驱动的机械设备水泵投入工作。

由于接触器KM动合触点闭合：电源L1相→控制回路熔断器FU1→1号线→控制开关SA触点③、④→9号线→行程开关LS1动断触点合→11号线→闭的接触器KM动合触点→7号线→接触器KM线圈→4号线→热继电器KR的动断触点→2号线→控制回路熔断器FU2→电源L2相，构成380V电路。维持接触器KM控制电路接通，实现自保。

（3）自动停机。

当行程开关LS1动断触点断开时，接触器KM电路断电释放，接触器KM主回路中的三个触点断开，电动机脱离电源，停止运转。

（4）手动起动。

将控制开关SA切换到手动位置，触点①、②接通，触点③、④断开。按下起动按钮SB2，电源L1相→控制回路熔断器FU1→1号线→控制开关SA触点①、②→3号线→停止按钮SB1动合触点→5号线→起动按钮SB2动断触点（按下时闭合）→7号线→接触器KM线圈→4号线→热继电器KR的动断触点→2号线→控制回路熔断器FU2→电源L2相，构成380V电路。

接触器KM线圈得到交流380V的工作电压动作，接触器KM动合触点闭合（将起动按钮SB2动合触点短接）自保，维持接触器KM的工作状态。接触器KM的三个主触点同时闭合，电动机M绕组获得按L1、L2、L3相序排列的三相380V交流电源，电动机起动运转，所驱动的机械设备投入工作。

（5）手动停止。

1）将控制开关SA切换到零位，触点①、②断开，切断控制电路，接触器KM断电释放，接触器KM三个主触点同时断开，电动机断电停止运转。

2）按下停止按钮SB1动断触点断开，切断控制电路，接触器KM断电释放，接触器KM三个主触点同时断开，电动机断电停止运转。

无信号灯可选择行程开关或按钮操作的电动机控制电路（220V）

无信号灯可选择行程开关或按钮操作的电动机控制电路（220V）如图 7－93 所示，其实物连接图如图 7－94 所示。

（1）送电。

1）合上三相隔离开关 QS；

2）合上主回路断路器 QF；

3）合上控制回路熔断器 FU。

（2）自动控制。

选择自动控制方式时，将控制开关 SA 切换到自动位置，触点③、④接通。LS2 闭合时，自动起动运转。LS1 断开时，自动停止运转。

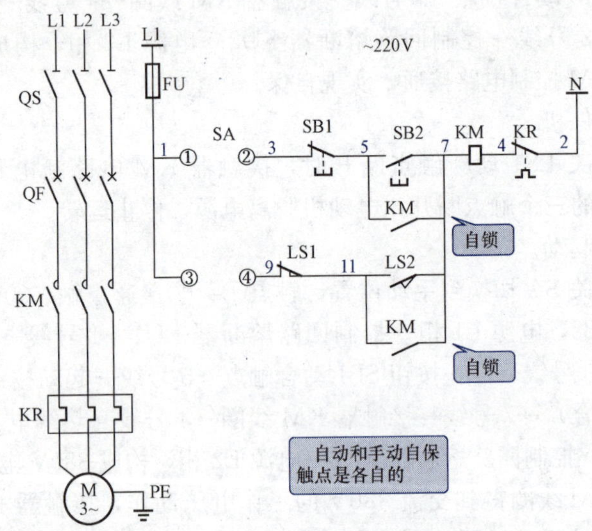

图 7－93 无信号灯可选择行程开关或按钮操作的电动机控制电路（220V）

当行程开关 LS2 动合触点闭合时，电源 L1 相→控制回路熔断器 FU→1 号线→控制开关 SA 触点③、④→9 号线→行程开关 LS1 动断触点闭合→11 号线→行程开关 LS2 动合触点闭合→7 号线→接触器 KM 线圈→4 号线→热继电器 KR 的动断触点→2 号线→电源 N 极，构成 220V 电路。

接触器 KM 线圈得到交流 220V 的工作电压动作，接触器 KM 动合触点闭合（将起动按钮 SB2 动断触点短接）自保，维持接触器 KM 的工作状态。接触器 KM 三个主触点同时闭合，电动机 M 绕组获得按 L1、L2、L3 相序排列的三相 380V 交流电源，电动机 M 起动运转，所驱动的机械设备投入

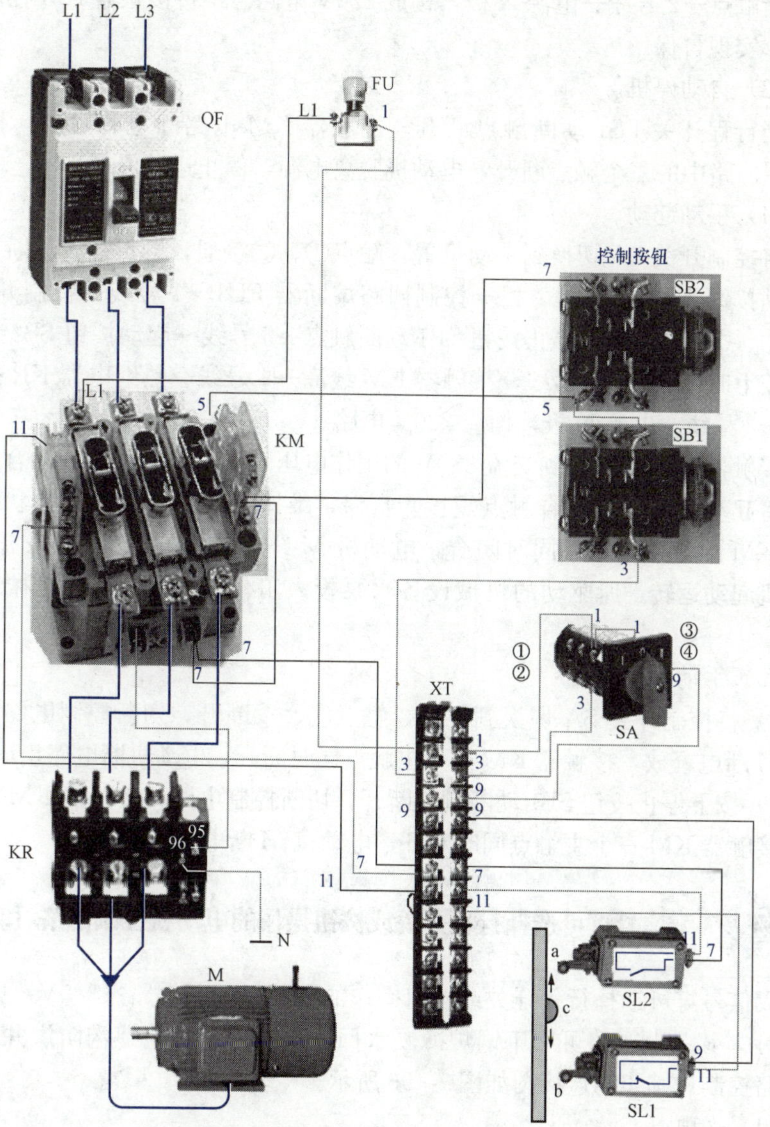

图 7-94　无信号灯可选择行程开关或按钮操作的电动机控制电路实物连接图

工作。

由于接触器 KM 动合触点闭合：电源 L1 相→控制回路熔断器 FU→1 号线→控制开关 SA 触点③、④→9 号线→行程开关 LS1 动断触点合→11 号线→闭的接触器 KM 动合触点→7 号线→接触器 KM 线圈→4 号线→热继电器 KR

的动断触点→2 号线→电源 N 极，构成 220V 电路。维持接触器 KM 控制电路接通，实现自保。

(3) 自动停机。

当行程开关 LS1 动断触点断开，接触器 KM 电路断电释放时，接触器 KM 主回路中的三个触点断开，电动机脱离电源，停止运转。

(4) 手动起动。

将控制开关 SA 切换到手动位置，触点①、②接通，触点③、④断开。按下起动按钮 SB2，电源 L1 相→控制回路熔断器 FU1→1 号线→控制开关 SA 触点①、②→3 号线→停止按钮 SB1 动断触点→5 号线→起动按钮 SB2 动断触点（按下时闭合）→7 号线→接触器 KM 线圈→4 号线→热继电器 KR 的动断触点→2 号线→电源 N 极，构成 220V 电路。

接触器 KM 线圈得到交流 380V 的工作电压动作，接触器 KM 动合触点闭合（将起动按钮 SB2 动合触点短接）自保，维持接触器 KM 的工作状态。接触器 KM 的三个主触点同时闭合，电动机 M 绕组获得三相 380V 交流电源，电动机起动运转，所驱动的机械设备水泵投入工作，（所驱动的机械设备运行）。

(5) 手动停止。

1) 将控制开关 SA 切换到零位，触点①、②断开，切断控制电路，接触器 KM 断电释放，接触器 KM 三个主触点同时断开，电动机断电停止运转。

2) 按下停止按钮 SB1 动断触点断开，切断控制电路，接触器 KM 断电释放，接触器 KM 三个主触点同时断开，电动机 M 断电停止运转。

73 无信号灯可选择行程开关或按钮操作的电动机控制电路（380V）

无信号灯可选择行程开关或按钮操作的电动机控制电路（380V）如图 7-95 所示，该控制电路可用于锅炉冷凝水回收泵或变电站电缆沟防洪井抽水泵等电路控制，其实物连接图如图 7-96 所示。

(1) 送电。

1) 合上三相刀闸开关 QK；

2) 合上主回路断路器 QF；

3) 合上控制回路熔断器 FU1，FU2。

(2) 自动控制。

选择自动控制方式时，将控制开关 SA 切换到自动位置，触点③、④接通。LS2 闭合时，自动起动运转。LS1 断开时，自动停止运转。

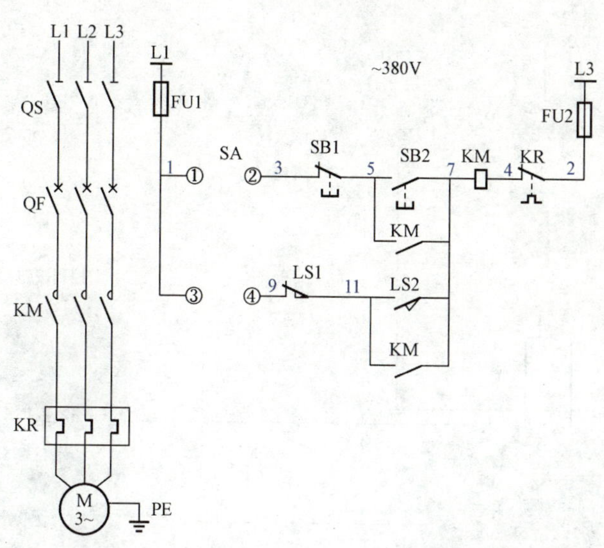

图 7-95 无信号灯可选择行程开关或按钮操作的水泵 380V 控制电路

当行程开关 LS2 动合触点闭合时，电源 L1 相→控制回路熔断器 FU1→1 号线→控制开关 SA 触点③、④→9 号线→行程开关 LS1 动断触点闭合→11 号线→行程开关 LS2 动合触点闭合→7 号线→接触器 KM 线圈→4 号线→热继电器 KR 的动断触点→2 号线→控制回路熔断器 FU2→电源 L2 相，构成 380V 电路。

接触器 KM 线圈得到交流 380V 的工作电压动作，接触器 KM 动合触点闭合（将起动按钮 SB2 动断触点短接）自保，维持接触器 KM 的工作状态。接触器 KM 三个主触点同时闭合，电动机 M 绕组获得按 L1、L2、L3 相序排列的三相 380V 交流电源，电动机 M 起动运转，所驱动的机械设备投入工作。

由于接触器 KM 动合触点闭合：电源 L1 相→控制回路熔断器 FU1→1 号线→控制开关 SA 触点③、④→9 号线→行程开关 LS1 动断触点合→11 号线→闭合的接触器 KM 动合触点→7 号线→接触器 KM 线圈→4 号线→热继电器 KR 的动断触点→2 号线→控制回路熔断器 FU2→电源 L2 相，构成 380V 电路。维持接触器 KM 控制电路接通，实现自保。

（3）自动停机。

当行程开关 LS1 动断触点断开时，接触器 KM 电路断电释放，接触器 KM 主回路中的三个触点断开，电动机 M 脱离电源，停止运转。

（4）手动起动。

将控制开关 SA 切换到手动位置，触点①、②接通，触点③、④断开。按

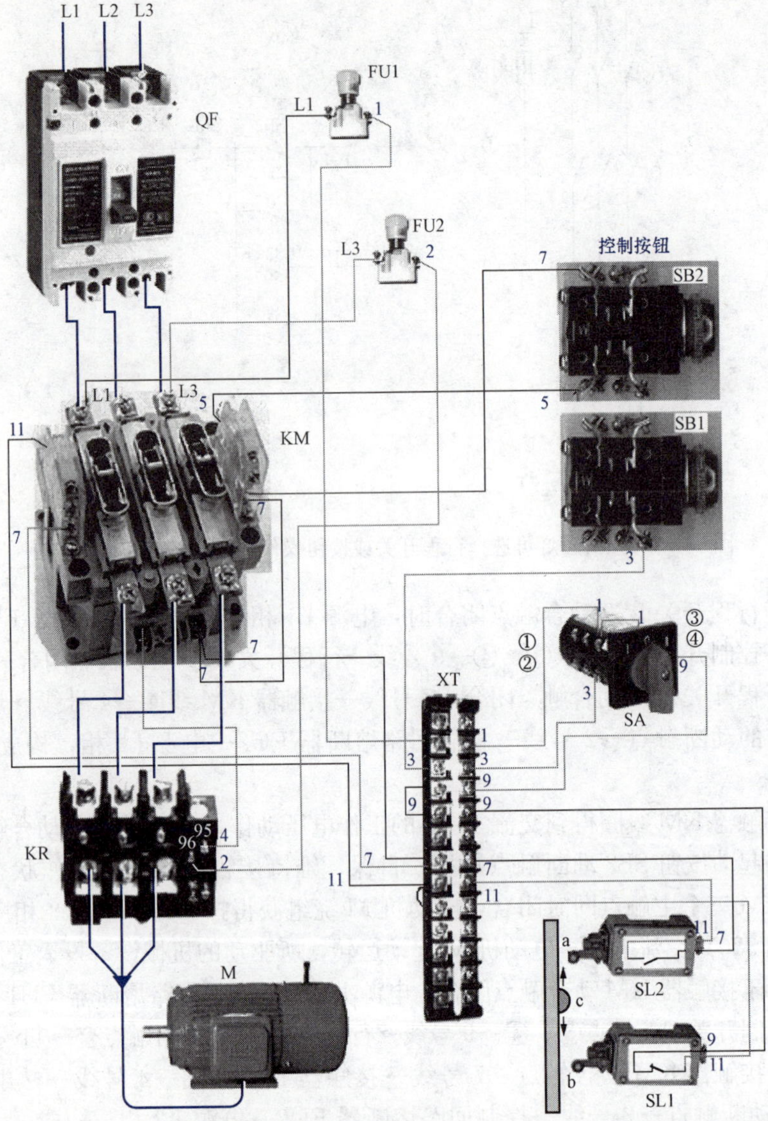

图 7-96　无信号灯可选择行程开关或按钮操作的电动机控制电路实物连接图（380V）

下起动按钮 SB2，电源 L1 相→控制回路熔断器 FU1→1 号线→控制开关 SA 触点①、②→3 号线→停止按钮 SB1 动断触点→5 号线→起动按钮 SB2 动断触点（按下时闭合）→7 号线→接触器 KM 线圈→4 号线→热继电器 KR 的动断触点→2 号线→控制回路熔断器 FU2→电源 L2 相，构成 380V 电路。

接触器KM线圈得到交流380V的工作电压动作，接触器KM动合触点闭合（将起动按钮SB2动合触点短接）自保，维持接触器KM的工作状态。接触器KM的三个主触点同时闭合，电动机M绕组获得按L1、L2、L3相序排列的三相380V交流电源，电动机起动运转，所驱动的机械设备投入工作。

（5）手动停机。

1）将控制开关SA切换到零位，触点①、②断开，切断控制电路，接触器KM断电释放，接触器KM三个主触点同时断开，电动机断电停止运转，水泵停止工作。

2）按下停止按钮SB1动断触点断开，切断控制电路，接触器KM断电释放，接触器KM三个主触点同时断开，电动机M断电停止运转，水泵停止工作。

第六节　典型的机械设备电动机控制电路详解

74 加有半波整流的相互备用的原料泵电动机控制电路

相互备用的电动机控制电路在工业生产中很常见，如化工企业中，要把原油（原料）输送到加热炉中进行加热到几百度，气化，通过冷却变成汽油，柴油。由于生产是连续的，原料是不可中断的，故需采用两台泵向加热炉提供原料。一台为常用泵，一台为备用泵。在生产过程中，保证常用泵故障时，备用泵自动投入；备用泵故障时，常用泵自动投入。

本节中介绍的电路要比之前的复杂，但万变不离其宗，识图的方法都是一样的。

一、常用原料泵的控制电路

常用原料泵控制电路如图7-97所示。

（1）送电。

1）检查自投控制开关SA在断开位置；

2）合上隔离开关QS1；

3）合上断路器QF1；

4）合上控制回路保险FU1、FU2。

常用原料泵接触器KM1的运行方式有直流运行和交流运行两种。通常是工作在直流运行状态下的。

一般先将转换开关SA1转换到直流运行挡位，使转换开关SA1的触点①、

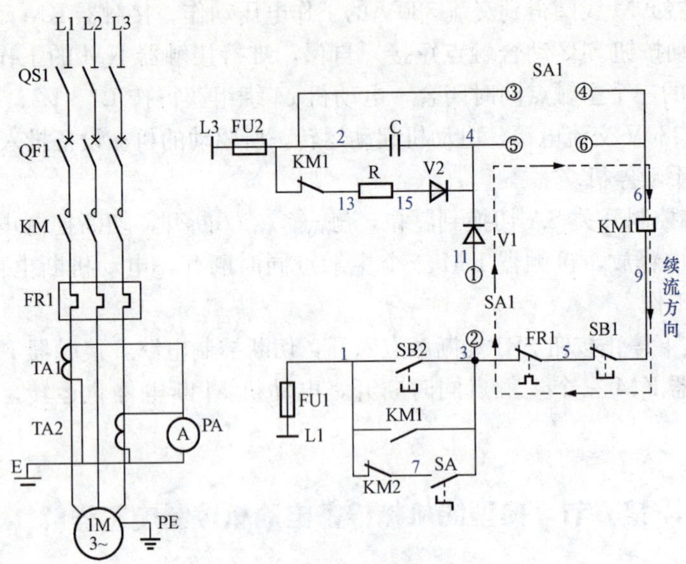

图 7-97　常用原料泵控制电路

②，⑤、⑥接通，③、④断开，为直流运行作电路准备。

(2) 手动起动。

按下起动按钮 SB2，由于硅二极管 V1 反向截止，常用泵接触器 KM1 线圈动作的电路工作原理是这样的：在电源 L3 为正半波时，电源 L3 相→控制保险 FU2→2 号线→分①、②两路。

①→电源 L3 对电容器 C 充电；

②→常用泵接触器 KM1 动断触点→13 号线→电阻 R→15 号线→硅二极管 V2→4 号线→转换开关 SA 的⑤、⑥触点→6 号线→常用泵接触器 KM1 线圈→9 号线→停止按钮 SB1 动断触点→5 号线→热继电器 FR1 动断触点→3 号线→起动按钮 SB2 动合触点（按下时闭合）→1 号线→控制保险 FU1→电源 L1 相。接触器 KM1 线圈得到脉动的直流动作，KM1 动合触点闭合自保。维持 KM1 工作状态。KM1 三个主触点同时闭合，电动机 M 得电运转。

KM1 动断触点与电阻 R 串联又与硅二极管 V1 串联后与电容器 C 并联后在起动过程状态中并联的电容器 C 建立了流过电容和线圈的附加电流，加速了电磁铁的动作。

接触器 KM1 动断触点断开，13 号线断电，电阻 R，硅二极管 V2 不起作用，由于 KM1 的动断触点断开，电容器 C 串入电路中。电源改经电容器 C 送电，因为硅二极管 V1 与 KM1 线圈并联。所以为 KM1 线圈提供了续流回路，

使KM1线圈得到连续的直流电流，维持接触器KM1工作状态。

(3) 充电放电过程。

在L1点为正半波时，电源L1向电容器C充电。在另一半波时，电源L1点为负半波时，电源L3为正半波时，电源L3向电容器C充电。在电容器C上产生叠加电压，硅二极管V1处于截止状态，电容器C上叠加电压只能只能通过转换开关SA的⑤、⑥触点→6号线→向接触器KM1线圈放电（送电），满足接触器KM1线圈工作电压需要。

硅二极管V1与FR1的动断触点，SB1动断触点→SA1触点5、6串联后，其两端与接触器KM1线圈并联形成闭环电路。电容器C通过接触器KM1线圈放电过程中，线圈的工作电流通过→9号线→停止按钮SB1动断触点→5号线→热继电器FR1动断触点→3号线→转换开关SA1的②、①触点→11号线→硅二极管V1→4号线→转换开关SA1的⑤、⑥触点→6号线→KM1的线圈→9号线→形成回流。换句话说，硅二极管V1为接触器KM1线圈提供了续流通道，续流方向，见图7-97箭头所示。

在两个半波中，电源对电容器C进行充电。而电容器C的放电方向，受到硅二极管V1截止状态的限制，电容器C始终向接触器KM1线圈放电，硅二极管V1续流作用，接触器KM1线圈得到连续不断的脉动直流，消除了接触器KM1磁铁因交流电周期变化引起的振动发出的声音。

(4) 手动停止。

常用原料泵停止. 按下停止按钮SB1，其动断触点断开，接触器KM1线圈断电释放。主电路中接触器KM1主触点三个同时断开。电动机M断电停止运转，常用原料泵停止工作。

在按下停止按钮SB1时，接触器KM1动断触点复位，硅二极管V2与电容器C串联又起到吸收接触器KM1线圈断电释放过程产生的能量作用，加速接触器KM1的释放。

(5) KM1交流运行方式。

常用泵直流运行装置发生故障不能投入运行时，应首先断开常用泵自动投入控制开关SA，然后再将转换开关SA1，由直流运行切换到交流运行位置，触点③、④接通，触点①、②，⑤、⑥断开，为交流运行作电路准备。

按下起动按钮SB2时，电源L1相→控制保险FU1→1号线→起动按钮SB2动合触点（按下时闭合）→3号线→热继电器FR1动断触点→5号线→停止按钮SB1动断触点→9号线→接触器KM1线圈→6号线→转换开关SA1的③、④触点→2号线→控制保险FU2→电源L3相。接触器KM1线圈得电动作，动合触点KM1闭合自保，接触器KM1进入交流运行状态。接触器KM1

三个主触点同时闭合，电动机得电运转，泵工作。

二、备用原料泵控制电路

备用原料泵控制电路如图 7-98 所示。

(1) 送电。

1) 检查自投控制开关 SA0 在断开位置；

2) 合上隔离开关 QS2；

3) 合上断路器 QF2；

4) 合上控制回路保险 FU3、FU4。

备用泵接触器 KM2 运行方式同样有直流运行和交流运行两种。

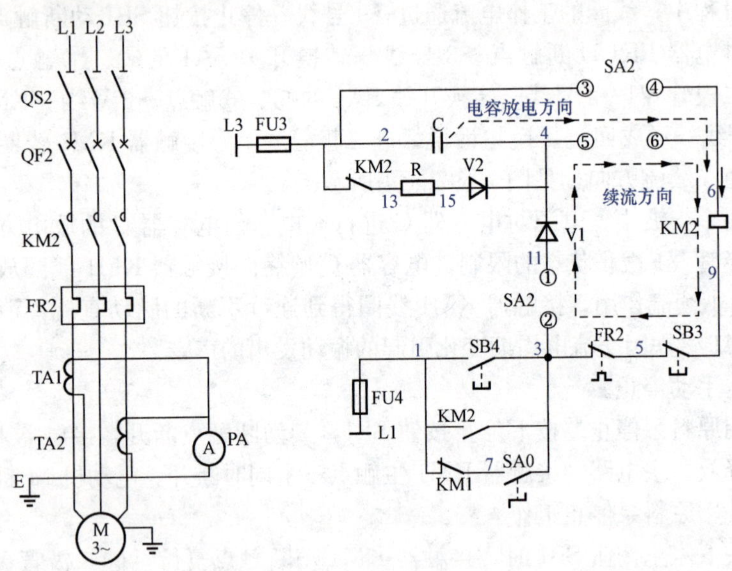

图 7-98 备用原料泵控制电路

(2) 直流运行方式下自动投入运转。

在常用原料泵运行正常后，合上备用原料泵自动投入控制开关 SA0，选择开关 SA2 置于备用泵接触器 KM2 线圈直流运行位置。

当常用原料泵故障停机，常用原料泵接触器 KM1 释放，动断触点 KM1 回归接通状态，备用泵投入工作原理是这样的：

控制开关 SA0 在合位，常用泵接触器 KM1 动断触点的复归，相当于按下起动按钮 SB4 的作用，在常用泵接触器 KM1 动断触点复归的瞬时，由于硅二极管 V1 反向截止，备用泵接触器 KM2 线圈的电路工作原理是这样的：在电源 L3 为正半波时，电源 L3 相→控制保险 FU3→2 号线→分两路：

①→对电容器 C 充电；

②→备用泵接触器 KM2 动断触点→13 号线→电阻 R→15 号线→硅二极管 V2→4 号线→转换开关 SA2 的⑤、⑥触点→6 号线→备用泵接触器 KM2 线圈→9 号线→停止按钮 SB3 动断触点→5 号线→热继电器 FR2 动断触点→3 号线→控制开关 SA0 触点（闭合中）→7 号线→常用泵接触器 KM1 动断触点（复归接通）→1 号线→控制保险 FU4→电源 L1 相。

经过硅二极管 V2 半波整流，接触器 KM2 线圈得到脉动的直流动作，接触器 KM2 动合触点闭合自保。维持 KM2 工作状态。KM2 三个主触点同时闭合，备用原料泵电动机得电运转。

KM1 动断触点与电阻 R 串联又与硅二极管 V2 串联后与电容器 C 并联后，在起动过程中并联的电容器 C 建立了流过电容和线圈的附加电流，加速了电磁铁的吸合动作。

接触器 KM2 动作时，接触器 KM2 动断触点断开，13 号线断电，电阻 R，硅二极管 V2 不起作用。

由于 KM2 的动断触点断开，电容器 C 串入电路中。电源改经电容器 C 送电，因为硅二极管 V1 与 KM1 线圈并联。所以为 KM2 线圈提供了续流回路，使 KM2 线圈得到连续的直流电流，维持接触器 KM2 工作状态。

在 L1 点为正半波时，电源 L1 向电容器 C 充电。在另一半波时，电源 L1 点为负半波时，电源 L3 为正半波时，电源 L3 向电容器 C 充电。在电容器 C 上产生叠加电压，硅二极管 V1 处于截止状态，电容器 C 上叠加电压只能只能通过转换开关 SA 的⑤、⑥触点→6 号线→向接触器 KM2 线圈放电（送电），满足接触器 KM2 线圈工作电压需要。

由于硅二极管 V1 与 SA2 的 5、6 触点，KR 动断触点，SB3 动断触点串联后，其两端与接触器 KM2 线圈并联形成闭环电路。电容器 C 通过接触器 KM2 线圈放电过程中，线圈的工作电流通过→9 号线→停止按钮 SB1 动断触点→5 号线→热继电器 FR1 动断触点→3 号线→转换开关 SA2 的②、①触点→11 号线→硅二极管 V1→4 号线→转换开关 SA2 的⑤、⑥触点→6 号线→KM2 的线圈→9 号线→形成回流。换句话说，硅二极管 V1 为接触器 KM1 线圈提供了续流通道，续流方向如图 7-98 中箭头所示。

在两个半波中，电源对电容器 C 进行充电。而电容器 C 的放电方向，受到硅二极管 V1 截止状态的限制，电容器 C 始终向接触器 KM2 线圈放电，硅二极管 V1 续流作用，接触器 KM2 线圈得到连续不断的脉动直流，消除了接触器 KM1 磁铁因交流电周期变化引起的振动发出的声音。

(3) 交流运行方式下自动投入运转。

在常用泵运行正常后，合上备用泵自动投入控制开关 SA0，选择开关 SA2 置于备用泵接触器 KM2 线圈交流运行位置，选择开关触点③、④触点接通，①、②，⑤、⑥断开，为交流运行作电路准备。

当常用泵故障停机，常用泵接触器 KM1 释放，动断触点 KM1 回归接通状态，备用泵投入工作原理是这样的，控制开关 SA0 在合位，常用泵接触器 KM1 动断触点复归，相当于按下起动按钮 SB4 的作用，电源 L1 相→控制保险 FU4→1 号线→常用泵接触器 KM1 动断触点复归（接通）→7 号线→转换开关 SA0 接通的触点→3 号线→热继电器 FR1 动断触点→5 号线→停止按钮 SB3 动断触点→9 号线→常用泵接触器 KM2 线圈→6 号线→选择开关 SA2 触点③、④接通→2 号线→控制保险 FU3→电源 L3 相。

接触器 KM2 线圈得电动作，接触器 KM2 动合触点闭合自保。维持 KM2 工作状态。接触器 KM2 三个主触点同时闭合，电动机 M 得电运转，备用原料泵工作。

(4) 直流运行方式下手动起动。

当常用原料泵需要停止，一般情况下要先将备用原料泵起动，按下列的操作顺序起动备用泵，断开备用泵自动投入控制开关 SA0，选择开关 SA2 在直流运行位置触点①、②，⑤、⑥接通，触点③、④断开位置。

按下备用原料泵起动按钮 SB4 动合触点闭合：由于硅二极管 V1 反向截止，备用泵接触器 KM2 线圈动作的电路工作原理是这样的：在电源 L3 为正半波时，电源 L3 相→控制保险 FU3→2 号线→分①、②两路。

①→对电容器 C 充电；

②→备用泵接触器 KM2 动断触点→13 号线→电阻 R→15 号线→硅二极管 V2→4 号线→转换开关 SA2 的⑤、⑥触点→6 号线→备用泵接触器 KM2 线圈→9 号线→停止按钮 SB3 动断触点→7 号线→热继电器 FR1 动断触点→3 号线→起动按钮 SB4 动合触点→1 号线→控制保险 FU4→电源 L1 相。备用接触器 KM2 得电动作，电动机运转。

(5) 交流运行方式下手动起动。

若备用泵直流运行装置发生故障不能投入运行时，可断开备用泵自动投入控制开关 SA0，选择开关 SA2 在交流运行位置，触点③、④接通，触点①、②，⑤、⑥断开位置。

按下起动按钮 SB4，电源 L1 相→控制保险 FU4→1 号线→起动按钮 SB4 动合触点→3 号线→热继电器 FR1 动断触点→5 号线→停止按钮 SB3 动断触点→9 号线→备用泵接触器 KM2 线圈→6 号线→选择开关 SA2 触点③、④接

通→2 号线→控制保险 FU3→电源 L3 相。

接触器 KM2 线圈得电动作，接触器 KM2 动合触点闭合自保。维持 KM2 工作状态。接触器 KM2 三个主触点同时闭合，电动机 M 得电运转，备用泵工作。

(6) 备用原料泵停止。

按下停止按钮 SB3，其动断触点断开，接触器 KM2 线圈断电释放。主电路中接触器 KM2 主触点三个同时断开。电动机 M 断电停止运转，泵用原料泵停止工作。

75 来自不同电源的消火栓用消防泵一用一备电动机控制电路

消火栓用消防泵一用一备电动机主电路如图 7-99～图 7-101 所示。

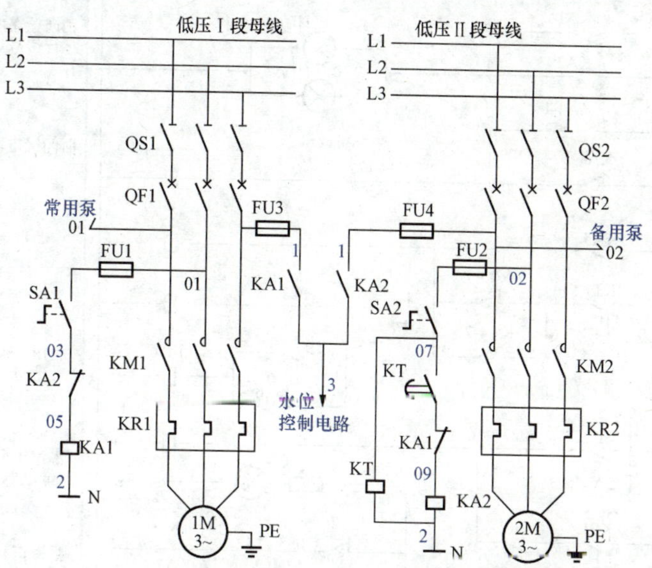

图 7-99 消火栓用消防泵一用一备电动机主电路

1. 送电

(1) 1 号消火栓用消防泵起动前送电。

1) 检查控制开关 SA、SAC 在断开位置；

2) 合上 1 号泵隔离开关 QS1；

3) 合上 1 号泵断路器 QF1；

4) 合上 1 号泵控制回路熔断器 FU6；

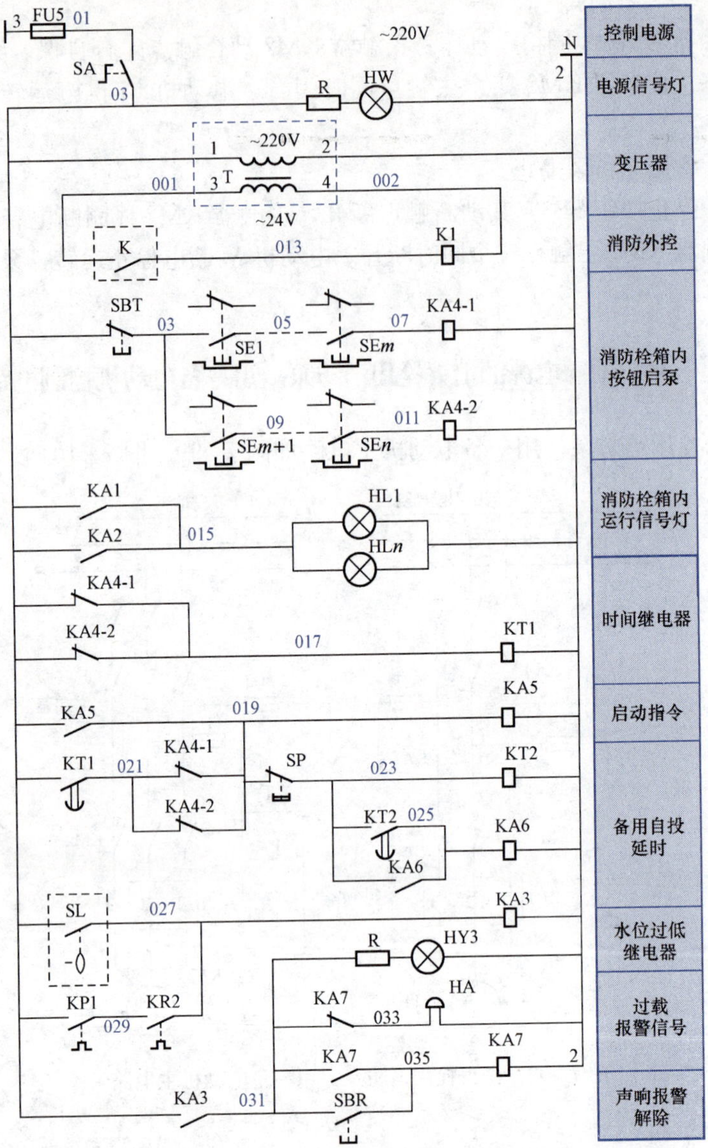

控制电源
电源信号灯
变压器
消防外控
消防栓箱内按钮启泵
消防栓箱内运行信号灯
时间继电器
启动指令
备用自投延时
水位过低继电器
过载报警信号
声响报警解除

图 7-100 消火栓用消防泵一用一备公用启停指令信号电路

5）选择开关 SAC 已切换到手动位置，触点 5、6 接通。

合上控制回路熔断器 FU6 后、电源 L1→01 号线→控制回路熔断器 FU6→1 号线→中间继电器 KA1 的动断触点→19 号线→信号灯 HG1→2 号线→电源 N 极。信号灯 HG1 得电灯亮，表示消火栓用消防泵控制回路有电。

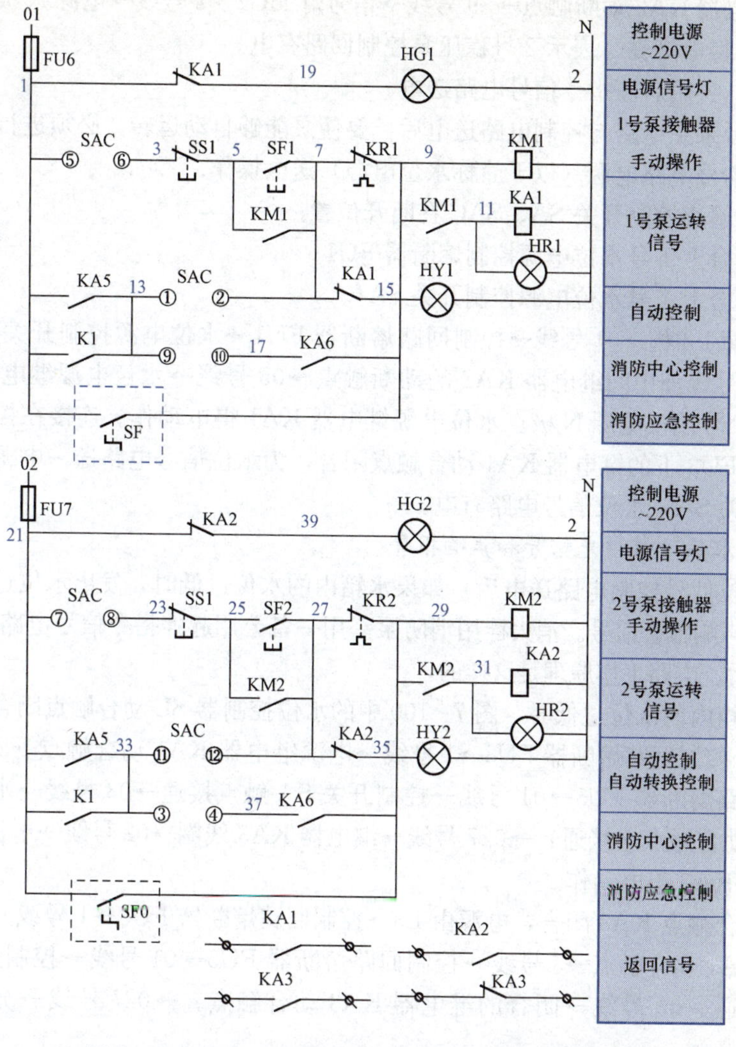

图 7-101 消火栓用消防泵一用一备全压起动控制电路

（2）2 号消火栓用消防泵起动前送电。

1）检查控制开关 SAC 已在手动位置；

2）合上 1 号泵隔离开关 QS2；

3）合上 1 号泵断路器 QF2；

4）合上控制回路熔断器 FUT；

5）选择开关 SAC 切换到手动位置，触点 7、8 接通。

合上控制回路熔断器 FU7 后，电源 02→控制回路熔断器 FU2→21 号线→

中间继电器 KA2 动断触点→39 号线→信号灯 HG2→2 号线→电源 N 极。信号灯 HG2 得电灯亮，表示 2 号稳压泵控制回路有电。

(3) 公用启停指令信号电路送电。

两台泵主电路与控制电路送电后，要使泵能够自动运转，必须进行公用启停指令信号电路电源（以下简称水位电源）送电操作。

1）检查控制开关 SA、SAC 在断开位置；

2）合上 1 号水位电源控制熔断器 FU1；

3）合上 1 号水位电源控制开关 SA1。

电源 L2 相→01 号线→控制回路熔断器 FU1→水位电源控制开关 SA1 触点→03 号线→中间继电器 KA2 的动断触点→05 号线→水位电源继电器 KA1 线圈→2 号线→电源 N 极。水位电源继电器 KA1 得电动作。连接在控制回路熔断器 FU3 下的继电器 KA1 动合触点闭合，为水位信号电路送一电源。合上控制开关 SA，水位信号电路有电。

2. 水位过低灯光信号和声响报警

水位信号控制电路送电后，如果水箱内的水位过低时，发出水位过低灯光信号和声响报警信号。消火栓用消防泵一用一备公用起停指令信号电路如图 7-100 所示。电路工作原理是这样的。

水箱内的水位过低时，图 7-100 中的水位控制器 SL 动合触点闭合，电源由 L3→控制回路熔断器 FU3→1 号线→电源继电器 KA1 动合触点→3 号线→控制回路熔断器 FU5→01 号线→控制开关 SA 触点接通→03 号线→水位控制器 SL 动合触点（接通）→027 号线→继电器 KA3 线圈→02 号线→电源 N 极。继电器 KA3 得电动作。

动合触点 KA3 闭合，电源由 L3→控制回路熔断器 FU3→1 号线→电源继电器 KA1 动合触点→3 号线→控制回路熔断器 FU5→01 号线→控制开关 SA 触点接通→03 号线→闭合的继电器 KA3 动合触点。→027 号线→分①、②两路。

①→继电器 KA7 动断触点→033 号线→电铃 HA→2 号线→电源 N 极。电铃 HA 得电铃响报警。

②→信号灯 HY3→2 号线→电源 N 极。信号灯 HY3 得电，灯亮表示水位过低故障。

按下解除报警按钮 SBR，电源由 3→控制回路熔断器 FU5→01 号线→控制开关 SA 触点接通→03 号线→闭合的继电器 KA3 动合触点→031 号线→解除报警按钮 SBR 动合触点→035 号线→继电器 KA7 线圈→2 号线→电源 N 极。

继电器 KA7 线圈得电动作，继电器 KA7 动合触点闭合自保。继电器 KA7 动断触点断开，电铃 HA 断电，铃响停止，报警解除。但信号灯 HY3 仍然是点亮的。直到水位正常时，水位控制器 SL 动合触点断开时，信号灯 HY3 灭。

3. 消火栓用消防泵的手动控制电路

消火栓用消防泵一用一备全压起动控制电路如图 7-101 所示。

（1）手动起动与停止 1 号消火栓用消防泵。

控制方式选择开关 SAC 切换到手动位置，触点 5、6 接通。

按下起动按钮 SF1，电源 01→控制回路熔断器 FU6→1 号线→控制开关 SA 触点 5、6 接通→3 号线→停止按钮 SS1 动断触点→5 号线→起动按钮 SF1 动合触点→7 号线→分①、②两路。

①→热继电器 FR1 动断触点→接触器 KM1 线圈→2 号线→电源 N 极。接触器 KM1 线圈电动作，接触器 KM1 动合触点闭合自保。

②→继电器 KA1 动断触点→15 号线→信号灯 HY1 灯亮，电动机运转后，灯灭。

图 7-99 中，接触器 KM1 的三个主触点同时闭合，电动机 1M 得电运转，1 号消火栓用消防泵工作。

图 7-101 中，接触器 KM1 动合触点闭合→11 号线→信号灯 HR1 和中间继电器 KA1 线圈同时得电，信号灯 HR1 得电灯亮，表示 1 号消火栓用消防泵运转状态。中间继电器 KA1 动断触点断开，信号灯 HG1 灯灭。信号灯 HY1 灯灭。

按下停止按钮 SS1。停止按钮 SS1 动断触点断开，切断 1 号消火栓用消防泵接触器 KM1 线圈控制电路，接触器 KM1 断电释放，图 7-99 中，接触器 KM1 的三个主触点同时断开，电动机 1M 断电停止转动，1 号消火栓用消防泵停止工作。

（2）手动起动与停止 2 号消火栓用消防泵。

控制方式选择开关 SAC 切换到手动位置，触点 7、8 接通。按下起动按钮 SF2，电源 02→控制回路熔断器 FU7→21 号线→控制开关 SA 触点 7、8 接通→23 号线→停止按钮 SS2 动断触点→25 号线→起动按钮 SF2 动合触点→27 号线→分①、②两路。

①→热继电器 FR2 动断触点→接触器 KM2 线圈→2 号线→电源 N 极。接触器 KM2 线圈电动作，接触器 KM2 动合触点闭合自保。

②→继电器 KA2 动断触点→35 号线→信号灯 HY2 灯亮，电动机运转后，灯灭。

图 7-99 中，接触器 KM2 的三个主触点同时闭合，电动机 2M 得电运转，2 号消火栓用消防泵工作。

图 7-101 中，接触器 KM2 动合触点闭合→31 号线→信号灯 HR2 和中间继电器 KA2 线圈同时得电，信号灯 HR2 得电灯亮，表示 2 号消火栓用消防泵运转状态。中间继电器 KA2 动断触点断开，信号灯 HG2 灯灭。KA2 动断触点断开，35 号线断电，信号灯 HY2 灯灭。

需要停止 2 号消火栓用消防泵时，按下停止按钮 SS2，停止按钮 SS2 动断触点断开，切断 1 号稳压泵接触器 KM2 线圈控制电路，接触器 KM2 断电释放，图 7-99 中，接触器 KM2 的三个主触点同时断开，电动机 2M 断电停止转动，2 号消火栓用消防泵停止工作。

4. 消防泵自动运转

发生火灾时，击碎消火栓箱内的按钮上玻璃小窗，按钮复位而使继电器 KA4-1 或 KA4-2、动断触点复位，控制电源由 3→控制回路熔断器 FU5→01 号线→控制开关 SA 触点接通→03 号线→中间继电器 KA4-1 动断触点或 KA4-2 动断触点→017 号线→时间继电器 KT1 线圈→2 号线→电源 N 极。

时间继电器 KT1 得电动作，延时闭合的时间继电器 KT1 动合触点闭合→021 号线→中间继电器 KA4-1 动断触点或 KA4-2 动断触点→019 号线→分①、②两路。

①中间继电器 KA5 线圈→2 号线→电源 N 极。中间继电器 KA5 得电动作，动合触点 KA5 闭合自保。

②压力控制器触点 SP→023 号线→时间继电器 KT2 线圈→2 号线→电源 N 极。时间继电器 KT2 得电动作，为延时起动 2 号泵作电路准备。

如果控制开关 SAC 在自动位置，触点 1 和 2、3 和 4、9 和 10、11 和 12 是接通的，水池的水位是正常位置，满足了泵的起动条件。

(1) 1 号消火栓用消防泵自动运转。

选择开关 SAC 已置于自动位置触点 1、2 接通，继电器 KA5 动合触点的闭合。

电源由 01→控制回路熔断器 FU6→1 号线→继电器 KA5 动合触点→13 号线→闭合的选择开关 SAC 1、2 触点→7 号线→分两路：

①→继电器 KA1 动断触点→15 号线→信号灯 HY1→2 号线→电源 N 极。信号灯 HY1 得电灯亮，表示 1 号消火栓消防泵起动过程。

②→热继电器 FR1 动断触点→9 号线→接触器 KM1 线圈→2 号线→电源 N 极。

接触器 KM1 线圈得电动作，图 7-99 中的 1 号消火栓消防泵接触器 KM1

三个主触点同时闭合，电动机 1M 得电运转、驱动 1 号消火栓消防泵工作。

图 7-101 中，接触器 KM1 动作时，动合触点 KM1 闭合→11 号线→中间继电器 KA1 线圈并联的信号灯 HR1→2 号线→电源 N 极。中间继电器 KA1 和信号灯 HR1 同时得电，灯亮表示 1 号消防泵工作。中间继电器 KA1 动断触点断开，停止信号灯 HG1 断电灯灭。中间继电器 KA1 动断触点断开，15 号线断电，起动过程信号灯 HY1 灯灭。

（2）2 号消火栓消防泵延时自动运转与自动停泵。

将选择开关 SAC 已置于自动触点 11、12 接通，继电器 KA5 动合触点是闭合的。1 号消防泵正常运转后，消防管道压力不能达到规定的消防压力，压力控制器 SP 触点处于闭合状态。通过 23 号线，时间继电器 KT2 得电动作，见图 7-100。整定时间到后，延时闭合的 KT2 动合触点闭合→025 号线→起动指令继电器 KA6 线圈→2 号线→电源 N 极。

起动指令继电器 KA6 得电动作，动合触点 KA6 闭合自保，动合触点 KA6 闭合发出 2 号消火栓消防泵起动指令，图 7-101 中的起动指令继电器 KA6 动合触点闭合，电源由 02→控制回路熔断器 FU7→21 号线→闭合的继电器 KA5 动合触点→33 号线→闭合的选择开关 SAC 3、4 触点→37 号线→闭合的起动指令继电器 KA6 动合触点→29 号线→接触器 KM2 线圈→2 号线→电源 N 极。

接触器 KM2 得电动作，图 7-99 中，2 号消火栓消防泵接触器 KM2 三个主触点同时闭合，电动机 2M 得电运转、驱动 2 号消火栓消防泵工作，2 号消火栓消防泵起到稳定压力的作用。

接触器 KM2 动作时，动合触点 KM2 闭合→31 号线→中间继电器 KA2 线圈并联的信号灯 HR2→2 号线→电源 N 极。中间继电器 KA2 和信号灯 HR2 同时得电，HR2 灯亮表示 2 号消火栓消防泵工作。中间继电器 KA2 动断触点断开，信号灯 HG2 断电灯灭。

当消防管道压力达到规定值时，压力控制器 SP 触点断开，023 号线断电，时间继电器 KT2 断电释放，起动指令继电器 KA6 断电释放，由于闭合中的 KA6 动合触点断开，29 号线断电，2 号消火栓消防泵接触器 KM2 断电释放，接触器 KM2 三个主触点同时断开，电动机 2M 断电停止运转、2 号消火栓消防泵停止工作。

（3）2 号消火栓消防泵自动运转。

选择开关 SAC 已置于自动位置触点 11、12 接通，继电器 KA5 动合触点的闭合。

电源由 02→控制回路熔断器 FU7→21 号线→继电器 KA5 动合触点→33

号线→闭合的选择开关 SAC 11、12 触点→27 号线→分①、②两路。

①→继电器 KA2 动断触点→35 号线→信号灯 HY2→2 号线→电源 N 极。信号灯 HY2 得电灯亮，表示 2 号消火栓消防泵起动过程。

②→热继电器 FR2 动断触点→29 号线→接触器 KM2 线圈→2 号线→电源 N 极。

接触器 KM2 线圈得电动作，图 7 - 99 中，2 号消火栓消防泵接触器 KM2 三个主触点同时闭合，电动机 2M 得电运转、驱动 1 号消火栓消防泵工作。

图 7 - 101 中，接触器 KM2 动作时，动合触点 KM2 闭合→31 号线→中间继电器 KA1 线圈并联的信号灯 HR2→2 号线→电源 N 极。中间继电器 KA2 和信号灯 HR2 同时得电，灯亮表示 2 号消防泵工作。中间继电器 KA2 动断触点断开，信号灯 HG2 断电灯灭。中间继电器 KA2 动断触点断开，35 号线断电，起动过程信号灯 HY2 灯灭。

（4）1 号消火栓消防泵延时自动运转与自动停泵。

将选择开关 SAC 已置于自动位置触点 11 和 12、9 和 10 接通，继电器 KA5 动合触点是闭合的。2 号消防泵正常运转后，消防管道压力不能达到规定的消防压力，压力控制器 SP 触点处于闭合状态。通过 23 号线，时间继电器 KT2 得电动作，见图 7 - 100。整定时间到后，延时闭合的 KT2 动合触点闭合→025 号线→起动指令继电器 KA6 线圈→2 号线→电源 N 极。

起动指令继电器 KA6 得电动作，动合触点 KA6 闭合自保，动合触点 KA6 闭合发出 1 号消火栓消防泵起动指令，图 7 - 101 中的起动指令继电器 KA6 动合触点闭合，电源由 01→控制回路熔断器 FU6→1 号线→闭合的继电器 KA5 动合触点→13 号线→闭合的选择开关 SAC 9、10 触点→17 号线→闭合的起动指令继电器 KA6 动合触点→9 号线→接触器 KM1 线圈→2 号线→电源 N 极。

接触器 KM1 得电动作，图 7 - 99 中，1 号消火栓消防泵接触器 KM1 三个主触点同时闭合，电动机 1M 得电运转、驱动 1 号消火栓消防泵工作，1 号消火栓消防泵起到稳定压力的作用。

接触器 KM1 动作时，动合触点 KM2 闭合→11 号线→中间继电器 KA1 线圈并联的信号灯 HR1→2 号线→电源 N 极。中间继电器 KA1 和信号灯 HR1 同时得电，HR1 灯亮表示 1 号消火栓消防泵工作。中间继电器 KA1 动断触点断开，信号灯 HG1 断电灯灭。

当消防管道压力达到规定值时，压力控制器 SP 触点断开，023 号线断电，时间继电器 KT2 断电释放，起动指令继电器 KA6 断电释放，图 7 - 101 中的继电器 KA6 动合触点断开，9 号线断电，1 号消火栓消防泵接触器 KM1 断电释

放，接触器 KM1 三个主触点同时断开，电动机 1M 断电停止运转、2 号消火栓消防泵停止工作。

 变频器与电网双重起动电动机控制电路

采用变频器调速和电网电压直接驱动电动机的双重控制电路由图 7 - 102 和图 7 - 103 组成，该控制电路适用于需要调速控制的场合。电网直接起动部分是为在变频器内部发生故障时，能使用电网电压直接驱动这台泵运转，以满足连续生产的需求。

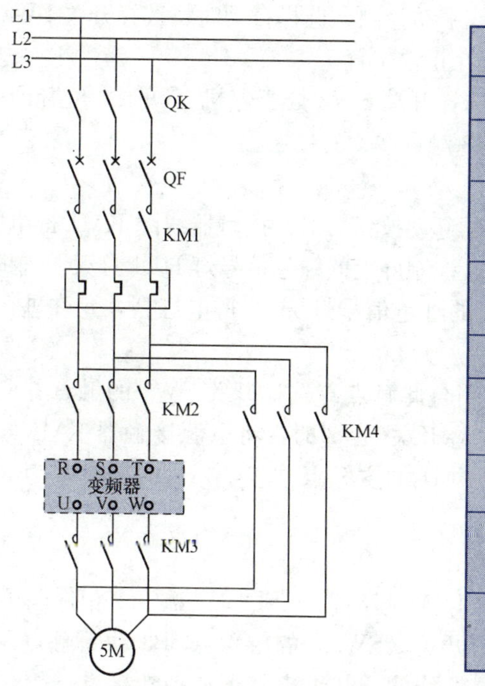

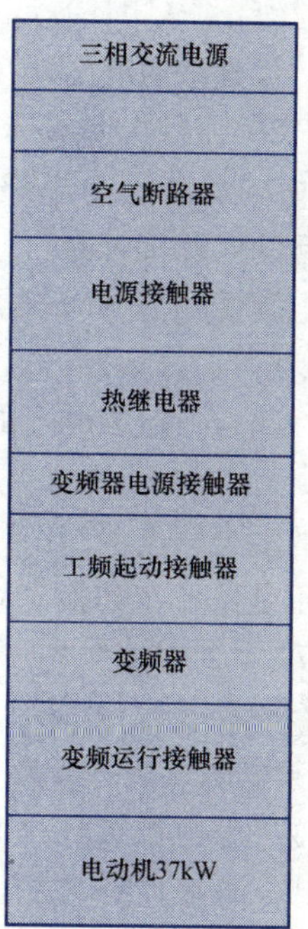

图 7 - 102　采用变频器调速和电网电压直接驱动电动机的主电路

1. 控制电路概况

使用变频器驱动电动机运转时可调速，既可以自动调节也可以人工调节。使用电网电压直接驱动电动机运转时不可调速。

在正常生产中这台泵处在调速运行状态，如果变频器内部及线路出现故障时，可以切除变频器而改为电网直接起动方式运转。切换过程是通过人为的操作选择开关 SW3 实现的。

2. 起动前的准备

该电路设有后备电源，在起动前必须先起动后备电源接触器 KM1。

(1) 值班电工的送电操作。

1) 测定电动机绕组，线路绝缘合格，具备送电条件。

2) 合上 6 号泵电源隔离开关 QS。

3) 合上 6 号泵自动空气断路器 QF。

4) 合上操作保险 FU1、FU3、FU4 后，检查操作室内控制屏上的绿色信号灯 HLI、HL2 灯亮，即告之操作人员可以进行起动方面的操作。

(2) 操作人员起动前的准备。

1) 选择自动（闭环）或手动控制，选择自动时将选择开关 SW2 置于自动控制状态，检查罐的液面处在正常位置。

2) 检查机前操作方式选择开关 SW3 处于停机（OFF）位置即中间位置，图 7-103 中的选择开关 SW3 触点②、④接通。

(3) 起动电源接触器。

按下电源接触器 KM1 的起动按钮 SB1：接触器线圈 KM1 得电吸合动作，辅助的动断触点 KM1 断开，控制屏上的绿色信号灯 HL1 灯灭。辅助的动合触点（两个）闭合：控制屏上的红色信号灯 HL2 得电灯亮，允许进行泵的起动操作。

辅助的动合触点 KM1 闭合此触点与选择开关 SW3 的触点并联（起自保作用）作用是保证在切换选择开关 SW3 时，将电源接触器 KM1 维持在吸合状态。图 7-102 中接触器 KM1 的主触点（三个）同时闭合，为 6 号泵提供电源。

3. 变频器调速运行的操作

按下变频器电源接触器 KM2 起动按钮 SB4，电源 L1 相保险 FU1→接触器 KM1 闭合的触点→控制开关（SW3）的触点→SB3 动断触点→按钮 SB4（已按下接通）→接触器 KM2 线圈→热继电器 KR 动断接点→控制保险 FU3 而使之接触器 KM2 线圈电路接通得电动作，动合触点 KM2 闭合自保。

图 7-102 中主回路图中的接触器 KM2 的主触点（三个）同时闭合，而使变频器 INV 电源侧（输入）端子 R、S、T 受电，动合触点 KM2 闭合，控制屏上的红色信号指示灯 HL2 得电灯亮，表示变频器送电。

看到操作室信号灯 HL2 灯亮时即可起动电动机，将机前操作柱上的选择开关 SW3 置于变频位置。

电源 L1→控制保险 FU2→选择开关 SW3①、③接通→接触器 KM3 线圈→热继电器 FR 动断接点→控制保险 FU4（N）而使之接触器 KM3 线圈获电动作吸合，

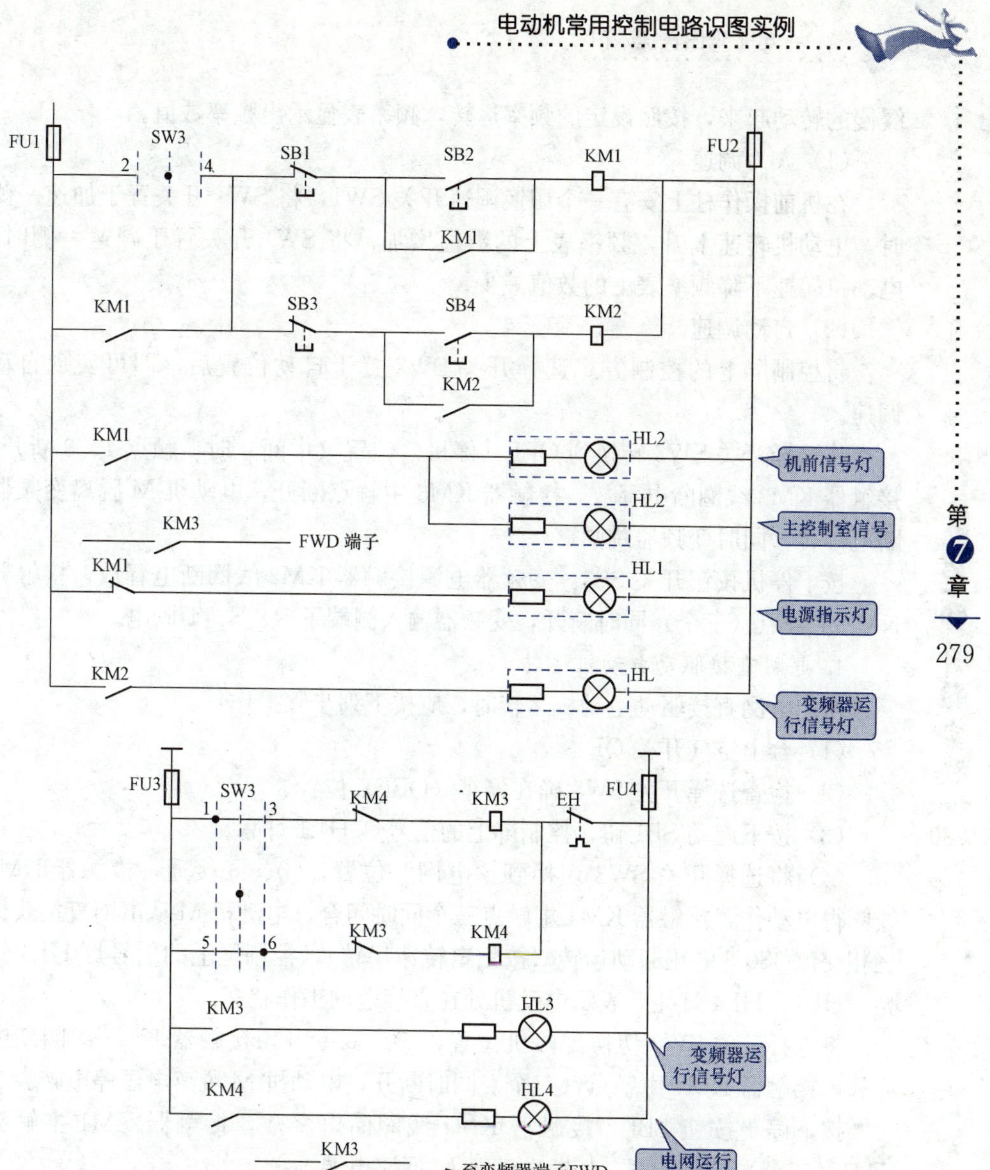

图 7-103　采用变频器调速和电网电压直接驱动电动机的双重控制电路

动合触点 KM3 闭合→信号灯 HL3 得电灯亮，表示变频器运行接触器 KM 投入。

接触器 KM3 主触点三个同时闭合，接通 6 号泵电动机 M 的绕组。接触器 KM3 所带的一个动合触点闭合，接通变频器正转控制端子 FWD。变频器起动，同时控制屏上的信号灯 HL3 亮，表示变频器投入驱动（泵）电动机运转，变频器输出端子 U、V、W 输出 380V 电压而使之电动机 M 得电。电动机就会

缓慢的转动起来，按照设定的频率运转，频率表显示出频率数值。

(1) 人为调速。

在机前操作柱上安有一个切换调速开关 SW1，将 SW1 开关置于加速一侧时，电动机转速上升，频率表上的数值增加；将 SW1 开关置于减速一侧时，电动机转速下降频率表上的数值减少。

(2) 自动调速。

将控制屏上的控制方式选择开关 SW2 置于自动位置后，即可实现自动调速。

将选择开关 SW3 转换到 OFF（停机）位置（中间）时，触点 1、3 断开，接触器 KM3 线圈断电释放，接触器 KM3 主触点断开，电动机 M 脱离变频器断电停转，同时变频器跳闸。

按下停机按钮开关 SB3，变频器电源接触器 KM2 线圈断电释放，接触器 KM2 主触点（三个）同时断开，变频器输入侧端子 R、S、T 断电。

4. 电网直接驱动电动机运转

使用电网直接驱动电动机运转时，应按下列步骤操作：

(1) 合上空气开关 QF。

(2) 检查选择开关 SW3 确在停车（OFF）位置。

(3) 按下起动 SB1 钮，控制屏上的信号灯 HL1 灯亮。

(4) 将选择开关 SW3 切换到“电网”位置，⑤、⑥接通，接触器 KM4 线圈得电动作，接触器 KM4 主触点三个同时闭合，电动机 M 从电网直接获得三相交流 380V 电压起动运转（按额定转速运转），控制屏上的信号灯 HL4 灯亮，HL1、HL4 灯亮，表示电动机处在直接电网工作状态。

将选择开关 SW3 切换到停机位置，⑤、⑥断开，接触器 KM4 线圈断电释放，接触器 KM4 主触点（三个）同时断开，电动机 M 脱离电源停电转。

按下停止按钮 SBP，接触器 KM1 线圈断电释放，接触器 KM1 主触头 KM1（三个）同时断开，切断电动机 M 回路电源。

77 手动与自动操作的频敏变阻器降压起动控制电路（220V）

手动与自动操作的频敏变阻器降压起动控制电路如图 7-104 所示，该电路中，由于时间继电器或中间继电器的接点容易因接触不良而使接触器 KM1 不能吸合，造成频敏变阻器较长时间的运行而烧毁。故要求操作人员不要按一下起动按钮就离开，要等待电动机进入正常运行状态后离开。

在正常时间内接触器 KM1 不吸合时，操作人员可以将选择开关 SA 切换

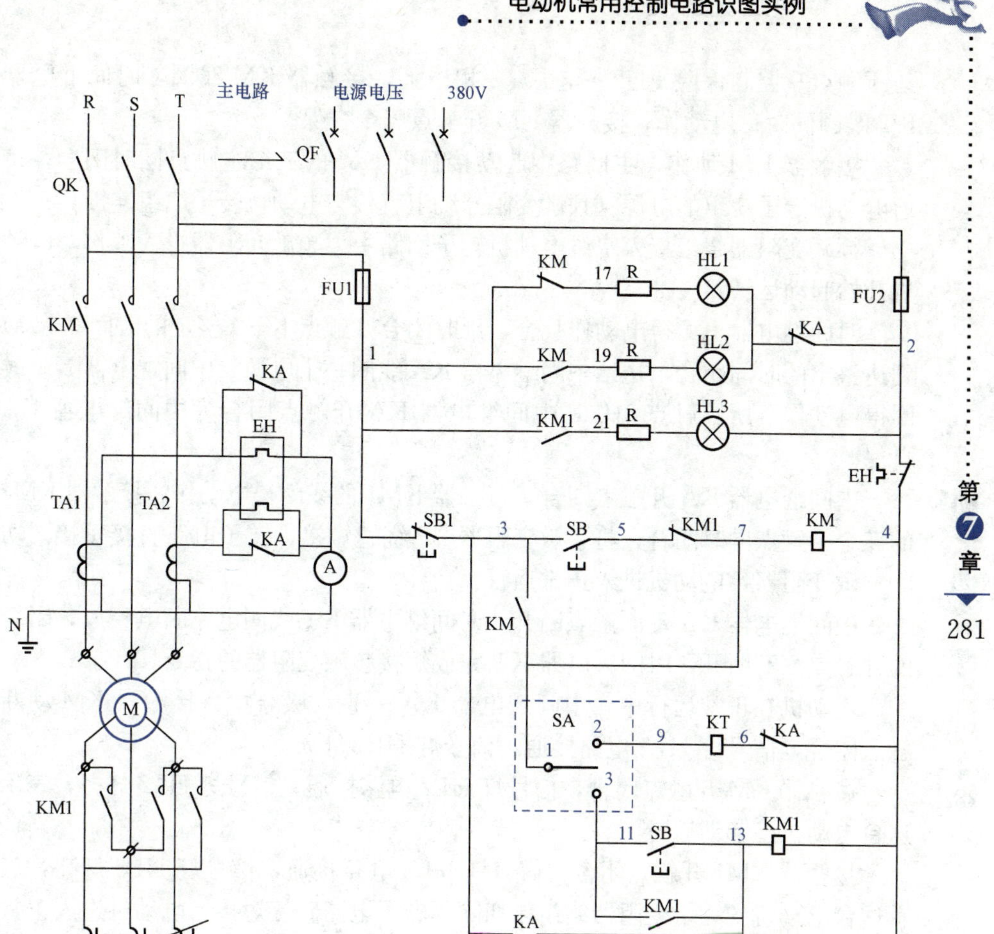

图 7-104 手动与自动操作的频敏变阻器降压起动控制电路

到手动位置，按下起动按钮 SB3 接触器 KM1 就会吸合而将频敏变阻器短接而使电动机进入正常运行状态。

1. 自动控制过程

将选择开关 SA 切换到自动位置①、②接通，按下起动按钮 SB2，电源 L1 相→控制保险 FU1→停止按钮 SB1 闭接点→起动按钮 SB2→接触器 KM1 动断触点→┬→接触器 KM 线圈 →┐

└→时间继电器 KT 线圈 →└→中间继电器 KA 动断触点 → 热继电器 FR

动断触点→控制保险 FU2→电源 L3 相线上，接触器 KM 线圈，时间继电器 KT 线圈同时得电动作，接触器 KM 开触点闭合自保。

接触器 KM 动作，主回路中起动接触器 KM 的三个主触点同时闭合，接通电动机定子绕组的电源（频敏变阻器绕组直接与电动机转子绕组连接）。

频敏变阻器绕组接入绕线电动机转子回路中，频敏变阻器投入工作，电动机开始起动运转。

时间继电器 KT 得电动作吸合，延时闭合开触点 KT（整定的时间 3～7s）到达整定的时间闭合，送给中间继电器 KA 线圈一个电源，中间继电器 KA 线圈得电动作，所属触点动作，中间继电器 KA 开触点闭合为中间继电器 KA 自保。

中间继电器 KA 开触点闭合，接触器 KM1 的线圈得电动作，接触器 KM1 的三个主触点同时闭合，将频敏变阻器 BP 绕组短接，转子电路直接短接。切除频敏变阻器，电动机进入正常运行。

中间继电器 KA 动断触点断开，时间继电器 KT 线圈电路断电释放，闭合的开触点 KT 断开，时间继电器 KT 完成短接频敏变阻器的指令。

电动机在正常运行中，中间继电器 KA 一直在吸合中，接触器 KM 动断触点闭合，信号灯 HL1 电路接通，信号灯 HL1 灯灭。

接触器 KM 开触点闭合，信号灯 HL2 电路接通，信号灯 HL2 灯亮，表示这台电动机已起动运行。

接触器 KM1 开触点闭合，信号灯 HL3 电路接通，信号灯 HL3 灯亮，表示这台电动机的频敏变阻器绕组已切除，转子电路直接短接，电动机进入正常运行。

2. 手动控制过程

按下起动按钮 SB2，电源 L1 相→保险 FU1→停止按钮 SB1 动断触点→起动按钮 SB2→接触器 KM1 动断触点→接触器 KM 线圈→热继电器 KR 动断触点→控制保险 FU2→电源 L3 相。

接触器 KM 线圈得电动作，接触器 KM 开触点闭合自保。

接触器 KM 动作，主回路中起动接触器 KM 的三个主触点同时闭合，接通电动机定子绕组的电源（频敏变阻器绕组直接与电动机转子绕组连接）。

频敏变阻器绕组接入绕线电动机转子回路中，频敏变阻器投入工作，电动机开始起动运转。

看主回路图中的接触器 KM 主触头三个同时闭合，电动机 M 获得三相电源起动运转。当转速接近亚同步即电流表回落接近正常运行电流值时，按下正常运行按钮 SB3，当按到按钮开关开触点 SB3 闭合时，电源 L1 相→控制保险 FU1→停车按

钮 SB1 动断触点→接触器 KM 闭合的开触点→7 号线→选择开关 SA①→③接通的触点→按钮 SB3（按下时闭合）的开触点 →接触器 KM 线圈 →；→中间继电器 KT 线圈 →→热继电器 FR 动断触点→控制保险 FU2→电源 L3 相。

接触器 KM1 得电动作，开触点 KM1 闭合起自保作用，转子回路中接触器 KM1 主触点三个同时闭合，将频敏变阻器绕组电源端短接，频敏变阻器不起作用（频敏变阻器被切除）电动机获得全压电动机进入正常运行状态。

3. 电动机的保护

电动机所驱动的设备进入正常运行后，与热继电器 FR 发热元件并连的中间继电器 KA 动断触点断开，电动机进入正常运行，热继电器 FR 起到过载保护。这样做能够按照电动机额定电流对热继电器的工作电流进行调整，起到对电动机过负荷保护。在电动机正常运行时，中间继电器 KA 处于工作状态。

在这电路中过负荷保护，采用热继电器串入电流互感器 TA1TA2 的二次回路中的接线方式，电动机降压起动时，中间继电器 KA 动断触点将热继电器 FR 发热元件短接，起动电流不经过热继电器发热元件，而经中间继电器 KA 动断触点，起动时的热继电器 FR 发热元件不会发热，满足电动机起动时的要求。

4. 正常停机与故障停机

需要停机时，不管 SA 是在自动位置还是手动位置操作，只要按下停止按钮 SB1 控制电路断电，时间继电器 KT、中间继电器 KA、接触器 KM 控制电路断电释放，主触头 KM 断开，电动机 M 脱离电源，停止转动，被驱动的机械设备泵，风机，压缩机等停止工作。

当过负荷时热继电器 KR 动作，串入控制电路中的热继电器 KR 动断触点断开，控制电路断电，电动机接触器 KM 释放。

78 采用自耦降压起动的冷冻压缩机控制电路

自耦降压起动的冷冻压缩机主电路如图 7-105 所示，其控制电路如图 7-106 所示。电动机采用自耦变压器降压起动的方式，降压起动时，通过接触器将电动机绕组接在自耦变压器 80%的抽头上。该电路有手动、自动两种控制方式，通过切换选择开关 SA 的位置实现的选择。

降压起动接触器采用 CJ24-12/5 的五极交流接触器，正常运行接触器为 CJ24-□/3（三极），在这一电路中有压缩机的氨压力超高和低油压停机的工艺保护。

图 7-106 中，间断的划线框内器件，通常安装在机座上（在大型企业中

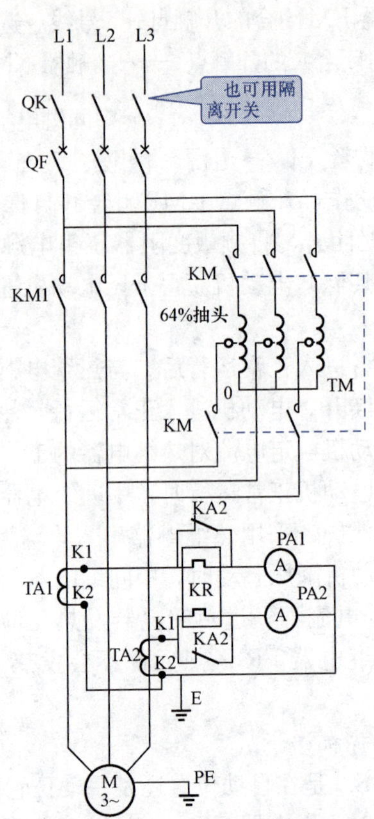

图 7-105　自耦降压起动的冷冻压缩机主电路

这一部分的电路与压力继电器的整定，故障由仪表维修人员负责）。

1. 自动控制

合上电源低压断路器 QF，接触器 KM 和接触器 KM1 的电源侧接线端子带电，合上控制回路熔断器 FU1、FU2 控制回路得电，电源 L1 相→控制回路熔断器 FU1→1 号线→接触器 KM1 动断触点→35 号线→接触器 KM 动断触点→39 号线→电阻 R→信号灯 GN→2 号线→控制回路熔断器 FU2→电源 L3 相。信号灯 GN 得电，灯亮表示已送电。

合上压缩机机座上的控制板电源开关 SA1，把控制选择开关 SA 置于自动位置（触点 1→2 接通），按下起动按钮 SB1 或 SB2，电源 L1 相→控制回路熔断器 FU1→1 号线→选择开关 SA1 接通的触点→3 号线→盘上控制回路熔断器 FU3→5 号线→时间继电器 KT 延时断开的动断触点→7 号线→液氨处于正常的工作压力时，压力继电器 P1 的 a→b 接通→9 号线→停止按钮 SBS1 动断触

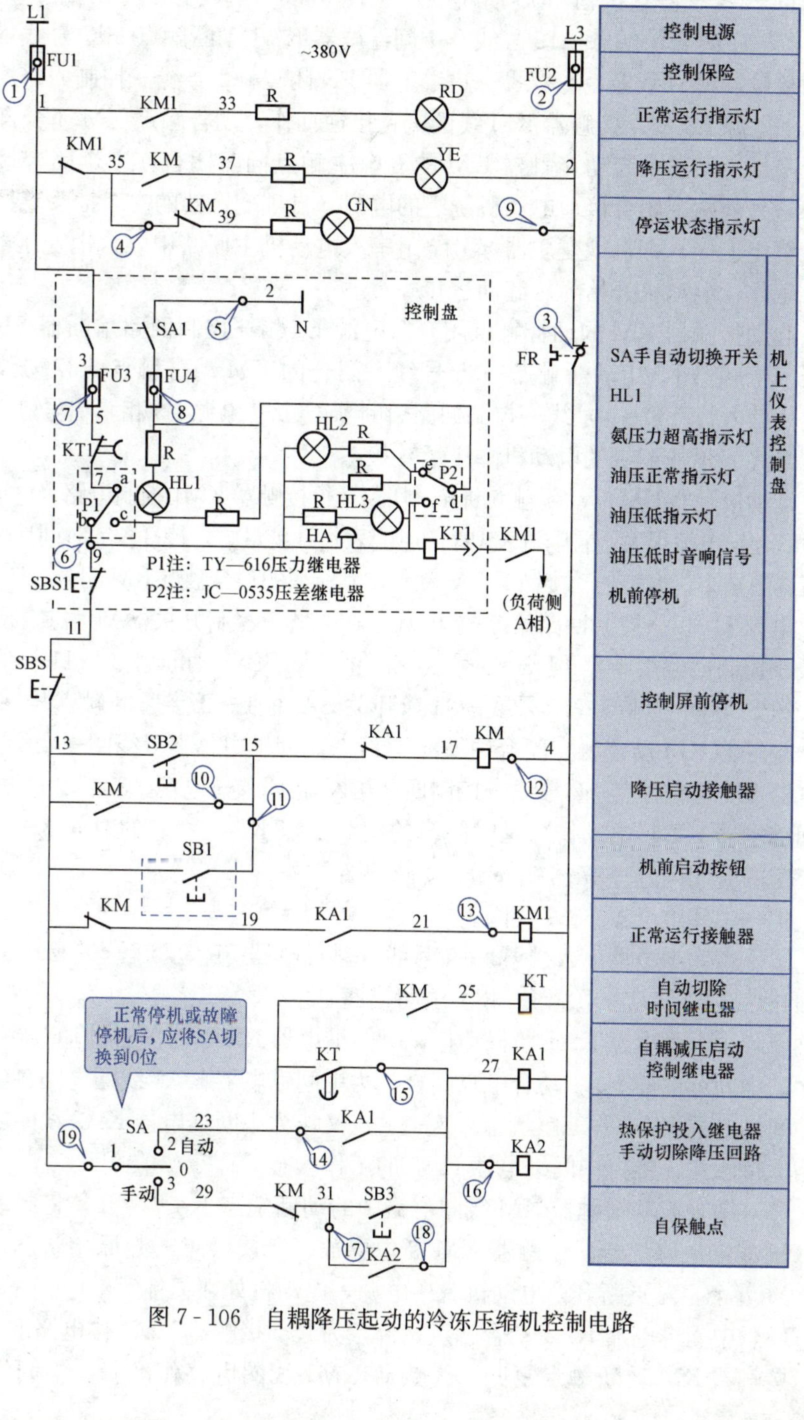

控制电源

控制保险

正常运行指示灯

降压运行指示灯

停运状态指示灯

机上仪表控制盘：

SA手自动切换开关

HL1

氨压力超高指示灯

油压正常指示灯

油压低指示灯

油压低时音响信号

机前停机

控制屏前停机

降压启动接触器

机前启动按钮

正常运行接触器

自动切除时间继电器

自耦减压启动控制继电器

热保护投入继电器手动切除降压回路

自保触点

P1注：TY—616压力继电器

P2注：JC—0535压差继电器

正常停机或故障停机后，应将SA切换到0位

图 7 - 106　自耦降压起动的冷冻压缩机控制电路

点→11号线→停止按钮SBS动断触点→13号线→起动按钮SB1或起动按钮SB2按下时闭合的触点→15号线→中间继电器KA1动断触点→17号线→降压起动接触器KM线圈→4号线→热继电器FR闭点→2号线→控制回路熔断器FU2→电源L3相，接触器KM线圈电路接通动作，动合触点KM闭合自保。

降压主回路中起动接触器KM的五个主触点同时闭合，三个闭合接通主电路，另外两个闭合接通电动机绕组的电源（自耦变压器的一个抽头直接与电动机绕组连接）把自耦变压器部分绕组串入电动机主回路中，自耦变压器TM投入工作，电动机开始降压起动运转。

起动接触器KM的动合触点闭合，电源L1相→控制回路熔断器FU1→1号线→接触器KM1动断触点→35号线→闭合的KM动合触点→37号线→电阻R→信号灯YE→2号线→控制回路熔断器FU2→电源L3相，信号灯YE得电，灯亮表示压缩机的电动机降压运转状态。

起动接触器KM的动断触点断开，切断运行接触器KM1控制电路。电动机起动时，起动电流很大，看电流表PA的电流表指针到最大，待3～4s时间后，起动电流逐渐减小，由于起动接触器KM动作，其所属的动合触点KM闭合。

电源L1相→控制回路熔断器FU1→1号线→控制开关SA1触点接通→3号线→控制回路熔断器FU3→5号线→停止按钮SBS1动断触点→11号线→停止按钮SBS动断触点→13号线→选择开关SA的1→2接通的触点号→23号线→接触器KM动合触点闭合中→25号线→时间继电器KT线圈→4号线→热继电器FR动断触点→2号线→控制回路熔断器FU2→电源L3相，电路接通，时间继电器KT得电动作，延时闭合的动合触点KT（整定的时间3～7s）到达整定的时间闭合→27号线→分①、②两路。

①→中间继电器KA1线圈。

②→中间继电器KA2线圈→4号线→热继电器FR动断触点→2号线→控制回路熔断器FU2→电源L3相。电路接通。

（1）中间继电器KA1获得动作，时间继电器KT延时闭合的动合触点KT下面的中间继电器KA1动合触点闭合，为中间继电器KA1线圈电路自保，维持中间继电器KA1的工作状态。这一触点又作为中间继电器KA2线圈电路的旁路保持触点，维持中间继电器KA2的工作状态。

（2）串入起动接触器KM线圈电路中的动断触点KA1断开，将起动接触器KM线圈电路切断，接触器KM断电释放，所属触点复归原始状态，接触器KM五个主触点断开，电动机脱离电源，电动机处在惯性运动中。

（3）中间继电器KA1动合触点闭合，为起动接触器KM1作电路准备。

接触器KM动断触点复归，为接通KM1线圈电路作准备。中间继电器

KA2 动合触点闭合时，运行接触器 KM1 控制电路接通。

电源 L1 相→控制回路熔断器 FU1→1 号线→控制开关 SA1 触点接通→3 号线→控制回路熔断器 FU3→5 号线→时间继电器 KT1 动断触点→7 号线→压力继电器 P1 闭合触点→9 号线→停止按钮 SBS1 动断触点→11 号线→停止按钮 SBS 动断触点→13 号线→接触器 KM 动断触点闭合中→19 号线→中间继电器 KA1 闭合的动合触点→21 号线→接触器 KM1 线圈→4 号线→热继电器 FR 动断触点→2 号线→控制回路熔断器 FU2→电源 L3 相，电路接通，运行接触器 KM1 得电动作。

主电路中，接触器 KM1 三个主触点同时闭合，电动机 M 获得全压起动连续运转，电动机 M 进入正常运行状态。

接触器 KM 的动合触点 KM 断开时，降压运行信号灯 YE 灯灭，表示结束降压运行。接触器 KM1 的动断触点断开时，切断降压运行信号灯回路。接触器 KM1 动合触点闭合，红色信号灯 RD 得电灯亮，表示电动机 M 正常运行状态，电动机进入全压运行后，控制箱上只有红灯是亮着的，电动机在正常运行中，中间继电器 KA1 和中间继电器 KA2 一直在工作中。

知识链接

中间继电器 KA2 的作用

(1) 是在时间继电器 KT 延时闭合的动合触点未达到整定时间内，中间继电器 KA2 的两个动断触点分别与热继电器 FR 发热元件并联，防止起动时间过长，热继电器 FR 热元件发热产生误动作，电动机不能起动。

(2) 当延时动合触点 KT 闭合时，中间继电器 KA2 线圈得电动作，两个与热继电器 FR 发热元件并联的动断触点 KA2 断开，热继电器 FR 发热元件有电流流过，电动机 M 发生过负荷运行时，热继电器 FR 才能起到对电动机的保护作用的。

2. 手动控制

将选择开关 SA 切换到手动位置 1→3 接通，起动压缩机（电动机）的操作。

按下起动按钮 SB1 或 SB2，电源 L1 相→控制回路熔断器 FU1→1 号线→选择开关 SA1 接通的触点→3 号线→控制回路熔断器 FU3→5 号线→时间继电器 KT 延时断开的动断触点→7 号线→液氨处于正常的工作压力时，压力继电器 P1 的 a→b 接通→9 号线→停止按钮 SBS1 动断触点→11 号线→停止按钮 SBS 动断触点→13 号线→起动按钮 SB1 或起动按钮 SB2 按下时闭合的触点→15 号线→中间继电器 KA1 动断触点→17 号线→降压起动接触器 KM 线圈→4 号线→热继电器 FR 闭点→2 号线→控制回路熔断器 FU2→电源 L3 相，接触器 KM 线圈电路接通动作，动合触点 KM 闭合自保。

降压主回路中起动接触器 KM 的五个主触点同时闭合，三个闭合接通主电路，另外两个闭合接通电动机绕组的电源（自耦变压器的一个抽头直接与电动机绕组连接）把自耦变压器部分绕组串入电动机主回路中，自耦变压器 TM 投入工作，电动机 M 降压起动运转。

起动接触器 KM 的动合触点闭合，电源 L1 相→控制回路熔断器 FU1→1 号线→接触器 KM1 动断触点→35 号线→接触器 KM 闭合的动合触点→37 号线→电阻 R→信号灯 YE→2 号线→控制回路熔断器 FU2→电源 L3 相，信号灯 YE 得电，灯亮表示压缩机的电动机 M 降压运转状态。接触器 KM 的动断触点断开，切断运行接触器 KM1 控制电路。

选择开关 SA 在手动切换位置时，电源 L1 相→控制回路熔断器 FU1→控制开关 SA1 触点接通中→盘上控制回路熔断器 FU3→5 号线→7 号线→9 号线→停止按钮 SBS1 动断触点→11 号线→停止按钮 SBS 动断触点→13 号线→选择开关 SA 的 1→3 接通的触点→29 号线得电，为手动切换控制电路作准备。

看到电流表 PA，电流表指针到最大，3～4s 时间后，起动电流逐渐减小，电动机转速达到或接近额定转速时，按下停止按钮 SBS1 或停止按钮 SBS 动断触点断开，切断控制电源，使之接触器 KM 断电释放，主触点 KM 断开，电动机 M 脱离电源，但电动机仍处在惯性运转中。看到接触器 KM 释放后，电流表指示为零时。

这时按下正常运行起动按钮 SB3，电源由 L1 相→控制回路熔断器 FU1→控制开关 SA1 触点→控制回路熔断器 FU3→停止按钮 SBS1 动断触点→11 号线→停止按钮 SBS 动断触点→13 号线→选择开关 SA 的 1→3 接通的触点→29 号线→接触器 KM 动断触点→31 号线→起动按钮 SB3 动合触点（按下时闭合）→27 号线→分①、②两路。

①→中间继电器 KA1 线圈。

②→中间继电器 KA2 线圈→同时经过→4 号线→热继电器 FR 动断触点→2 号线→控制回路熔断器 FU2→电源 L3 相，电路接通。中间继电器 KA2 和中间继电器 KA1 同时得电动作。

中间继电器 KA2 动合触点闭合，为中间继电器 KA1 线圈和中间继电器 KA2 线圈电路保持。

接触器 KM1 线圈电路中的中间继电器 KA1 动合触点闭合，电源 L1 相→13 号线→接触器 KM 动断触点已复归→19 号线→闭合的中间继电器 KA1 动合触点→21 号线→接触器 KM1 线圈→4 号线→热继电器 FR 动断触点→2 号线→电源 L3 相，电路接通，运行接触器 KM1 得电动作。

主电路中的接触器 KM1 三个主触点同时闭合，电动机 M 获得全压起动连续运转，电动机进入正常运行状态。

串入降压起动信号回路中的接触器 KM1 动断触点断开，切断降压运行信号电路。

接触器 KM1 动合触点闭合→33 号线→红色信号灯 RD 得电灯亮，表示电动机 M 正常运行状态。

电动机进入全压运行后，控制箱上只有红灯是亮着的，电动机在正常运行中，中间继电器 KA1 和中间继电器 KA2 一直处于工作状态中。

3. 停机

在需要停止电动机时，只要按下停止按钮 SBS1 或 SBS 动断触点断开，即切断接触器 KM1 的控制电路，接触器 KM1 释放，接触器 KM1 的三个主触点同时断开，电动机 M 断电停止转动，压缩机停止工作。